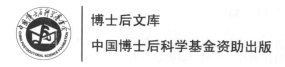

博士后文库

中国博士后科学基金资助出版

反褶积及其在非常规气藏生产数据分析中的应用

刘文超　著

科 学 出 版 社

北 京

内 容 简 介

本书主要介绍了近年来作者在油气渗流力学领域经典反问题——反褶积及其应用方面所取得的最新科研成果。本书主要创新内容包括：①通过根据实际生产历史进行分段积分的技术，并采用解析法求解积分的手段，大大提高了基于 B 样条的压力反褶积算法的计算效率，还引入"曲率最小化"思想，通过增加非线性约束条件，进一步提高了算法的稳定性；②通过应用等价的褶积方程提高了基于 B 样条的流量反褶积算法的计算精度；③基于所建立的主要考虑吸附气解吸作用的煤层气藏、页岩气藏渗流模型，并采用改进的反褶积算法进行生产数据转化，提出了基于反褶积的非常规气藏生产数据的特征曲线分析系统方法，并进行了实际应用。

本书可供石油与天然气工程、流体力学、应用数学、计算数学等专业领域的科技工作者参考。

图书在版编目（CIP）数据

反褶积及其在非常规气藏生产数据分析中的应用／刘文超著. —北京：科学出版社，2019.11
（博士后文库）
ISBN 978-7-03-063132-9

Ⅰ.①反⋯ Ⅱ.①刘⋯ Ⅲ.①反褶积–应用–气藏–数据处理
Ⅳ.①P618.130.2

中国版本图书馆 CIP 数据核字（2019）第 243753 号

责任编辑：韩　鹏　张井飞／责任校对：张小霞
责任印制：赵　博／封面设计：陈　敬

科学出版社 出版
北京东黄城根北街 16 号
邮政编码：100717
http://www.sciencep.com

北京天宇星印刷厂印刷
科学出版社发行　各地新华书店经销
*

2019 年 11 月第 一 版　开本：720×1000　1/16
2025 年 2 月第二次印刷　印张：13 1/4
字数：300 000

定价：138.00 元
（如有印装质量问题，我社负责调换）

《博士后文库》序言

　　1985 年，在李政道先生的倡议和邓小平同志的亲自关怀下，我国建立了博士后制度，同时设立了博士后科学基金。30 多年来，在党和国家的高度重视下，在社会各方面的关心和支持下，博士后制度为我国培养了一大批青年高层次创新人才。在这一过程中，博士后科学基金发挥了不可替代的独特作用。

　　博士后科学基金是中国特色博士后制度的重要组成部分，专门用于资助博士后研究人员开展创新探索。博士后科学基金的资助，对正处于独立科研生涯起步阶段的博士后研究人员来说，适逢其时，有利于培养他们独立的科研人格、在选题方面的竞争意识以及负责的精神，是他们独立从事科研工作的"第一桶金"。尽管博士后科学基金资助金额不大，但对博士后青年创新人才的培养和激励作用不可估量。四两拨千斤，博士后科学基金有效地推动了博士后研究人员迅速成长为高水平的研究人才，"小基金发挥了大作用"。

　　在博士后科学基金的资助下，博士后研究人员的优秀学术成果不断涌现。2013 年，为提高博士后科学基金的资助效益，中国博士后科学基金会联合科学出版社开展了博士后优秀学术专著出版资助工作，通过专家评审遴选出优秀的博士后学术著作，收入《博士后文库》，由博士后科学基金资助、科学出版社出版。我们希望，借此打造专属于博士后学术创新的旗舰图书品牌，激励博士后研究人员潜心科研，扎实治学，提升博士后优秀学术成果的社会影响力。

　　2015 年，国务院办公厅印发了《关于改革完善博士后制度的意见》（国办发〔2015〕87 号），将"实施自然科学、人文社会科学优秀博士后论著出版支持计划"作为"十三五"期间博士后工作的重要内容和提升博士后研究人员培养质量的重要手段，这更加凸显了出版资助工作的意义。我相信，我们提供的这个出版资助平台将对博士后研究人员激发创新智慧、凝聚创新力量发挥独特的作用，促使博士后研究人员的创新成果更好地服务于创新驱动发展战略和创新型国家的建设。

　　祝愿广大博士后研究人员在博士后科学基金的资助下早日成长为栋梁之才，为实现中华民族伟大复兴的中国梦做出更大的贡献。

中国博士后科学基金会理事长

前　言

我国煤层气、页岩气资源非常丰富。其中，中国煤层气资源总量为 $31.46 \times 10^{12} \, \text{m}^3$，与常规天然气资源量相当，煤层气储量居世界第三；中国页岩气可采资源量则达到 $31.58 \times 10^{12} \, \text{m}^3$，居世界首位。实现煤层气、页岩气的高效经济开发与利用不仅可以保障我国石油与天然气的能源供给，还可以优化我国的能源结构与战略部署，并能促进清洁能源的高效发展。随着油气藏开发技术的不断提高以及油气资源需求量的日益增加，煤层气藏、页岩气藏等非常规油气资源正受到国家高度的关注和重视。鉴于非常规气藏开发过程及所涉及渗流规律的特殊性和复杂性，研究适用于非常规气藏高效经济开发的系统理论与科学技术是当务之急。

油气田生产井的压力和流量数据是现场收集最全、资料最为丰富的一类生产数据。近年来，随着永久式生产井检测设备的广泛应用，生产数据获取的质量和精度正在得到不断提高和完善。充分利用现场生产数据进行有效的生产数据分析是及时掌握油气储层生产动态以及评估生产井改造措施提高产能效果的重要手段。目前，广泛应用于常规油气藏开发的现代生产数据特征曲线分析方法已较为成熟。然而，鉴于非常规煤层气藏、页岩气藏中天然气的储集方式、开采方式及渗流规律的特殊性和复杂性，在将现代特征曲线分析方法推广应用于非常规气藏的生产数据分析时，仍存在一些科学难题亟待解决。首先，生产数据特征曲线分析方法所基于的渗流力学模型不仅需要考虑非常规气藏开发过程中气体的特殊渗流机理，例如煤层气藏和页岩气藏储层中吸附气的解吸作用，还应考虑非常规气藏的有效开采方式，例如致密页岩气藏开发生产井的水力压裂改造措施。此外，渗流力学理论模型的内边界条件通常为定井底压力或定生产流量的，而实际生产现场非常规气藏生产井的压力和流量数据均难以维持恒定，于是造成生产数据与渗流模型并不直接匹配，且生产数据也包含一定误差。

近年来，笔者在中国科学院力学研究所博士后流动站工作期间（自 2014 年 1 月至 2017 年 1 月），在国家自然科学基金项目、中国博士后基金项目和国家科技重大专项的资助下，针对非常规气藏生产数据分析时所存在的上述关键科学问题开展了深入系统的研究，在反褶积及其在非常规气藏生产数据分析应用的前沿科学方向取得了一些创新性的科研成果。基于此，本书旨在介绍笔者在博士后流动站工作期间所取得的创新科研成果，以便为我国非常规油气藏的高效开发与利用所涉及的渗流力学理论与工程开发技术提供必要的学术参考。

书稿中首先介绍了将非常规气藏实测生产数据转化为可分析的单位流量下的压力数据和单位压降下的流量数据的反褶积算法方面的研究成果。反褶积可将生产数据与所建立的渗流理论模型计算的内边界条件（定流量或定井底压力）匹配起来。该部分研究内容包括：在第 2 章改进了 Ilk 基于二阶 B 样条的单位流量下的压力反褶积算法，关键是通过根据实际生产历史进行分段积分的技术，并采用解析法求解积分的手段，大大提高了反褶积算法的计算速度，该章内容已于 2017 年公开发表在 *Journal of Petroleum Science and Engineering* 上；在第 3 章还通过引入 von Schroeter 等人反褶积算法中的"曲率最小化"思想，增加了相应的非线性约束条件，进一步提高了压力反褶积算法压力导数计算（适用于精度相对较高的试井数据）的稳定性，使得改进后的反褶积算法适用于数据量大且含有较大误差的生产数据分析中，可以产生比传统"归一化"方法更好的生产数据转化效果，该章内容已于 2018 年公开发表在 *Journal of Petroleum Science and Engineering* 上；在第 4 章，改进了 Ilk 基于二阶 B 样条的单位压降下的流量反褶积算法，在通过分段积分技术，并采用解析法求解积分以提高反褶积算法计算速度的同时，还采用将瞬时流量数据代替 Ilk 原算法中的累积流量数据进行反褶积计算的方法进一步提高了流量反褶积算法的计算精度与稳定性，该章内容已于 2018 年公开发表在《石油学报》上。

在反褶积算法研究基础上，第 5 章进一步介绍了反褶积在非常规煤层气藏、页岩气藏生产数据特征曲线分析中应用方面的研究成果。该部分研究内容包括：考虑了非常规煤层气藏、页岩气藏开发过程中吸附气解吸作用等关键渗流因素的影响，分别建立了煤层气藏、页岩气藏的渗流理论模型。这些模型均采用了稳定的全隐式有限差分方法进行数值求解，从而获得了不同渗流模型所对应的特征曲线，还研究了各渗流参数的敏感性影响。这些研究结果为非常规气藏的生产数据分析提供了渗流模型的理论基础。然后，基于所建立的煤层气藏、页岩气藏渗流模型，同时采用改进的反褶积算法进行生产数据转化，最终建立了非常规气藏生产数据特征曲线分析的系统方法，包括生产数据的压力不稳定分析方法和流量不稳定分析方法，并利用该方法成功解释了一口煤层气井和一口页岩气压裂井的现场生产数据。该章基于反褶积的煤层气藏生产数据特征曲线系统分析的研究内容已于 2017 年公开发表在《煤炭学报》上，非常规气藏渗流理论模型相关的研究内容已公开发表在《力学学报》（2017 年）、*Procedia Engineering*（2015 年）、*Journal of Natural Gas Science and Engineering*（2016 年）和《第八届全国流体力学学术会议论文集》（2014 年）上。

本书中最终建立的基于反褶积的非常规气藏生产数据特征曲线系统分析方法较以往的方法具有两方面的显著优势：①利用改进的反褶积算法进行生产数据转

化计算效率高，且在进行生产数据分析时可以获得比传统"归一化"方法光滑得多的特征数据曲线，可以显著提高数据的拟合效果，降低解释结果的不确定性。②所采用的非常规气藏渗流模型综合考虑了储层吸附气的稳定解吸与不稳定解吸作用等关键渗流因素的影响，生产数据分析时可以解释出这些相关的物性参数，获得更为有效、全面的分析结果，提高了解释结果的可信度。因此，所建立的基于反褶积的非常规气藏生产数据特征曲线系统分析方法有助于获取准确的非常规油气藏储层参数，以预测生产动态，由此设计更为合理的油气田开发方案，对于我国非常规油气资源的高效经济开发与利用具有重要的理论意义和应用价值。

　　本书是在笔者所撰写的博士后科研工作报告基础上的深入扩充和完善。在书稿完成之际，非常感谢笔者的博士后合作导师中科院力学研究所的刘曰武研究员。正是由于他在学术上的悉心指导和科研指引，书稿（报告）的研究内容才能最终得以顺利完成。感谢刘老师在我博士后工作期间为本人科研工作开展提供了良好的工作和生活环境。书稿（报告）的撰写过程也得到了刘老师很多实质性的启发指导和改进建议，也凝聚着刘老师的大量心血和汗水，让自己原本较为薄弱的科研报告撰写水平得到了很大提高。在刘老师指导下，博士后期间本人还成功申请到了国家自然科学基金和中国博士后科学基金的资助，这都离不开刘老师对项目创新内容关键性的指导作用以及刘老师在煤层气开发领域多年宝贵的研究基础和实际现场经验。在与刘老师一起工作的博士后工作学习阶段，刘老师渊博的力学专业知识、严谨的治学态度、敏锐的学术思维以及精益求精踏实认真的工作作风深深地影响了我，是我今后科研工作的榜样。在此谨向刘曰武研究员表示衷心的感谢和敬意！

　　衷心感谢中国力学学会刘俊丽老师一直以来对本人工作和生活上无私的关心和照顾，以及在科技论文与专著撰写、参加学术会议等方面提供的建议和帮助！衷心感谢北京科学大学朱维耀教授对本人在现单位教学科研工作上的悉心指导和用力帮助！

　　博士后课题的顺利开展还得到了中科院力学研究所工作期间课题组其他成员的帮助。特别地，有韩国锋助理研究员关于压力反褶积课题在工程应用方面的科研讨论；万义钊博士在压力反褶积算法以及煤层渗流模型方面的兴趣探讨，以及在 MFC 程序设计方面所提供的帮助；孙贺东高级工程师在将反褶积应用于生产数据产量递减分析方面给予的很大帮助和建议；牛丛丛博士在实际油田生产数据分析方面所提供的帮助。与他们一起工作成长的三年时间是我人生一段宝贵的经历，感谢他们的关心、合作和鼓励，祝愿他们今后的生活和工作更加顺利！

　　感谢我的学生北京科技大学孙慧同学对本书第 3 章内容的文字编辑工作！

感谢中国博士后科学基金会《博士后文库》编委、评审专家对本书稿的评审以及提出的很好的修改意见！

感谢我的父母、岳父母在我艰辛科研道路上的默默支持、鞭策和鼓励！

感谢我的爱人王一涵女士在本书撰写过程中对我的无私支持和鼓励！

感谢中国科学院力学研究所的培养！

感谢现工作单位北京科技大学对本人工作的大力支持！

感谢中国博士后科学基金（2014M561074）、国家科技重大专项（2011ZX05038）、国家自然科学基金（51404232）以及中央高校基本科研业务专项基金（FRF-TP-17-023A1）对本书中相关课题研究的资助！

最后，感谢中国博士后科学基金会对本书稿出版的全额资助！

由于笔者水平有限，书稿难免有错漏之处，敬请读者给予批评指正。

刘文超

2019 年 7 月 15 日

目　　录

第1章 绪 论

1.1 本书所介绍的研究课题

本书对渗流力学中压力–流量数据的反褶积算法及其在非常规煤层气藏和页岩气藏[1-4]生产数据分析中的应用进行了系统的研究（图1.1），该研究可依次划分为两个部分。

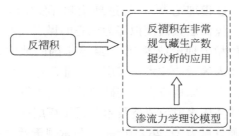

图1.1 反褶积及其在非常规气藏生产数据分析中的应用研究流程图

（1）生产数据分析中生产数据转化的反褶积算法研究

非常规油气藏实测生产数据的井底压力或流量都是变化的，并且包含一定的数据误差。在基于渗流规律（模型）进行实测生产数据的分析时，预先通过反褶积技术将生产数据转化为单位流量下的压力数据或单位压降下的流量数据，可以显著提高生产数据的拟合效果，降低解释结果的不确定性。

（2）反褶积在非常规气藏生产数据分析中的应用研究

首先，与常规油气藏不同，煤层气藏和页岩气藏中有着特殊的渗流特征。例如，赋存于储层的吸附气会发生解吸。考虑非常规气藏开发过程的渗流影响因素，分别进行相关的渗流力学理论模型研究，有助于更为精确地描述地下流体在多孔介质中的渗流规律，可为非常规油气藏开发的生产测试数据分析技术提供渗流模型的理论基础。其次，利用研究的反褶积算法对非常规气藏的生产数据进行转化，然后采用建立的非常规气藏渗流理论模型拟合通过反褶积转化后的生产数据，由此进行反褶积在煤层气藏、页岩气藏生产数据分析中的应用研究。

1.2 研究背景及意义

1.2.1 研究背景

1. 煤层气藏生产数据分析的研究背景

美国是煤层气勘探开发最早取得成功的国家，煤层气开发技术也最为先进。美国煤层气产量在 1989 年为 $26 \times 10^8 \, m^3$，2005 年为 $491 \times 10^8 \, m^3$，2006 年达到 $540 \times 10^8 \, m^3$，为美国当时年天然气生产总产量的 10%。美国煤层气首先在圣胡安和黑勇士两个盆地的中煤阶煤中取得突破，形成了煤层气开采的"排水–降压–解吸–扩散–渗流"过程理论[1,2]。经过理论和开发实践，形成了以煤储层双孔隙导流、多井干扰、煤储层数值模拟等为核心的煤层气勘探开发理论体系。

加拿大通过美国的相关理论技术[1,2]，结合本国的地质条件，注重发展连续油管压裂、二氧化碳注入等增产技术，煤层气产业已进入高速发展阶段。澳大利亚以煤储层渗透率为重点，原地应力为突破口，发展了针对低渗透特点的地应力评价理论，通过水平井高压水射流改造技术获得了煤层气产量的突破。

我国的煤层气资源总量为 $31.46 \times 10^{12} \, m^3$，与常规天然气资源量相当，是继俄罗斯、加拿大之后的第三大煤层气储量国，主要分布在华北和西北地区。我国煤层普遍属于低渗透煤层[1-3]。我国的煤层气开采是从 1952 年开始的[5]；到 20 世纪 90 年代，开始利用地面垂直钻井技术进行煤层气的勘探和生产试验[6]；到 2001 年，已在沁水、河东、辽中等地钻井 180 余口，发现了一批具有重要开发潜力的煤层气田；2007 年，全国煤层气抽采 $47.53 \times 10^8 \, m^3$，利用 $14.36 \times 10^8 \, m^3$；到 2011 年，我国煤层气产量首次突破百亿立方米，标志着煤层气产业进入了高速发展的初期阶段。

目前，我国煤层气地质研究较为深入，但气藏开发的相关技术、装备及队伍略显薄弱。由于煤层气藏解吸、渗流及低渗气藏特征的复杂性，使得煤层气藏的生产规律较难掌握，严重制约着煤层气经济高效开发方案的设计。因此，煤层气开采理论与技术需进一步深入研究。

2. 页岩气藏生产数据分析的研究背景

随着北美非常规油气勘探开发程度的不断提高，页岩气作为一种非常规天然气受到世界各国的重视，被视为未来天然气资源接替的主要方向之一[7]。美国是最早开发页岩气的国家，也是目前唯一实现页岩气大规模工业开发的国家[8]。美国页岩气发展历经 40 余年，走过了早期探索试验、理论技术攻关、关键技术突破和持续快速发展四个阶段。1921 年，William Hart 在纽约州成功钻探了世界第一口页岩气井。1921～1975 年期间，美国页岩气实现了从发现到工业化大规模生产的发展过程，该阶段仅限于传统的裂缝性页岩气的开发。20 世纪 70 年代，美国政府开始大力支持页岩气开发。1979～1999 年，美国页岩气产量增加超过 7 倍[8]。20 世纪后期，随着技术进步，美国页岩气产量飞速增加，至 2000 年，美国页岩气年产量为 $91×10^8 m^3$；2009 年，页岩气年产量为 $982×10^8 m^3$；2012 年页岩气年产量达到 $2300×10^8 m^3$，占美国天然气总产量的 34%；2013 年页岩气年产量则达到 $3025×10^8 m^3$，占美国天然气总产量的 44%；2016 年页岩气年产量达 $4400×10^8 m^3$，占美国天然气总产量的 60% 以上，实现了能源独立，改变了世界能源格局，地缘政治格局也发生了根本性变化。美国页岩气革命的成功给中国页岩气勘探开发以极大启示，技术攻关是长期积累的过程，关键技术突破将带动页岩气的快速发展。

中国拥有供商业开发的大量富含有机质的页岩气资源，美国能源信息部估计中国页岩气可采资源量达到 $31.58×10^{12} m^3$。而根据中国国土资源部 2010 年公布的数据结果，中国页岩气可采资源量为 $25×10^{12} m^3$，仍居世界首位。中国页岩气勘探开发主要集中在四川盆地及其周缘、鄂尔多斯盆地、塔里木盆地、准噶尔盆地、辽河东部凹陷等地[4]。2009 年，中国石油在川南、滇黔北地区设立了威远-长宁、昭通页岩气先导试验区，并在富顺-永川区块与壳牌公司开展国际合作。钻探的威 201、宁 201、宁 203、昭 104 等井通过大型压裂措施后可获得日产量为 $(0.6～1.3)×10^4 m^3$ 的页岩气流[9-11]。中国石化在黔东南、渝东南、鄂西、川东北等地完钻 10 余口探井，其中 6 口井获得工业气流，完钻并压裂水平井 1 口[9]。至 2012 年 4 月底，共计完钻 63 口页岩气井，已有 30 口井获得工业气流[8]。至 2014 年，我国页岩气产量已达到 $13×10^8 m^3$。近年来，中国已加快了页岩气勘探开发的步伐。2015 年底，中国石化涪陵和中国石油长宁-威远两个国家级页岩气示范区分别建成年产 $50×10^8 m^3$ 和 $20×10^8 m^3$ 的产能。2017 年全年页岩气产量约 $90×10^8 m^3$，居世界第 3 位。

根据国家能源局"十三五"页岩气规划，到 2020 年，要完善成熟 3500m 以浅海相页岩气勘探开发技术，突破 3500m 以深海相页岩气、陆相和海陆过渡相页岩气勘探开发技术，在政策支持到位和市场开拓顺利情况下，力争实现页岩气产量 $300×10^8 m^3$，保障我国天然气供给、优化能源结构、促进清洁能源发展[12]。

中国页岩气开发的地质条件、工程条件和地面条件与北美差异大[13]，北美成熟的经验和技术无法简单复制，规模效益开发面临地质评价、工程技术、开发政策、地面建设、安全环保、体制机制等多方面的挑战。其中，页岩气井的生产数据分析理论也是开发方面的技术瓶颈之一。

1.2.2 研究意义

随着油气藏开采技术的提高以及油气资源需求的不断增加，煤层气、页岩气等非常规油气资源正受到高度关注和重视。我国煤层气资源量非常丰富，煤层气的开发与利用可以有效改善我国的能源结构、补充常规天然气在我国地域分布和供给量上的不足，还可以提高煤矿的安全生产条件，改善大气环境[14]。我国也有着丰富的页岩气资源及可开发储量，页岩气的开发与利用是保障我国天然气供给、优化能源结构以及促进清洁能源发展的重要战略[15,16]，页岩气已是当前油气勘探开发的热点。

油气田生产数据来源于每日的生产井产量和压力动态变化数据[17]，是收集最全、资料最为丰富的一类现场数据。随着永久式检测设备的广泛应用，测得生产数据的质量、精度和清晰度得到了不断改善[18]。生产数据分析已成为了解油气藏储层性质以及生产井压裂参数的重要手段。应用于常规油气藏的现代生产数据分析技术已较为成熟。特别地，特征曲线分析方法是当前应用最为广泛的生产数据分析方法之一。然而，该方法在推广应用于非常规气藏生产井的生产数据分析时，仍存在一些难题亟待解决。首先，与常规油气藏相比，煤层气藏、页岩气藏有着截然不同的能源储集方式、开采方式及渗流机制。煤层气藏、页岩气藏中均存在大量的吸附气，分别储集在煤层基质和页岩有机质中，气藏开采过程中当地层压力下降至临界解吸压力后吸附气会解吸出来作为物质供给补充到煤层气藏中，减缓了地层压力的降落。而且由于页岩渗透性极低，页岩气藏则一般通过水力压裂生产井、打水平井、水平井压裂等方法进行开发。因此，非常规气藏生产数据的特征曲线分析应重点考虑非常规气藏开发过程中所涉及的这些渗流影响因素（如吸附气的解吸作用），并按照煤层气藏、页岩气藏不同的开采方式分别建立煤层气藏、页岩气藏的渗流理论模型。其次，非常规气藏生产数据特征曲线分析所基于的渗流模型内边界条件通常为定流量或定井底压力。然而，由于页岩气藏渗透率极低且生产过程渗流动态变化快，几乎不可能获得定流量下的压力数据或定压力下的流量数据，而且测得的生产数据含有一定误差。同样，煤层气藏实际生产数据的井底压力和流量也难以维持恒定。

进行将非常规气藏实测生产数据转化为可分析的单位流量下的压力数据或单位压降下的流量数据（简称"归一化"后的数据）的反褶积算法研究[19-21]，可将生产数据与建立的渗流理论模型计算的内边界条件（定流量或定井底压力）匹配起来，在利用经反褶积转化后的生产数据进行特征曲线分析时可以获得更多的信息量。反褶积方法的正则化过程既可保持反褶积转化后生产数据特征曲线的相关性，又可消除数据误差带来的影响，为生产数据分析提供更为光滑的特征曲线。然后，将它们系统地应用于非常规气藏的工程技术例如产量递减分析及试井解释中。基于非常规气藏的渗流理论模型，建立基于反褶积的非常规气藏生产数据的系统分析方法，可以获取准确的储层参数，以预测油气藏的生产动态，有助于设计合理的油气田开发方案，对于我国非常规能源的高效经济开发与利用具有重要的理论意义和应用价值。本书所介绍研究内容的基本框架如图 1.2 所示。

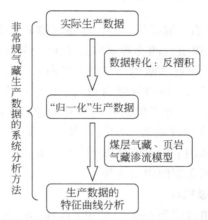

图 1.2　反褶积及在非常规气藏生产数据分析的应用研究框架

1.3　国内外研究现状

1.3.1　煤层气藏开发特征及渗流规律的研究现状

1. 煤层气藏开发特征的研究现状

（1）煤层气藏储层特征

与常规天然气储层不同，煤层既是源岩，又是储集层。煤的微孔隙极为发育，具有特别大的表面积，大部分气体吸附在煤岩颗粒表面，在压力作用下呈吸附状态。一般地，煤层气藏中 80%～90% 为吸附气，8%～12% 为游离气，溶解气不足 1%[22]，且气、水并存，初始状态煤层中充满水。煤层中的裂隙对煤层渗透性起决定作用，直接影响产气量大小。

（2）煤层气采出机理

煤层气运移过程一般是一个排水降压后煤层气发生解吸、扩散和渗流的过程[23-26]（图 1.3）。

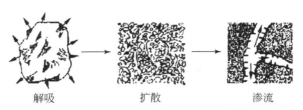

解吸　　　　　　　扩散　　　　　　　渗流

图 1.3　煤层气藏采出机理示意图[26]

1）当煤层压力高于临界解吸压力时，煤层气排采主要产水。

2）当煤层压力低于煤层气的临界解吸压力时，煤层分子开始从煤层解吸下来。在临界解吸压力时，解吸和吸附达到动态平衡；随着压力继续降低，有更多煤层气分子从煤层解吸下来，解吸和吸附趋向于建立新的平衡[23-26]。

3）解吸出的煤层气分子并不能立即与所有孔隙和裂隙表面接触，煤体中形成的煤层压力梯度和浓度梯度成为煤层气扩散[22,23]的基本动力，而有些学者则认为该过程为压力梯度作用下的渗流现象[22,27,28]。最后，煤层中压力梯度引起煤层气的渗流，这种过程则在裂隙内占优势。

（3）煤层气吸附解吸机理

煤层气的吸附解吸机理[23-29]是煤层气开采的核心问题之一。煤层气吸附能力与温度和压力有关，煤层气吸附解吸还伴随能量交换。一般情况下，当温度一定时吸附量随压力的变化可以用等温吸附典型模型来表达，主要包括[30,31]Henry 吸附理论、Freundlich 吸附理论、Langmuir 吸附理论、BET 吸附理论与吸附势理论以及吸附气的稳定解吸与不稳定解吸理论[23]。

Henry 吸附方程和 Freundlich 吸附方程在压力较低的条件下适用性高，在压力较高情况下会受到限制；相比而言，Langmuir 等温吸附方程的适用性更广，也是目前煤层气储量计算、渗流模型建模等通常采用的等温吸附方程。然而，实验已证明 Langmuir 模型可以准确验证单一温度的吸附，而对多个温度情况下并不准确，进而提出了包含温度与压力两个参数的 Bi-Langmuir 模型。2004 年，张庆玲等人[32]通过不同种煤的等温吸附实验，还发现如果实验的最高压力没有使煤吸附达到饱和，得到的 Langmuir 吸附常数会有很大误差。2011 年，马东民等人[33]开展了 6 组煤样的甲烷气体等温吸附–解吸实验，实验结果表明煤层气等温吸附曲线符合 Langmuir 方程，然而其解吸过程并不服从 Langmuir 方程，并提出了新的煤层气解吸方程。

Brunauer、Emmett 和 Teller[23]将 Langmuir 单分子层吸附理论扩展到多分子层吸附，形成 BET 吸附理论，并从经典统计理论推导出了多分子层吸附式。而吸附势理论是从固体存在吸附势能出发，描述多分子层吸附的理论模型。利用该理论对等温吸附进行定量描述最为著名的是 Dubinin-Radushkevich 方程和 Dubinin-Astakhow 方程[23]。

2012 年，刘曰武等人[17]认为煤层气的解吸量与压力成线性关系，可以通过引入临界解吸压力和解吸系数（包括稳定解吸系数和不稳定解吸系数），在常规控制方程中加入由吸附气解吸作用所引起的源项来建立煤层气藏的渗流模型。

由于各煤矿中的煤岩质量、煤层压力及饱和度不同，至今尚未有一种成熟的理论或模型能精确描述所有煤层中煤层气的解吸吸附机理[23]。因此，工程计算时应根据煤层气储层特点和煤层甲烷运移特征，并结合实际情况，通过比较各模型之间的区别选择最为合适的吸附解吸模型。

2. 煤层气藏渗流规律的研究现状

（1）煤层气解吸–扩散模型

煤层气吸附扩散是非常规煤层气开采最基本的特征，也是不同于常规气藏渗流规律研究需要解决的关键问题之一。煤层气的解吸作用从解吸状态上可分为稳定解吸和不稳定解吸，稳定解吸过程瞬时完成，与时间无关，不稳定解吸与时间相关[34]。只有当煤层压力低于临界解吸压力时，才考虑煤层气的解吸作用。目前煤层气的解吸规律研究较少，在生产数据分析及试井解释模型中一般通过吸附规律来描述。

描述煤层气解吸扩散过程的模型[35-45]可大致分为四类（图 1.4）。

1）平衡吸附模型[35]。假定煤层气为单孔隙介质，煤层孔隙壁上的吸附气与孔隙割理中的游离气处于连续平衡状态，吸附的气体一旦解吸，瞬间进入割理。由于没有考虑解吸扩散时间，该模型不能反映短时间内煤层气的渗流特征，然而对于长时间的历史产量拟合具有一定精度[35]。

2）非平衡吸附模型[36,37,43-45]。该模型为目前应用最为广泛的模型，假定煤层为微孔–裂隙双孔介质，考虑微孔中气体的吸附解吸以及由微孔到裂隙的扩散过程。非平衡吸附模型又可划分为拟稳定解吸模型和不稳定解吸模型[35]，拟稳定解吸模型中煤层气在基质中的扩散采用 Fick 第一定律描述，而不稳定解吸模型中的煤层气扩散则采用 Fick 第二定律描述。

3）双孔隙扩散模型[35]。该模型在非平衡吸附模型基础上，将基质内的小孔隙进一步划分为微孔隙和宏观孔隙，微孔隙中气体为吸附态，宏观孔隙中气体为游离态，煤层气扩散过程首先为微孔隙的气体扩散至宏观孔隙，然后再从宏观孔隙扩散至大孔隙。该模型适用于游离气较多的煤层。

4）稳定解吸和不稳定解吸模型[38-42]。该模型假定煤层气的解吸量与标准拟压力成线性关系，通过引入稳定解吸系数和不稳定解吸系数来分别表示煤层气开

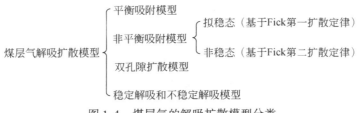

图 1.4　煤层气的解吸扩散模型分类

发过程中煤层内游离气和解吸气的流动状态，进而提出了一种考虑吸附气的稳定解吸和不稳定解吸作用的均匀介质模型。

（2）不同排采阶段下的煤层气藏渗流模型

煤层气排采是一个排水降压过程，地下储层的流体性质、煤层气井的产出状况以及煤层渗透率随开采时间会逐渐发生变化。为了简化解释模型同时又能充分反映煤层气藏的渗流特征，通常将煤层气开采过程划分为煤层气排采早期的单相水渗流、排采中期的气、水两相渗流和排采末期的单相气渗流三个典型排采阶段[35]，由此分别进行不同排采阶段下的煤层气渗流模型研究。

目前，煤层气排采的渗流模型研究可概括为考虑煤层气排采过程中吸附气的解吸作用等渗流影响因素，进行不同典型排采阶段下的煤层气藏渗流模型研究：

1）由于煤层气排采早期的单相水渗流模型不涉及吸附气解吸作用，该阶段的渗流模型与常规油气藏渗流模型的研究方法基本相同[1,35]。

2）而对于排采中期考虑吸附气解吸作用的气、水两相渗流模型和排采末期的单相气渗流模型的研究，模型建立一般都以前文所述的煤层气解吸扩散模型为基础[36-42]。另外，排采中期的气、水两相渗流模型可通过定义包含煤层气、水两相渗流关系和等温吸附关系的拟压力函数式[1,19]，或者采用试井解释技术中"分相处理"的方法[19,42]修正气、水两相渗流的综合压缩系数和流度来建立。

总之，描述煤层气藏渗流规律的模型控制方程与常规天然气藏不同，主要体现在吸附气的解吸作用、流体流动状态的改变（两相流）、开采方式等方面[34]。有些模型还考虑了压敏效应[46,47]与吸附气解吸所引起的煤层基质收缩[48,49]而导致煤层渗透率的变化。

1.3.2　页岩气藏开发特征及渗流规律的研究现状

1. 页岩气藏开发特征的研究现状

（1）页岩气藏储层特征

页岩气作为一种非常规油气资源，以"自生自储"方式赋存于页岩层中。

页岩储层的基岩非常致密，孔隙尺寸非常小。基岩中孔隙主要为微米孔隙和纳米孔隙，大部分为纳米孔隙，渗透率极低。岩心实验分析表明北美页岩的纳米级孔隙直径尺寸为 5 ~ 800nm[31]，大部分为100nm 左右，孔喉直径为 10 ~ 20nm，基岩渗透率在（10^{-3} ~ 10^3）×$10^{-6}\mu m^2$ 范围内，孔隙度一般为 1% ~ 5%[31]。因此，页岩中的基岩是超低孔和超低渗的致密多孔介质。页岩气藏超低的渗透率导致气井产能极低或无自然产能，多数通过水力压裂生产井、打水平井等储层改造技术才能进行商业化开发。

孔隙是页岩气的重要储集空间，页岩中同时存在原生孔隙和次生孔隙[50]，其中以原生孔隙为主。有机质微孔隙和黏土层间微孔隙是页岩基质孔隙的主要贡献者，这是页岩储层与砂岩储层的显著区别。

（2）页岩气赋存状态

页岩气主要以吸附状态存在于干酪根和黏土颗粒表面（约占20% ~ 85%），干酪根有机质中含有大量的微孔隙，为气体在页岩上的吸附提供了场所。其次以游离方式存在于页岩层的天然裂缝和孔隙中[50]，甚至以溶解状态存在于干酪根和沥青质中（一般不超过10%）。游离气和吸附气的产出比例会因页岩气藏特点而不同。例如，美国 Barnett 页岩气藏以游离气采出为主，只有当压力降低至临界解吸压力时，吸附气才会发挥作用，而 Antrim 页岩气藏压力较低，开采出来的气体主要为吸附气。

（3）页岩气吸附解吸机理

吸附气解吸是页岩气藏重要的产气机理，研究页岩气藏的吸附解吸机理对页岩气藏的开发具有重要意义。页岩气吸附能力与温度和压力有关，还伴随能量交换。一般情况下，当温度一定时吸附量随压力的变化可采用等温吸附典型模型来表达，这与煤层气吸附解吸所采用的典型模型基本相同。这些模型主要包括 Henry 吸附理论、Freundlich 吸附理论、Langmuir 吸附理论、BET 吸附理论与吸附势理论[23,32]以及吸附气的稳定解吸与不稳定解吸理论[17]。工程计算时应根据实际情况选择合适的页岩气吸附解吸模型。

（4）页岩气运移机理

等温条件下，气体在多孔介质中的质量传输机制包括[31]黏性流、Knudsen 扩散、分子扩散和表面扩散。分子扩散发生在不同组分气体的质量传输中，由不同气体分子间的碰撞所产生；黏性流则源于同种气体分子间的碰撞；Knudsen 扩散源于气体分子与孔隙壁面的碰撞；气体分子也会吸附在孔隙壁面沿着孔隙表面发生表面扩散。事实上，气体分子的运动自由程与多孔介质孔隙半径的比值（Knudsen 数）决定着多孔介质孔隙中气体的运移机制。如果多孔介质的孔隙半径远大于气体分子的运动自由程，那么气体分子与孔隙壁面碰撞的概率会远小于分子间碰撞的概率，则分子间碰撞所产生的黏性流为此时主要的气体传输机制。如果多孔介质的孔隙半径近似等于气体分子的运动自由程，那么气体分子与孔隙壁面碰撞的概率会更高，则气体分子与孔隙壁面碰撞的 Knudsen 扩散为此时主要的气体传输机制。因此，可采用 Knudsen 数来判定气体在多孔介质中的流动规律。

姚军等[31,51]根据页岩气储集方式和多尺度孔隙结构特征，利用 Knudsen 数判定方法将页岩气藏中的气体运移划分为五个尺度下的渗流特征，包括宏观尺度（页岩气藏到井筒的黏性流）、介观尺度（页岩气在微裂缝中的黏性流）、微观尺度（页岩气在粒间孔隙中的黏性流和 Knudsen 扩散）、纳观尺度（页岩气在有机质表面的表面扩散）和分子尺度（页岩气在有机粒内孔隙中的 Knudsen 扩散）。

2. 页岩气藏渗流规律的研究现状

随着数值模拟技术的发展，页岩气藏的渗流规律研究已成为了解地下页岩气藏的渗流状况、预测页岩气产量的有效手段，为页岩气高效开发的工程技术提供了理论基础。

目前，国内外研究学者在页岩气藏渗流模型研究方面已取得了丰富的研究成果。这些模型研究一般基于一定的渗流力学模型和现代力学方法，考虑了页岩气藏开发过程中的关键渗流问题，主要包括吸附气的解吸扩散、物质运移、水平井周围存在体积压裂有效改造区域、页岩储层及裂缝应力敏感[52-57]、页岩储层渗透率的各向异性[58,59]等影响因素，加入了页岩气藏不同于常规油气藏的垂直井压裂、水平井压裂等开发方式，在非线性的耦合模型建立、模型高效计算方法建立等方面取得了丰富的研究成果。

国内外页岩气藏渗流模型的研究成果主要包括：①页岩中从微裂缝向井筒供液的页岩气藏多重介质建模[16,60-62]。②多尺度孔隙结构特征下的页岩气藏渗流模拟[51,63-66]。例如，2014 年，Li 等[65]采用控制体积方法研究了致密气藏和页岩气藏中 Knudsen 扩散和 Langmuir 吸附对压力瞬时响应的影响；2016 年，Cao 等[66]提出了耦合页岩变形以及页岩基质气体流动的视渗透率，采用 Comsol Multiphysics 软件对耦合模型进行模拟，分析了页岩气滑移流、Knudsen 扩散以及有效应力对视渗透率以及固有渗透率的影响。③基于点源函数的叠加理论以及Laplace 数值反演的页岩气藏垂直井压裂及水平井多段压裂的渗流试井解释模型[62,67-83]。例如，2014 年，Xie 等[69]考虑了吸附气解吸、井筒储集、表皮效应等影响因素，提出了页岩气藏多段压裂水平井的两相渗流模型，采用点源函数的叠加理论以及拉普拉斯（Laplace）变换方法，求得了模型的数值解，还分析了初始饱和度、表皮系数、水平井长度等的影响；2014 年，牛聪[70]建立了考虑吸附气解吸、页岩压敏效应以及气体扩散的页岩气藏分段压裂水平井的渗流模型，并通过定义"拟压力"对渗流模型进行了线性化，然后采用基于点源函数的叠加理论以及 Laplace 变换方法进行了模型的数值求解，还利用油田现场数据进行了模型的有效性验证；2014 年，Tian 等[71]考虑了页岩气解吸的特殊渗流机制以及解吸气向人工裂缝和天然裂缝的扩散，建立了页岩气藏多段压裂水平井的三重介质模型，并采用 Laplace 变换方法进行了求解，还分析了各参数对拟压力特征曲线的影响；2015 年，苏玉亮等[72]考虑了吸附气解吸及向裂缝的扩散、岩石应力敏感和体积压裂有效改造区域的影响，建立了线性化的页岩气藏分段压裂水平井的三线性渗流模型，并通过 Laplace 变换求得了模型的数值解，还利用北美页岩气井的生产数据进行了拟合；2015 年，Xu 等[73]考虑了吸附气解吸及气体向裂缝的扩散、体积压裂有效改造区域和裂缝渗透率各向异性的影响，建立了线性化的页岩气藏多段压裂水平井的渗流模型，采用基于点源函数的叠加理论以及 Laplace 变换方法求得了模型的数值解，还进行了参数的敏感性分析；2015 年，Zeng 等[74]考虑了页岩吸附气的解吸作用、黏性流、页岩基质中的扩散流以及裂缝的应力敏感性，给出了页岩气藏多段压裂水平井的组分模型，并通过摄动方法和 Laplace 变换方法给出了模型的半解析解，还分析了页岩气藏相关参数对瞬时压力和瞬时流量特征曲线的影响；2015 年，Guo 等[75]考虑了吸附气解吸及向裂缝的扩散、页岩应力敏感和裂缝渗透率的各向异性特征，建立了页岩气藏垂直裂缝井的渗流模型，并采用基于点源函数的叠加理论以及 Laplace 变换方法求得了模型的数值解，进而分析了渗流参数的敏感性影响；2015 年，Huang 等[76]考虑了吸附气解吸、扩散流动和滑移流动的影响，建立了页岩气藏垂直裂缝井的渗流模型；也采用基于点源函数的叠加理论以及 Laplace 变换方法求得了模型的数值解，进而分析了渗流参数对瞬时压力和产量递减特征曲线的影响；2016 年，Wu 等[77]考虑了页岩吸附气解吸和体积压裂有效改造区域的影响，通过重新定义的"拟压力"和"拟时间"建立了页岩气藏多段压裂水平井的三线性渗流模型，并通过 Laplace 变换求得了模型的数值解，并进行了实际应用；Guo 等[78-80]考虑了吸附气的解吸作用、扩散流动、体积压裂有效改造区域和裂缝导流能力的影响，建立了页岩气藏多段压裂水平井的渗流模型，并通过基于点源函数的叠加理论以及 Laplace 变换方法求得了模型的数值解，并与其他文献的计算结果进行了对比验证；2018 年，Huang 等[81]考虑了吸附气解吸、气体 Knudsen 扩散流动、体积压裂有效改造区域和裂缝导流能力的影响，建立了页岩气藏多段压裂水平井的渗流模型，并通过叠加原理、Laplace 变换、Stehfest 数值反演和有限差分相结合的方法求得了模型的数值解，并与 Eclipse 商业软件的模拟结果进行了对比验证；2018 年，Wu 等[82]考虑了吸附气的解吸作用、气体扩散、体积压裂有效改造区域和页岩应力敏感的影响，建立了页岩气藏多段压裂水平井的渗流模型，并通过 Laplace 变换和边界元方法求得了模型的数值解，并与解析解进行了对比验证。④页岩气藏的离散裂缝渗流模型[84,85]。⑤页岩气藏的嵌入式裂缝渗流模型[86-88]。⑥页岩气藏压裂裂缝扩展与多孔介质渗流耦合模型[15,89-90]。⑦考虑吸附气稳定解吸与不稳定解吸作用下的页岩气藏渗流模型[17,35]。⑧考虑裂缝支撑剂分布影响的页岩气藏渗流模型[91]。例如，2015 年，Yu 等[91] 对压裂裂缝非均匀支撑剂分布对页岩气井生产的影响进行了数值研究，研究结果表明在进行生产预测和历史拟合时应考虑页岩气解吸和地质应力的影响。在裂缝导流能力较低、支撑剂浓度较少时，非均匀的支撑剂分布会降低井的产量。

上述页岩气藏渗流模型研究的侧重点各不相同，分别从描述页岩气在基质系统与裂缝系统中发生解吸、扩散与渗流的经典多孔介质渗流建模、微纳米孔隙尺度下的页岩气运移模拟、基于经典渗流模型考虑吸附气解吸扩散的页岩气藏垂直井压裂及水平井压裂的试井解释模型、大尺度天然裂缝以及人工裂缝的精确建模、嵌入大尺度裂缝模型的高效数值计算方法、人工压裂裂缝扩展的模拟方法、描述页岩气开采过程中页岩储层内游离气和解吸气流动状态的页岩气藏渗流建模以及分析压裂裂缝支撑剂分布对页岩气生产影响的渗流模型研究等方面进行了重点研究。

1.3.3　非常规气藏生产数据分析的研究现状

1. 基于油气藏渗流规律的生产数据分析概述

在油气藏开发过程中，了解储层性质以及生产井参数的重要动态手段是对生产井日常生产动态数据的分析，生产数据来源于利用监测设备所计量的生产井每日的产量和压力变化数据[17]，这些数据是收集最全、资料最为丰富的一类现场数据，可以为评估气藏质量、天然气储量以及压裂效果提供重要信息。利用基于非常规气藏渗流规律的工程技术手段对生产数据进行分析可以确定油气藏的地质特征，解释出储层渗透率、原始地层储量、泄油半径、表皮系数、裂缝半长等重要信息，为非常规气藏的高效开发提供指导。

生产井的生产数据分析已在常规油气藏开发中得到广泛应用和发展。由于实用性强，特征曲线分析方法是目前生产数据分析中所广泛应用的方法，特征曲线分析又可分为压力不稳定分析（包含试井）和流量不稳定分析。这些基于渗流规律的特征曲线分析方法在应用时均需要满足一定的假设条件：压力不稳定分析需要假定整个生产时期内生产井的生产流量保持恒定，而流量不稳定分析则需要假定整个生产时期内生产井的井底压力保持恒定。然而，在通常情况下实测生产数据的井底压力或流量较难保持恒定，并不满足特征曲线分析方法所基于的渗流模型假设条件。因此，生产数据分析中需要引入将变流量或变压力的生产数据转化为定流量或定压力的生产数据的数据转化方法。油气藏生产数据特征曲线分析的流程如图 1.5 所示。

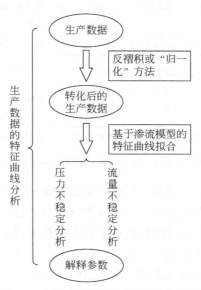

图 1.5 生产数据特征曲线分析流程图

生产数据分析中的生产数据转化方法主要包括传统的"归一化"方法和反褶积方法。1986 年，Blasingame 和 Lee[92] 引入了物质平衡时间以便允许从变流量生产历史数据中提取等价的定流量下的离散压力数据（或从变压力生产历史数据中提取等价的定压力下的离散流量数据），称为传统"归一化"方法。由于理论简单，"归一化"方法已被广泛应用。例如，产量递减分析中的 Blasingame 曲线拟合分析方法、Transient 曲线拟合方法、NPI 曲线拟合分析方法、Agarwal-Gardner 曲线拟合分析方法以及动态物质平衡方法都采用了生产数据转化的"归一化"方法。然而在某些情况下，例如生产井关井，传统"归一化"方法并不适用。而反褶积方法则可以用来进行有效分析，该方法基于 Duhamel 原理，可将变流量-压力数据直接转化为光滑化的定流量下的压力数据或定流压下的流量数据。目前，反褶积方法更多地应用于试井解释，很少应用于生产数据分析中，特别是非常规气藏的生产数据分析方面。

由表 1.1 中两种生产数据转化方法的对比可看出，反褶积方法的理论基础更高级、数据误差的稳定性好、方法适用性强且能提高生产数据分析效果。特别地，多井反褶积还能消除"井间干扰"的影响。因此，采用反褶积方法处理油气藏生产数据可更好地解释参数，获得更为可靠的解释结果。

表 1.1　生产数据转化方法对比

生产数据转化方法	传统"归一化"方法	反褶积方法
算法理论基础	引入物质平衡拟时间，理论简单、计算直接	基于 Duhamel 原理求解反问题，且算法高级
稳定性	难以消除数据误差影响	可以消除数据误差影响
适用性	①满足 Duhamel 原理； ②存在"井间干扰"时不适用； ③受关井条件限制	①满足 Duhamel 原理； ②多井反褶积方法可消除"井间干扰"影响； ③不受关井条件限制
生产数据分析效果[93]	信息量少、特征参数数据点的范围小、分布散乱；拟合效果差	信息量多、特征参数数据点的范围大、分布集中且光滑；拟合效果好

相对于产量递减分析，试井分析需要更高精度的压力不稳定测试数据。进行试井压降测试时，油井需要保持定产量或者分阶段的定产量进行生产，测量压力随时间的变化，然而压降测试过程会产生较大的数据误差。只有从经济方面要求受测试影响的生产时间最小化时，才考虑这种测试方法。而试井的压力恢复测试则是将生产井关闭，测量压力随时间的变化，因而会影响油气井的生产。理论上，该测试要求关井持续的时间足够长，至少使得流动趋向于稳定[93]。由于流量为零，压力恢复测试数据的质量要远远好于压降测试的数据。对于非常规气藏开发，考虑到经济效益和操作限制，通过试井的压力恢复测试进行压力不稳定分析的方法会受到限制。随着永久式检测设备的广泛应用，现场测得的生产数据在质量、精度和清晰度上将得到不断改善[18]。因此，应该更好地利用生产数据分析来预测生产井的产能以及解释生产井和油藏地质特征的关键参数。

随着世界能源需求的增加以及常规能源的日益减少，非常规油气藏开发已成为当前石油工业开发的热点，生产数据分析亟须在非常规气藏开发中发挥作用，以有效评估产量及对气井的未来生产进行预测。然而，由于非常规气藏渗流规律的复杂性，将现代的生产数据分析技术应用于非常规气藏的生产数据分析时仍需要克服一些难题。一方面，与常规气藏不同，煤层气藏、页岩气藏开发过程中渗流过程伴随吸附气的解吸作用等，生产数据分析所基于的渗流理论模型研究应考虑这些重要因素的影响。另一方面，由于煤层气藏、页岩气藏渗透率低，以及长时间生产过程中渗流的动态变化，几乎不可能测得定流量下的井底压力或定井底压力下的流量生产数据，并且测得的生产数据具有一定的误差，此时如果直接采用这些数据进行分析将会导致油气藏参数解释较大的不确定性。

2. 煤层气藏生产数据分析的研究现状

目前，国内外学者在非常规煤层气生产数据分析方面已取得了一些研究成果。

1990 年，King[94] 主要考虑了吸附气解吸的影响，推导了针对非常规煤层气藏及页岩气藏的两种"归一化"的物质平衡方法，通过重新定义压缩因子进行了通用方程的线性化，可分别适用于估计天然气原始地质储量（假定游离气与吸附气平衡）和预测气藏的生产动态（假定存在拟稳定解吸与扩散）。还通过基于有限差分方法的数值模拟结果进行了验证。

2006 年，Jordan 等[92] 提出了确定常规气藏和非常规气藏生产井以及储层流动参数的实用系统分析方法，采用简单的拟稳态下的等价均质径向渗流模型来代表复杂的油气藏系统，模型渗透率定义为等效渗透率。并采用 King 修正压缩因子的方法[94]，对物质平衡拟时间和平均地层压力计算进行了修正，以考虑吸附气的解吸作用。还对煤层气井和致密气压裂井的数值模拟或实测生产数据进行了分析，然而煤层气井生产数据特征曲线分析的效果并不理想，如图 1.6 所示。

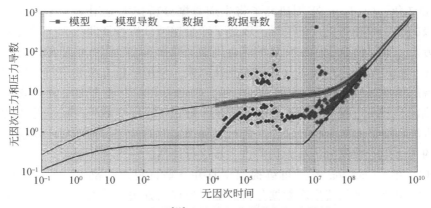

图 1.6 文献[92] 中的特征曲线分析拟合结果

2008 年，Gerami 等[95] 对考虑平衡吸附的煤层基质中气体的径向流以及天然裂缝网络中达西流的规律进行了研究。他们通过修正总的气体压缩系数建立了线性化的连续性方程，然后采用常规特征曲线的"归一化"分析方法（包括压力不稳定分析和流量不稳定分析）对煤层气的生产数据进行了实例分析。然而由于生产数据误差的影响，无法对不稳定数据进行有效分析，仅能表现出受边界控制的单位斜率来确定原始地质储量，如图 1.7 中的实线所示。

2009 年，Moghadam 等[96] 考虑了地层压缩性、剩余流体的扩展、水层补给以

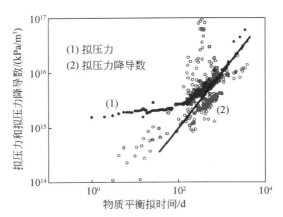

图 1.7　文献[95]中的特征曲线分析拟合结果

及吸附气解吸等驱动机制的影响，提出了气体物质平衡方程的新形式。每一种驱动机制的影响在新的物质平衡方程中表现为有效压缩系数项，可以用来计算通用的综合压缩系数。该系数对生产数据流量不稳定分析中拟时间的计算非常重要。

2007 年，Clarkson 等[97]研究了将生产数据分析技术应用于考虑煤层气不稳定解吸的煤层单相气生产的问题，改进了产量递减分析特征曲线和流动物质平衡分析方法，通过修正无因次变量的综合压缩系数来考虑吸附气解吸的影响。他们还考虑了渗透率各向异性以及多层的复杂因素，采用解析方法和蒙特卡罗模拟方法对各层属性进行了多层分析。2007 年，Clarkson 等[98]还考虑了复杂煤层气藏两相流以及开发过程中有效渗透率的变化，修正了煤层气藏生产数据分析的物质平衡方法和特征曲线分析方法，并进行了油田实例的验证。然而对于煤层气藏两相流的压力生产数据分析技术仍需进一步进行评估。

2009 年，Clarkson 等[99]继续提出了直井、垂直裂缝井及水平井开采情况下的煤层气单相和多相流生产数据分析的工作流程及方法。单相煤层气井的工作流程与现代压力不稳定分析（试井）相同，修正了"拟时间"以考虑煤层气的瞬时解吸作用。对于更为复杂的两相流，增加了对拟变量的修正来考虑渗透率的变化。他们的算法表明现代产量递减分析方法可以结合解析求解或数值建模应用于煤层气藏生产井大范围生产数据的分析，并从中解释出油藏参数的定量信息。

2011 年，Clarkson 等[100]还考虑了由于煤层气藏生产井筒附近钻井液的清除、相对渗透率变化以及煤层基质收缩造成绝对渗透率变化等因素而引起的井筒表皮的改变，定义了"动态表皮率"对无因次特征曲线的变量（用于产量递减分析）以及流动物质平衡变量进行了修正，建立了考虑井筒表皮变化的煤层气井生产数据的分析方法，并通过实例验证了该方法的实用性，还分析了自由气储集对生产数据分析的影响。

由上可知，Clarkson 等[97-100]在煤层气生产数据分析方面的研究主要通过修正压缩系数、物质平衡变量等手段，考虑了煤层气开发的吸附气解吸、煤层渗透率变化、井筒表皮改变等影响因素，进而建立了煤层气生产数据的分析方法。然而他们在研究中采用传统"归一化"方法进行实测生产数据分析时，归一化的无因次流量数据点较为散乱，采用特征曲线进行拟合时有较大的不确定性，如图 1.8 所示。

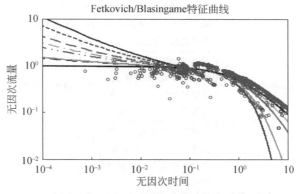

图 1.8　文献[100]中的特征曲线分析拟合结果

2005 年，Kuchuk 等[101]提出了采用压力和流量生产数据进行检测生产指数、预计生产和储量的方法，提出了基于测试的压力和流量数据所反褶积计算出的单位压降下的流量数据进行产量递减分析的可靠技术，可以采用长时期内压力与流量的所有变化数据，为生产井特别是配备永久式井下压力和流量测量设备的生产井的实时动态预测提供了诊断工具。2014 年，Osman 和 Thwaites[102]认为电缆地层测试仪可以获取煤层气井可靠的压力和流量生产数据，克服数据误差对反褶积计算出的压力导数响应的影响，并将反褶积应用于煤层气藏压力恢复和压力降落的试井解释中，通过试井算例表明了应用反褶积可以改善试井解释中储层渗透率的估计。另外，获取精确的初始地层压力、流量数据以及地质方面的信息可以有效降低反褶积计算结果的不确定性。试井是获取煤层参数的重要手段之一，也是最可靠准确的方法。然而由于煤层的渗透率和原始地层压力都很低，开井期间容易造成气、水两相同出，压力恢复时间长，试井解释很难确定地层参数[103]。

2016 年，赵威等[104]考虑了煤层气渗流过程中水侵、吸附气解吸以及地层流体压缩性变化的影响，通过修正气体压缩因子建立了新的物质平衡方程，并利用物质平衡及线性流原理对煤层气储层的生产数据进行了分析，还探讨了各影响因素对原始含气量的影响。

本文还对上述煤层气藏生产数据分析的研究成果进行了统计，如表1.2所示。

表1.2　煤层气藏生产数据分析的研究成果统计

时间	作者	渗流规律	生产数据分析方法	生产数据转化方法
1990	King[94]	考虑吸附气解吸的煤层气藏渗流规律	流动物质平衡方法	"归一化"方法
2006	Jordan 等[92]	煤层气藏的等价均质径向渗流规律	压力不稳定分析方法	"归一化"方法
2008	Gerami 等[95]	煤层气藏的基质径向渗流以及天然裂缝网络中的达西渗流规律	压力不稳定分析方法、流量不稳定分析方法	"归一化"方法
2009	Moghadam 等[96]	综合考虑了地层压缩性、剩余流体的扩展、水层补给以及吸附气解吸等驱动机制的影响	流动物质平衡方法	"归一化"方法
2007~2011	Clarkson 等[97-100]	考虑吸附气解吸、储层渗透率变化、多相流、井筒表皮变化的煤层气藏渗流规律	压力不稳定分析方法、流量不稳定分析方法	"归一化"方法
2014	Osman 和 Thwaites[102]	考虑吸附气解吸的煤层气藏渗流规律	压力不稳定分析方法（试井）	反褶积
2016	赵威等[104]	考虑煤层水侵、吸附气解吸以及流体压缩性变化的煤层气藏渗流规律	物质平衡及线性流原理	"归一化"方法

3. 页岩气藏生产数据分析的研究现状

由前述可知，页岩气藏气体渗流规律具有特殊性和复杂性，页岩气井生产数据分析所基于的渗流理论模型应考虑其主要渗流特征，对页岩气渗流规律进行准确描述。于是，页岩气藏中渗流理论模型是非线性的。然而生产数据转化要求满足基于线性渗流规律的 Duhamel 原理[21]。为了能适用 Duhamel 原理，可通过定义"拟压力"或"拟时间"的方法[105]，并采用一些非线性变换及摄动方法来进行页岩气渗流理论模型的线性化。由生产数据重新计算新的"拟压力"或"拟时间"数据，然后再进行数据转化及特征曲线的拟合分析。

2001 年，Harger 和 Jones[106]讨论了应用压力不稳定分析方法进行常规气藏和致密砂岩气藏生产数据分析的问题。他们认为致密气藏的生产可以类比于扩展的压降测试，且常为变流量下生产。通过叠加原理，变流量数据可以转化为等价的单位流量下的压降测试数据，进而可以采用常规的试井技术进行解释。由于油田生产数据的精度不高，采用常规的压力导数分析时，需要进行光滑化以改进解释效果。在有些情况下，鉴于压力导数数据的质量很差，较难分辨特征曲线的流动段。然而，压力导数数据通常能分辨出无限大边界流动段的零斜率、线性流的0.5斜率（裂缝井）以及边界控制流动的单位斜率。

2002年，Cox等[107]认为致密气藏中由于不能产生固定的井控区域，在应用产量递减曲线和物质平衡方法进行数据分析时并不能获得准确的结果。他们将产量递减曲线、物质平衡与经典的压力不稳定分析相结合提出了确定储量更为精确的气体生产分析方法。2008年，Lewis和Hughes[108]将Cox等的气体生产分析方法看作为等价于"试井解释"的产量数据评估方法，并在Cox等[107]的研究基础上修正了物质平衡时间，进而考虑了页岩气藏吸附气的影响。实际的生产数据分析结果出现了约束参数拟合的流动段，参数估计值也较为合理。

2007年，Medeiros等[109]研究了页岩气藏水力压裂水平井的生产数据分析。将改造的气藏体积看作天然裂缝性区域进行模拟，考虑了页岩气藏非均质性等关键特征，以及水力压裂裂缝和井筒流动，给出了不稳定产能指数随物质平衡时间变化的产量递减特征，并通过油田实例进行了产量递减分析。基于产能指数的归一化拟合效果如图1.9所示。

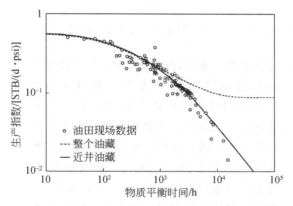

图 1.9　文献[109]中某页岩气井的产量递减分析拟合结果①

2010年，Yeager和Meyer[110]基于多段压裂水平井的线性渗流规律对Marcellus页岩气藏三口水平井的注入/压降测试数据进行了综合试井分析，得出的渗透率参数与岩心分析的结果有一定的可比性。还对一口生产井的生产数据进行了分

---

① STB是石油体积单位，1STB = 0.159m³；psi是压力单位，1psi = 6895Pa。

析，很好地估计出了裂缝半长、泄油半径等参数，为水平井裂缝的优化和井距调整提供了关键的信息。

2011 年，Jones 和 Chen[111] 将压力与流量数据的反褶积应用于加拿大某天然裂缝性致密气藏的不稳定压力分析中，该方法比压力恢复段的试井解释方法在双对数坐标中扩充了两个对数周期，显示出了确定连接体积的斜率为 1 的边界控制流动段，而且获得了较为光滑的压力响应数据（图 1.10），可以比压力恢复段的试井解释方法更好地确定气藏的连接体积。而且反褶积方法可以允许利用压力不稳定分析方法分析长时期的生产数据，而且不需要较长的关井时间。

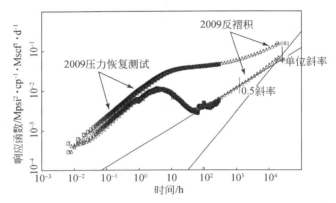

图 1.10　文献[111]中某致密气井的压力不稳定分析拟合结果①

由于储层极低的渗透率，非常规致密气藏的生产数据通常表现出较长的不稳定流动阶段，采用常规的流量–时间关系会导致对天然气藏储量过高的估计。2010 年，Ilk 等[112] 发展了同时采用流量–时间关系和生产数据分析方法的工作流程来对生产数据进行分析，以综合评估非常规气藏生产井与气藏的特征以及预计未来的生产动态。工作流程包括：诊断（数据关联检查、数据过滤、流动阶段划分）、流量–时间分析（指数流量递减关系、双曲流量递减关系）和基于模型的生产分析（页岩气藏相关渗流模型的解析解）三个步骤。其中，流量–时间关系用来对基于渗流模型的生产分析所获得的储量估计进行补充。还通过实际油田算例对该生产数据分析方法进行了验证。

随着高端水力压裂技术的不断发展，致密页岩气的产量逐渐增加。基于流量不稳定分析和压力不稳定分析的生产数据分析技术是评估压裂效果的有效手段。由于大量的水力诱导裂缝、压裂水平井的特殊几何形状以及页岩气藏极低的渗透

---

① 　Mpsi² = 10⁶ psi²；cp 为流体黏度单位，1cp = 10⁻³ Pa · s；Mscf 为体积单位，1Mscf = 28.317m³。

率，分析生产数据时通常没有典型径向流阶段的特征显示，不稳定的线性流阶段在生产井的生产周期中占据主导（图 1.11），是可以进行生产数据分析仅有的流动阶段。发展可靠的方法对不稳定线性流动阶段进行数据的生产分析对评估压裂效果非常重要[113]。考虑气藏特殊渗流特征的页岩气藏压裂井的解析模型和数值模拟可以用来分析压力数据，对可以辨别出的线性流动段[93]进行研究。

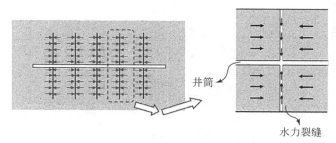

图 1.11　页岩气藏多段压裂水平井的不稳定线性流动阶段示意图[113]

2013 年，Qanbari 和 Clarkson[114]研究了页岩气藏垂直压裂井线性流动阶段单位压降下的流量不稳定分析，渗流模型考虑了非达西渗流效应、吸附解吸作用以及应力敏感造成的渗透率变化，并对时间的平方根图进行了修正。该修正有助于获得正确的水力压裂裂缝半长和裂缝渗透率。

2013 年，丁志文等[115]在 Langmuir 等温吸附理论基础上，同时对偏差因子和综合弹性压缩系数进行了修正，然后分别应用 Blasingame 特征曲线拟合方法、修正物质平衡方法以及修正 Ibrahim 和 Wattenbarger 不稳定线性流方法对页岩气井的生产数据进行了分析，表明了不考虑页岩气吸附作用会低估原始天然气储量。

2014 年，王军磊等[116]在考虑了页岩气藏气体解吸和边界影响基础上，利用 Laplace 变换和压力叠加原理研究了压裂水平井的不稳定产能动态，给出了新的无量纲物质平衡时间和产量，绘制了 Agarwal-Gardner 型产量递减图版，并进行了实际生产数据的拟合。

2015 年，Virues 等[93]通过瞬时流量分析（RTA）软件采用常规气藏渗流模型对非常规页岩气藏多段压裂水平井的生产数据进行了流量不稳定分析（传统"归一化"方法）。然后还利用反褶积将生产数据转化为单位流量下的压力数据，由此进行了压力的不稳定分析。由数据分析结果（图 1.12）可以看出生产数据经反褶积处理后的压力不稳定分析曲线要明显好于流量不稳定分析的数据点。流量不稳定分析中归一化的压力数据点较为散乱，会导致解释结果的多解性较强。此外，还可以看出该井的生产数据分析中仅显示出了页岩气藏多段压裂水平井的不稳定线性流动阶段。

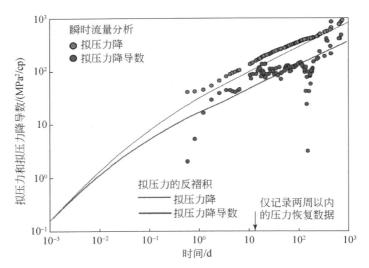

图 1.12　文献[93]中某页岩气井的特征曲线分析拟合结果

2015 年，Pang 等[4]采用流量"归一化"的不稳定压力特征曲线分析方法对中国 20 口页岩气井的生产数据进行了分析。分析结果表明将近半数页岩气井的归一化数据在一到两年内才显示出了边界控制流动段，表明改造的页岩体积很小，水力压裂过程对邻井的干扰会对生产数据解释产生较大的影响。然而，"归一化"生产数据分析的特征数据点分布较为散乱，数据拟合有着较大的不确定性，如图 1.13 所示。

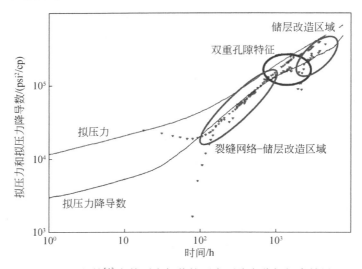

图 1.13　文献[4]中某页岩气井的压力不稳定分析拟合结果

2015 年，Wang 和 Wu[117] 考虑了吸附气解吸、气液两相流、气体的 Klinkenberg 效应、非达西流和非线性吸附气解吸作用，并通过定义"拟压力"建立了页岩气藏多段压裂水平井的渗流模型，通过计算模拟可以得到瞬时压力的特征曲线，进而可以通过数据拟合确定水力压裂裂缝的参数。

产量递减分析是油气藏生产预测、估计动态储量中应用最为广泛的方法之一。虽然产量递减分析模型可以在特定的假设条件下进行应用，然而由于其局限性，该分析方法并不能适用于所有的情况。2016 年，Zuo 等[118] 基于反常扩散现象，发展了针对页岩气井的新的分数阶产量递减模型，并通过油藏数值模拟进行验证。实际算例表明该模型可以提供可靠的最终采收率，有助于进行快速的生产数据分析并更为精确地预测页岩气的生产。

2016 年，Tung 等[119] 建立了页岩气藏多段压裂水平井的渗流模型，并基于多井反褶积进行了页岩气藏生产数据的压力不稳定分析研究，以消除水平井井间干扰的影响。但他们采用了常规气藏的渗流模型。

2016 年，Wei 等[120] 考虑了吸附气解吸、Knudsen 扩散和体积压裂有效改造区域的影响，基于考虑吸附气解吸的物质平衡方程，通过定义"拟压力"和"拟时间"建立了页岩气藏多段压裂水平井的渗流模型，由此进行了基于"归一化"方法的产量递减分析理论研究。

2016 年，Wu 等[77] 考虑了吸附气解吸作用、气体的压缩性和体积压裂有效改造区域的影响，基于修正的物质平衡方程和平衡拟时间，通过重新定义"拟压力"和"拟时间"修正了页岩气藏多段压裂水平井的"三线性"渗流模型，由此进行了基于"归一化"方法的流量不稳定分析研究。还通过油田实例阐明了该生产数据分析的有效性。

2017 年，Kim 等[121] 提出了考虑吸附气解吸作用的页岩气藏生产数据分析的多井反褶积方法，克服了传统"归一化"方法在处理急剧变化数据的局限性，并通过模拟算例证明了与"归一化"方法相比，反褶积方法在应用于受吸附气解吸和井间干扰影响的页岩气藏生产数据压力不稳定分析时的优越性。

由于页岩气藏极低的渗透率，多段压裂水平井开发时会经历长时期的"线性流"。2017 年，Hu 等[122] 考虑了吸附气解吸、气体滑移流动、气体 Knudsen 扩散流动、页岩应力敏感和体积压裂有效改造区域的影响，并通过定义"拟压力"和"拟时间"建立了页岩气藏多段压裂水平井的"三线性"渗流模型，并通过 Laplace 变换及 Stehfest 数值反演的方法进行求解，进而分析了油藏和水力压裂参数对产量递减分析曲线的敏感性影响。

综上所述，国内外学者在煤层气藏、页岩气藏生产数据分析的研究方面已取得了较多的研究成果，建立了考虑不同渗流影响因素下的非常规气藏的生产数据分析方法，而且大部分分析方法也进行了实际生产数据的分析应用，表现出了较好的应用前景。这些研究成果可为非常规气藏生产数据分析的进一步深入研究提供较多的研究方法和理论基础。

本书还对上述页岩气藏（含致密气藏）生产数据分析的研究成果进行了统计，如表 1.3 所示。

表 1.3 页岩气藏（含致密气藏）生产数据分析的研究成果统计

时间	作者	渗流规律	生产数据分析方法	生产数据转化方法
2001	Harger 和 Jones[106]	基于达西定律的致密气藏渗流规律	压力不稳定分析方法	"归一化"方法
2002	Cox 等[107]	基于达西定律的致密气藏渗流规律	流量不稳定分析方法	"归一化"方法
2008	Lewis 和 Hughes[108]	考虑吸附气解吸的页岩气藏渗流规律	流量不稳定分析方法	"归一化"方法
2007	Medeiros 等[109]	考虑非均质性、水力压裂裂缝及井筒流动的页岩气藏渗流规律	流量不稳定分析方法	"归一化"方法
2010	Yeager 和 Meyer[110]	页岩气藏多段压裂水平井线性渗流规律（基于达西定律）	压力不稳定分析方法	"归一化"方法
2011	Jones 和 Chen[111]	天然裂缝性致密气藏不稳定渗流规律	压力不稳定分析方法（试井）	反褶积
2010	Ilk 等[112]	页岩气藏的不稳定渗流规律	流量不稳定分析方法	"归一化"方法
2013	Qanbari 和 Clarkson[114]	页岩气藏垂直压裂井的线性渗流规律	流量不稳定分析方法	"归一化"方法
2013	丁志文等[115]	考虑 Langmuir 等温吸附的页岩气藏渗流规律	流量不稳定分析方法	"归一化"方法
2014	王军磊等[116]	考虑气体解吸和边界影响的页岩气藏渗流规律	流量不稳定分析方法	"归一化"方法
2015	Virues 等[93]	基于常规气藏渗流规律进行描述（常规气藏生产数据分析商业软件）	压力不稳定分析方法	反褶积、"归一化"方法
2015	Pang 等[4]	基于常规气藏渗流规律进行描述	压力不稳定分析方法	"归一化"方法
2015	Wang 和 Wu[117]	吸附气解吸、Klinkenberg 效应、多段压裂水平井	压力不稳定分析方法	"归一化"方法

续表

时间	作者	渗流规律	生产数据分析方法	生产数据转化方法
2016	Zuo 等[118]	考虑反常扩散现象的页岩气藏渗流规律	流量不稳定分析方法	"归一化" 方法
2016	Tung 等[119]	多段压裂水平井	压力不稳定分析方法	反褶积
2016	Wei 等[120]	吸附气解吸、Knudsen 扩散、体积压裂有效改造区域	流量不稳定分析方法	"归一化" 方法
2016	Wu 等[77]	吸附气解吸、体积压裂有效改造区域、多段压裂水平井、三线性流	流量不稳定分析方法	"归一化" 方法
2017	Kim 等[121]	吸附气解吸、多段压裂水平井	压力不稳定分析方法	反褶积
2017	Hu 等[122]	吸附气解吸、滑移流动、Knudsen 扩散流动、应力敏感、体积压裂有效改造区域、多段压裂水平井、三线性流	流量不稳定分析方法	"归一化" 方法

在非常规气藏生产数据分析方法的研究中，大多数采用了传统"归一化"方法对生产数据进行转化，然而由实测生产数据特征曲线分析的拟合结果（图 1.6～图 1.9、图 1.12 和图 1.13）可以看出，采用经"归一化"方法转化后的生产数据进行分析的特征数据点分布较为散乱，光滑程度较低，数据拟合有着很大的不确定性，而经反褶积方法转化的生产数据特征曲线分析可以产生较为光滑的特征数据曲线（图 1.12），而且还可以获得更长的特征数据曲线（图 1.10），因而有助于提高数据的拟合效果，降低解释结果的不确定性。目前，反褶积主要应用于试井解释[102,111]以及基于常规气藏渗流规律的生产数据分析中，有必要进一步研究将反褶积应用于基于非常规气藏渗流规律的生产数据分析中。

4. 应用于生产数据分析的反褶积研究现状

(1) 反褶积在生产数据分析中的应用概述

现代倾向利用高频率与大数据的发展趋势使得可以获取生产井整个生产历史的大量数据，这些反映油藏信息的数据具有很大探测半径。然而生产数据特征曲线分析却受限于固定流量（或固定井底压力）生产阶段下的压力（或流量）数据分析，探测范围较小。反褶积方法可以解除压力（或流量）数据解释探测范围小的局限性[93]。

根据 Duhamel 原理，变流量下的压力降（或变井底压力下的流量）可以通过生产井流量（或压力）与单位流量下的压力响应（或单位压降下的流量响应）关于生产时间的褶积积分给出。因而可以通过反褶积计算，由变流量及其对应的压力历史（或变压力及其对应的流量历史）求出全部生产历史的单位流量下的压力数据（或单位压降下的流量数据）。在进行生产数据分析时，反褶积计算出的压力（或流量）数据可以显示出仅依赖某压力恢复测试段数据或产量递减分析的"归一化"方法所无法显示出的特征曲线段，可以为生产数据分析提供更多信息量。还可以通过反褶积计算的正则化过程消除数据误差的影响，进而为生产数据分析提供更为光滑的特征数据曲线。然后可进一步利用常规/非常规油气藏的渗流规律（模型）及其相应的生产数据分析方法进行数据分析，可以更好地解释油气藏参数，比直接进行数据分析或采用传统"归一化"方法进行数据分析获得更可靠的参数解释结果。

（2）单位流量下的压力反褶积算法研究现状

在线性系统中，根据 Duhamel 原理，变流量测试的井底压力可以由褶积积分给出，如下[19-21]：

$$p_{\text{ini}} - p(t) = \int_0^t q(t-\tau)\frac{\partial p_{\text{u}}(\tau)}{\partial t}\mathrm{d}\tau \qquad (1.1)$$

所要解决的问题为：在已知变流量 q 和变流量下井底压力 p 的情况下，利用反褶积算法求得单位流量下的压力响应 p_{u}；其中，p_{ini} 为原始地层压力，t 为生产时间。关于压力与流量的反褶积算法研究已有 40 多年的历史，该问题研究的难点在于压力反褶积计算中计算瞬时井底压力响应关于时间的导数 p_{u}' 对流量和井底压力数据误差极为敏感[19-21]，显示出固有的不稳定特点。

尽管目前已有了很多不同的反褶积算法，然而由于大部分反褶积算法稳定性差，尤其压力导数计算对数据误差极为敏感，因而不能加入试井解释中的压力不稳定分析软件中。近年来，已发展较为成熟、算法较为稳定的反褶积算法主要有三种，分别由 von Schroeter 等[123,124]（2002 年、2004 年）、Levitan 等[125-127]（2005 ~ 2007 年）和 Ilk 等[128,129]（2005 年）提出。其中，von Schroeter 等和 Levitan 等的算法已被 KAPPA 软件中的压力不稳定分析模块 Saphir 所采用。这两种算法均是基于非线性的加权最小二乘目标函数来重新构建单位流量下的压力降及压力降的对数导数，目标函数涉及关于压力、流量和曲率的三个分项。

需要说明的是，为了保持压力导数为正值，该类算法均定义了 z 函数[123,124]：

$$z = \ln\left[\frac{\mathrm{d}\,p_{\text{u}}(t)}{\mathrm{d}\ln(t)}\right] \qquad (1.2)$$

将式（1.2）代入式（1.1）可得

$$p_{ini} - p = \int_{-\infty}^{\ln t} q(t - e^{\tau})\, e^{z(\tau)} d\tau \tag{1.3}$$

最终可转化为求解 z 的非线性最小二乘问题。

von Schroeter 等和 Levitan 等算法的不同之处主要体现在模型假设与目标函数的定义上。von Schroeter 等的反褶积算法假设在第一个结点以前（包含该结点）瞬时井底压力特征曲线满足井筒储集的单位斜率趋向条件[21]。然而，现实中瞬时井底压力特征曲线的初始时刻很少能满足井筒储集的单位斜率趋向这一条件。因此，von Schroeter 等的反褶积算法并不能正确重构第一个对数周期内响应单位流量的对数形式的压力导数。在 Levitan 等的算法中则通过假设第一个结点对应的时间足够小来消除上述假设条件的限制[21]。2010 年，针对该类优化算法的应用研究，Gringarten[130] 曾就如何进行反褶积计算和如何验证反褶积计算结果两个方面提出了一些建议，鼓励油藏工程师们更有信心地将反褶积应用作为试井分析过程的一部分。目前，von Schroeter 等和 Levitan 等建立的算法已经得到了进一步发展和推广。例如，2009 年，基于加权的欧式范数，Pimonov 等[131] 改进了由 von Schroeter 等和 Levitan 等提出的目标函数，将权重分配于单个压力和流量测试点，并在不同的数据阶段定义不同的误差估计，有利于减轻数据误差的影响。2013年，基于多井反褶积积分公式，Cumming 等[132] 将由 von Schroeter 等建立的单井反褶积算法推广到多井的反褶积计算问题，仍通过曲率约束进行反褶积过程特征曲线的正则化，进而可求得每口井在该油气田区块单独生产时单位流量下的井底压力响应，目的在于消除"井间干扰"的影响。所推广的反褶积算法的可行性已通过综合实例进行了验证。von Schroeter 等和 Levitan 等[123-127] 提出的算法通过曲率约束进行非线性正则化，然而测试研究发现在 von Schroeter 算法实际应用中，非线性正则化易引起反褶积结果特征曲线"过度光滑化"、曲线失真，最终可能导致解释结果存在一定偏差[133]。

2005 年，Ilk 等所建立的反褶积算法则是另一种不同类型的算法：其将褶积积分号内单位流量下的井底压力导数 p'_u 利用二阶 B 样条函数的权重和来表示[128,129]，然后利用 Laplace 变换将褶积公式即式（1.1）转化到 Laplace 域中；并结合观测的压力和流量数据，采用数值反演的方法求得了线性方程组的敏感性矩阵，同时增加线性的正则化方法来处理存在误差的数据；最后基于最小二乘法进行优化求解，确定待定参数后可求得单位流量下的瞬时井底压力响应。Ilk 等的算法避免了非线性 z 函数变换，属于求解权重系数的线性最小二乘问题。此外，相对于 von Schroeter 算法和 Levitan 算法通过简单的分段线性近似表示 p'_u，Ilk 等算法采用二阶 B 样条函数来表示，其在拟合计算的局部支撑性、数值稳定性和固有光滑性方面具有明显优势。

需要说明的是，尽管反褶积算法仅适用于基于 Duhamel 原理的线性系统，即油藏中微可压缩流体达西渗流的适用范围，然而仍然可以通过线性化的拟压力和流量关系的方法将反褶积算法应用于非线性系统[134]，例如气体渗流和多相流。

2006 年，Onur 等[21]曾对上述三种反褶积计算方法进行了对比研究，讨论了每种算法应用的具体特点。von Schroeter 等和 Levitan 等[123-127]提出的算法将流量细化为分段的定流量，如图 1.14（a）所示，并设定相应的未知量（q_1，q_2，q_3，…）进行优化计算，然而该算法不能直接处理分段流量连续变化下［图 1.14（b）］的压力反褶积问题。值得一提的是，2017 年，Ahmadi 等[135]提出了一种新的稳定反褶积算法，该算法具有最小的用户界面，结合了拉普拉斯域进行反褶积的简易性，并采用新的方法在不推算采样区间以外数据的情况下，将采样数据从时间域转换至拉普拉斯域。Ahmadi 等的算法克服了表示采样数据的分段函数需要在复平面中定义，以便在拉普拉斯域中应用反褶积[136]这一要求的限制。

现代高频率与大数据技术的发展使得获取非常规气井整个生产历史的大量生产数据更为便捷，同时利用反褶积进行生产数据转化时对算法的计算速度也提出了更高的要求。然而，由于该类反褶积算法进行了非线性 z 函数变换，使得计算过程复杂化，并且采用了分段线性函数离散求解的方法使得优化参数数目过多，因此在进行反褶积计算时，随着数据量的增加，高维数矩阵求逆会消耗大量时间[132]，反褶积计算速度会受到很大限制。

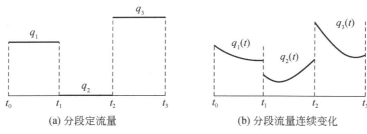

（a）分段定流量　　　　　　　　　（b）分段流量连续变化

图 1.14　流量变化示意图

Ilk 等提出的反褶积算法（简称 Ilk 反褶积算法）则可以采用（能进行 Laplace 变换的）特定函数进行拟合的方法直接处理分段流量连续变化［$q_1(t)$，$q_2(t)$，$q_3(t)$，…］下的压力反褶积问题[128,129]。但这些流量的特定函数需要满足可以转化为 Laplace 域内解析式的基本条件。从流量数据处理的角度，Ilk 反褶积算法具有更广的应用范围，而且 Ilk 反褶积算法步骤简洁、结构清晰，便于计算程序的编制。然而 Ilk 反褶积算法仍存在一些问题需要克服，主要包括两个方面。

1）由于二阶 B 样条函数是分段定义的（结点处一阶可导），Laplace 反演变换将包含在高阶导数特征上的"跳跃/间断"。而且当流量数据 q 出现剧烈震荡时，Laplace 变换数值反演"进行 Laplace 变换的函数必须为连续函数"的条件将不再满足。为保证安全的 Laplace 数值反演，还需要对敏感性矩阵的计算进行修正[128,129]。然而，即使采用高精度的 Laplace 数值反演算法，仍不能完全保证间断处 Laplace 数值反演的正确，而且计算时间较长，难以应用于实际工程计算。尽管 Ilk 等进一步通过按照流量历史进行分段以近似流量数据的方法来克服上述问题，然而效果并不理想，随着分段数的增加，计算量会显著增加。

2）Ilk 反褶积算法需要利用特定函数对各流量段的数据进行拟合，限制性地要求连续函数存在 Laplace 变换的解析式，进而缩小了流量数据准确拟合的函数空间，算法应用时较为繁琐。

Ilk 反褶积算法存在上述问题的根本原因可归结为：基于 Duhamel 原理的褶积式为一个积分形式，对积分号内流量和压力的连续性要求较低，即使存在关于生产时间点的间断，也不会影响最终的积分结果。由于进行 Laplace 变换的函数必须为连续函数，褶积式（1.1）在经过 Laplace 变换以后，会对流量和压力的连续性产生更高的要求，如果测试的流量数据存在间断，则会直接造成后续 Laplace 数值反演计算方面的困难。换句话说，在存在流量间断的情况下，褶积式（1.1）并不能进行正确的 Laplace 变换。

（3）单位压降下的流量反褶积算法研究现状

基于 Duhamel 原理，反褶积还可利用下式，将变井底压力降 Δp_{wf} 下的瞬时流量数据 q 转换为单位井底压力降下的瞬时流量数据响应 q_u，褶积积分如下[101]：

$$q(t) = \int_0^t \Delta p_{wf}(t - \tau) \cdot \frac{\partial q_u(\tau)}{\partial t} d\tau \tag{1.4}$$

式（1.4）与式（1.1）具有相似的褶积形式，因此单位流量下的压力反褶积计算方法也被应用于单位压降下的流量反褶积计算问题。但由于流量不稳定分析的特征参数数据计算一般仅需要单位压降下的瞬时流量数据，而与流量导数数据无关，因而流量反褶积算法在生产数据特征曲线分析的应用中具有固有的高稳定性[1,137]。

因此，反褶积也被应用于油气井生产数据的流量不稳定分析（产量递减分析）中，然而这方面的研究却相对较少。据笔者所知，仅有 Kuchuk、Ilk 以及 Zheng 等[18,101,138]进行了相关研究。2005 年，Kuchuk 等[101]仿照 von Schroeter 计算单位流量下井底压力的反褶积算法，基于褶积积分式（1.4）的等价式（1.5），建立了非线性的加权最小二乘目标函数来优化求解单位井底压力降下的流量响应 q_u。然而由文献[101]中该反褶积算法的计算结果与精确结果的对比曲线（图 1.15）可以看出反褶积计算出的 q_u 在初始阶段出现数据震荡，数据误差较大，算法精度不高。由此在实际应用中可能会造成反褶积计算出的产量递减分析参数数据发散，产量递减特征曲线不能集中显示出来。

$$q(t) = \int_0^t \Delta' p_{wf}(\tau) \cdot q_u(t-\tau) d\tau \qquad (1.5)$$

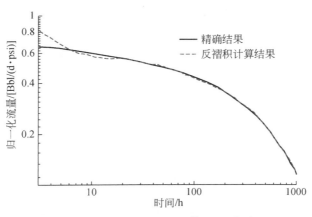

图 1.15　反褶积计算结果[①]的验证[101]

2007 年，Ilk 等[18]则基于褶积积分式（1.4）的等价式（1.6）建立了反褶积算法。其采用累积流量数据 N_q，将流量 q_u 表示为二阶 B 样条函数的权重和，并采用最小二乘法确定待定参数，还进行了 Blasingame 产量递减分析实例的应用研究，但也存在精度不高、稳定性差的问题[137]。并且他们并未将反褶积计算出的单位井底压力降下的产量递减分析结果与原始产量数据分析结果进行对比，未能深入地论证反褶积应用在产量递减分析中的重要性。2008 年，Zheng 等[105]仅将反褶积应用于数值模拟理论算例中的产量递减分析中，也未给出反褶积算法的具体实现过程。总之，相对于目前已发展较为成熟的反褶积在试井（压力不稳定分析）中的应用理论与技术，反褶积在产量递减分析[105]中的应用研究需进一步完善和提高。

$$N_q(t) = \int_0^t \Delta p_{wf}(t-\tau) \cdot q_u(\tau) d\tau \qquad (1.6)$$

1.4　目前研究存在的问题

通过国内外文献调研，发现了反褶积及在非常规煤层气藏、页岩气藏生产数据分析中的应用研究主要存在以下问题。

---

① 　Bbl 为体积单位，1Bbl = 0.159m³。

1）在现有的非常规气藏的生产数据分析方法研究中，通常采用传统"归一化"方法对生产数据进行转化以进行生产数据的特征曲线分析，但采用"归一化"方法进行生产数据分析的特征数据点分布较为散乱、光滑程度较低，数据拟合有着较大的不确定性，而且在生产井关井的情况下"归一化"方法会失效。然而利用反褶积手段进行生产数据转化可以有效解决这一问题。

2）现代高频率与大数据的技术发展趋势使得可以获取生产井整个生产历史的大量生产数据，利用反褶积对这些生产数据进行转化时会对反褶积算法的计算速度提出更高的要求。目前，通用的 von Schroeter 算法和 Levitan 算法由于采用了离散求解的方式导致优化的参数过多，随着生产数据量的增加，反褶积的计算速度会受到很大限制；而 Ilk 算法需要进行 Laplace 数值反演，计算速度较慢。因此，需要建立更加高效的稳定反褶积算法，以应用于非常规气藏的生产数据分析中。

3）非常规煤层气藏、页岩气藏生产数据的特征曲线分析所基于的渗流模型不仅需要考虑吸附气的解吸与扩散、开发方式等重要渗流因素的影响，还应对渗流模型进行线性化，以满足 Duhamel 原理。目前，非常规煤层气藏、页岩气藏渗流理论模型很多缺少实际的工程应用，在生产数据分析中的应用也较少。

1.5　研究内容与研究方法

1.5.1　研究内容

针对目前反褶积及其在非常规气藏生产数据分析中的应用研究所存在的问题，首先，分别对 Ilk 基于二阶 B 样条的单位流量下的压力反褶积算法和单位压降下的流量反褶积算法进行了改进，大大提高了压力反褶积算法的计算效率和稳定性，以及流量反褶积算法的计算效率和计算精度。其次，在前人研究的基础上，综合考虑了非常规气藏吸附气的解吸作用、开发方式、井筒储集、表皮效应等重要渗流影响因素，分别建立了煤层气藏和页岩气藏的渗流理论模型，采用稳定的全隐式有限差分方法分别对煤层气藏和页岩气藏的渗流理论模型进行了数值研究，着重分析了非常规气藏生产过程中瞬时井底压力与压力导数的双对数曲线特征，研究了各参数的敏感性影响，为反褶积在非常规气藏生产数据特征曲线分析中的应用提供了渗流模型的理论基础。最后，在所建立的煤层气藏、页岩气藏渗流理论模型基础上，基于改进的反褶积算法，进行了反褶积在非常规气藏生产数据特征曲线分析中的应用研究。

研究内容主要包括两大部分。

（1）生产数据分析中生产数据转化的反褶积算法研究

针对 Ilk 反褶积算法中存在的问题，以提高算法的计算速度、稳定性和精度为目标，分别对 Ilk 基于二阶 B 样条的单位流量下的压力反褶积算法和单位压降下的流量反褶积算法进行了改进。其中，压力反褶积算法改进的研究内容包括线性正则化的压力反褶积算法研究和稳定性改进的非线性正则化的压力反褶积算法研究两部分。并对改进的压力反褶积算法和流量反褶积算法进行了理论验证以及实际算例的测试。

（2）反褶积在非常规气藏生产数据分析中的应用研究

首先，建立了煤层气排采末期阶段考虑吸附气不稳定解吸的单相气直井的渗流模型，还建立了考虑吸附气稳定解吸与不稳定解吸的页岩气藏压裂井的"双线性"渗流模型。其次，采用稳定的全隐式有限差分方法对这两个模型进行了数值求解，还分析了渗流参数对无因次瞬时井底压力与压力导数的双对数特征曲线的影响。最后，基于煤层气藏、页岩气藏的渗流理论模型，并基于改进的反褶积算法，建立了非常规气藏生产数据的特征曲线分析方法，包括压力不稳定分析方法和流量不稳定分析方法。还将建立的压力不稳定分析方法和流量不稳定分析方法应用于煤层气藏和页岩气藏的实际生产数据分析中。

1.5.2　研究方法

针对各部分的研究内容，所采用的主要研究方法如下。

（1）生产数据分析中生产数据转化的反褶积算法研究

1）根据实际生产历史进行分段积分，并通过解析方法快速求解反褶积计算过程中的敏感性矩阵元素，以显著提高算法的计算速度。

2）采用二分法快速查找压力（或流量）数据点所属的流量（或压力）段，进一步提高计算效率。

3）仍可沿用原 Ilk 反褶积算法中的正则化方法，以保持改进反褶积算法对数据误差的稳定性。

4）还引入 von Schroeter 等反褶积算法中的"曲率最小化"思想[123]，增加相应的非线性约束条件，进一步提高了压力反褶积算法中压力导数计算的稳定性（适用于处理精度相对较高的试井测试数据）。

5）类比改进的压力反褶积算法，基于瞬时流量数据对流量反褶积算法进行改进，以提高流量反褶积算法的计算精度和稳定性。

（2）煤层气藏、页岩气藏的渗流模型研究

1）通过引入临界解吸压力、稳定解吸系数以及不稳定解吸系数[38-42]，在常规控制方程中加入恒定及非恒定的源项来表达煤层气藏、页岩气藏开发过程中吸附气的解吸作用，并通过定义"拟压力"进行渗流模型的线性化。

2）特别地，依据 Cinco-Ley 等[139]提出的有限导流垂直裂缝井的"双线性"渗流理论，建立了考虑页岩气开采过程中吸附气稳定解吸与不稳定解吸作用的页岩气藏压裂井的"双线性"渗流模型。

3）采用稳定的全隐式有限差分方法对煤层气藏、页岩气藏的渗流模型进行数值求解，并利用数值计算结果分析了渗流参数对无因次瞬时井底压力与压力导数双对数特征曲线影响的敏感性。

（3）反褶积在非常规气藏生产数据分析中的应用研究

1）建立了非常规气藏生产数据的压力不稳定分析方法：首先采用改进的压力反褶积算法将生产数据转化为单位流量下的（拟）压力数据；然后利用内边界定流量的渗流理论模型所计算出的（拟）压力数据进行拟合，包括线性坐标中的（拟）压力数据拟合和双对数坐标中的（拟）压力与（拟）压力导数数据拟合。

2）建立了非常规气藏生产数据的流量不稳定分析方法：首先采用改进的流量反褶积算法将生产数据转化为单位（拟）压降下的流量数据；然后再利用内边界定（拟）压降的渗流理论模型所计算出的流量数据进行拟合，包括线性坐标中的流量数据拟合和双对数坐标中的 Blasingame 产量递减特征参数数据[105]的拟合。

1.6 研究技术路线

本书所介绍的研究技术路线如图 1.16 所示。

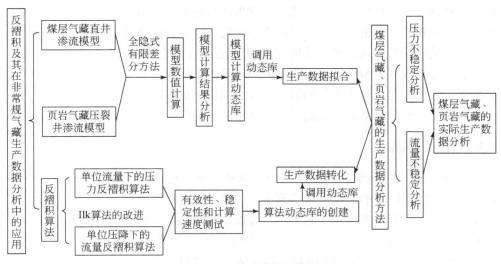

图 1.16 技术路线示意图

1.7　主要研究成果与创新点

1.7.1　主要研究成果

1）通过根据实际生产历史进行分段积分，并解析求解敏感性矩阵元素的手段，改进了基于二阶 B 样条的 Ilk 反褶积算法，包括单位流量下的压力反褶积算法和单位压降下的流量反褶积算法，大大提高了反褶积算法的计算效率，同时仍能保持着原算法较高的稳定性和计算精度。还通过引入 von Schroeter 等反褶积算法中的"曲率最小化"思想[123]，增加了相应的非线性约束条件，进一步提高了压力反褶积算法计算压力导数的稳定性（适用于处理精度相对较高的试井测试数据）。受压力反褶积算法应用中压力计算稳定性高的启发，改用瞬时流量数据代替原 Ilk 算法中的累积流量数据进行反褶积计算，进一步提高了流量反褶积算法的计算精度和稳定性。还通过理论与实际算例分析明确了反褶积在生产数据产量递减分析中所发挥的重要作用。

2）考虑了非常规气藏吸附气的解吸作用、开发方式等重要影响因素，分别建立并求解了煤层气藏排采末期阶段的直井渗流模型和页岩气藏压裂井的"双线性"渗流模型；并通过定义"拟压力"进行了渗流模型的线性化，以适用于 Duhamel 原理。

3）基于所建立的煤层气藏、页岩气藏渗流模型，利用改进的反褶积算法进行生产数据转化，最终建立了非常规气藏生产数据的特征曲线分析方法。实测生产数据的分析表明，由于采用了反褶积方法进行生产数据转化，生产数据分析时可以有效消除误差影响，产生比传统"归一化"方法光滑得多的特征数据曲线，可以显著提高数据的拟合效果，降低解释结果的不确定性。另外，该分析方法可以解释出表征吸附气解吸作用的解吸系数、储层渗透率等重要参数，获得了更为有效、全面的分析结果，提高了解释结果的可信度。

1.7.2　主要创新点

1）改进了 Ilk 基于二阶 B 样条的反褶积算法，包括单位流量下的压力反褶积算法和单位压降下的流量反褶积算法。关键是通过根据实际生产历史进行分段积分，并采用解析法求解积分的手段显著提高了两类反褶积算法的计算速度，以及采用瞬时流量数据进行反褶积计算提高了流量反褶积算法的计算精度与稳定性。还通过引入 von Schroeter 等反褶积算法中的"曲率最小化"思想[123]，增加了相应的非线性约束条件，进一步提高了压力反褶积算法中压力导数计算的稳定性（适用于处理精度相对较高的试井测试数据）。使得改进后的反褶积算法适合应用于数据量大且含有较大误差的非常规气藏的生产数据分析中。

2）分别建立了能充分反映非常规气藏开发过程吸附气解吸作用的煤层气藏直井的渗流模型和页岩气藏压裂井的"双线性"渗流模型，并通过定义"拟压力"进行了渗流模型的线性化以适用于 Duhamel 原理。从而为基于反褶积的非常规气藏实际生产数据的拟合分析提供了渗流模型的理论基础。

3）系统地研究了反褶积在非常规煤层气藏、页岩气藏生产数据特征曲线分析中的应用。基于所建立的非常规气藏的不稳定渗流模型，采用反褶积进行生产数据转化，最终建立了非常规气藏生产数据分析的特征曲线分析系统方法，并在煤层气藏、页岩气藏的实际生产数据分析中进行了应用。

第 2 章　基于 B 样条的压力反褶积算法[①]

现代倾向利用高频率与大数据的发展趋势使得可以获取生产井整个生产历史的大量数据，然而现有的 von Schroeter 算法与 Levitan 算法[123-127]中由于采用了离散求解方式，需要优化的参数数目过多，随着数据量的增加，反褶积计算速度会受到较大限制。现有的另一类基于二阶 B 样条的 Ilk 算法[128,129]则采用了 Laplace 变换，然而实测流量数据通常并不满足 Laplace 变换的连续性先决条件，这会造成：①采用高精度的反演算法也难以保证反褶积计算的成功。②高精度反演算法会造成计算耗时长。③Ilk 通过分段近似流量数据的方法[128,129]解决上述问题，但随着分段数的增加，计算量会显著增加。为了克服上述问题以建立高效稳定的压力反褶积算法，本章研究了（应用于生产数据压力不稳定分析的）单位流量下的井底压力反褶积算法，对 Ilk 基于二阶 B 样条的压力反褶积算法[128,129]进行了改进。

2.1　Ilk 压力反褶积算法的改进与实现

众所周知，线性系统中，根据 Duhamel 原理，变流量测试的井底压力可以由褶积积分给出，如下[19-21]：

$$p_{ini} - p(t) = \int_0^t q(t-\tau) \frac{\partial p_u(\tau)}{\partial t} d\tau \tag{2.1}$$

按照 Ilk 反褶积算法中所采用的方法，褶积积分式（2.1）中单位流量下的压力响应导数 p'_u 可以通过二阶 B 样条函数的线性组合来表示。在确定结点后，由于自身的递归关系，B 样条很容易获取。按对数分布的结点如下[128,129]：

$$t_i = b^i, \quad b>1 \quad i=0, \pm 1, \pm 2, \cdots \tag{2.2}$$

式中，b 为 B 样条基数。为了反映油藏的压力动态特征，b 值的选取应保持每个对数循环有 2~6 个结点[128,129]。

选取基数 b 值后，0 阶 B 样条定义为

$$B_i^0 = \begin{cases} 1 & t_i < t < t_{i+1} \\ 0 & 其他 \end{cases} \tag{2.3}$$

k 阶的 B 样条可以通过以下递归公式求得[128,129]：

$$B_i^k(t) = \left[\frac{t-t_i}{t_{i+k}-t_i}\right] B_i^{k-1}(t) + \left[\frac{t_{i+k+1}-t}{t_{i+k+1}-t_{i+1}}\right] B_{i+1}^{k-1}(t) \tag{2.4}$$

---

① 本章内容主要参考文献［1］和［140］。

采用二阶 B 样条的线性权重和来表示单位流量下的未知压力响应导数 p'_u，如下[128,129]：

$$p'_u(t - \tau) = \sum_{i=1}^{u} c_i B_i^2(t - \tau) \tag{2.5}$$

式中，c_i 为待定的权重系数；u 为待定权重系数的个数。

由褶积性质，式 (2.1) 可转化为

$$p_{ini} - p = \int_0^t p'_u(\tau) q(t - \tau) d\tau = \int_0^t p'_u(t - \tau) q(\tau) d\tau \tag{2.6}$$

将式 (2.5) 带入式 (2.6) 可得

$$p_{ini} - p = \sum_{i=1}^{u} c_i \int_0^t B_i^2(t - \tau) q(\tau) d\tau \tag{2.7}$$

计算目标为利用所观测到的井底压力和流量数据，代入式 (2.7) 优化求解 c_i 的值。

本研究对 Ilk 反褶积算法[128,129] 进行了改进，式 (2.7) 不再进行 Laplace 变换，反褶积的计算过程保持在（对函数连续性要求低的）积分层面上展开。采用的主要技术为：利用褶积积分的数学性质，按照实际流量历史进行分段积分的方式，快速地解析求解反褶积计算的敏感性矩阵[128,129]。

假定连续测试了 m_L 个流量段 q_j，$j = 0$，1，$\cdots$，$m_L - 1$，q_j 所在的时间区域为 $[T_j, T_{j+1}]$，$[T_j, T_{j+1})$ 区域内对应 n_j 个按时间递增的观测压力数据点 (T_k^j, p_k^j)，$k = 0$，1，$\cdots$，$n_j - 1$；其中，$T_0^j = T_j$；因而共有 $\sum_{j=0}^{m_L-1} n_j$ 个观测压力数据点。

于是，式 (2.7) 中的积分可以按照流量段 (图 2.1) 进行展开，以计算每个压力数据点所对应的敏感性矩阵中的元素[140]，如下：

$$\int_0^t B_i^2(t - \tau) q(\tau) d\tau$$
$$= \int_0^{T_1} B_i^2(t - \tau) q_0(\tau) d\tau + \int_{T_1}^{T_2} B_i^2(t - \tau) q_1(\tau) d\tau + \int_{T_2}^{T_3} B_i^2(t - \tau) q_2(\tau) d\tau$$
$$+ \cdots\cdots + \int_{T_l}^{t} B_i^2(t - \tau) q_l(\tau) d\tau \tag{2.8}$$

其中，$t \in [T_l, T_{l+1})$。

对于式 (2.8) 中的褶积积分均可按照二阶 B 样条的定义，推导其解析公式。相对于数值计算方法求解积分，解析方法可以大大提高计算效率。褶积积分的解析公式可以通过下式求得[140]

$$\int_{T_j}^{T_{j+1}} B_i^2(t - \tau) q_j(\tau) d\tau = q_j \cdot \int_0^{t-T_j} B_i^2(\tau) d\tau - q_j \cdot \int_0^{t-T_{j+1}} B_i^2(\tau) d\tau \tag{2.9}$$

$$\int_{T_l}^{t} B_i^2(t - \tau) q_l(\tau) d\tau = q_l \cdot \int_0^{t-T_l} B_i^2(\tau) d\tau \tag{2.10}$$

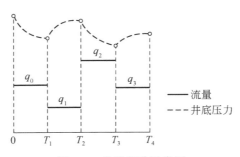

图 2.1　分段积分示意图

如果流量（或分段流量）是连续变化的，可以将流量连续变化看作单个流量段的组合（离散），因为现场原本获取的也是流量的离散数据点。然后，采用上述解析求解积分的方法计算敏感性矩阵中的元素。而且对于给定的压力数据点，还可以利用二分法快速查找该压力数据点所属的流量段，进一步提高计算效率。该反褶积算法既可应用于流量分段明显的反褶积计算问题，也可应用于流量连续变化的反褶积计算问题，计算速度快，适用范围广。

由观测压力数据点 (T_k^j, p_k^j) 带入式（2.7），通过式（2.8）~（2.10）解析求解敏感性矩阵中的元素，可得到一超定的线性方程组为

$$XC = \Delta P \tag{2.11}$$

式中，C 为 u 阶的待定权重系数 $\{c_i\}$ 向量；ΔP 为 $\sum_{j=0}^{m_L-1} n_j$ 阶的观测井底压力降 $\{p_{\text{ini}} - p_k^j\}$ 向量；X 为（$\sum_{j=0}^{m_L-1} n_j$）× u 阶的敏感性矩阵，矩阵中的元素可表示为

$$X_{jk,i} = \int_0^{T_k^j} B_i^2 (T_k^j - \tau) \cdot q(\tau) \mathrm{d}\tau \tag{2.12}$$

在数据的误差水平增加时，最小二乘方法并不能提供足够的正则化，因而需要额外的正则化方法，使得计算出的样条曲线与实际的物理背景保持一定的相关性。

于是，对于采用最小二乘法进行求解的超定线性系统，样条结点之间增加了如下条件[128,129]：

$$\alpha \left[\left(t \sum_{i=1}^u c_i B_i^2(t) \right)_{t=t_k} - \left(t \sum_{i=1}^u c_i B_i^2(t) \right)_{t=t_{k+1/2}} \right] = 0 \tag{2.13}$$

$$\alpha \left[\left(t \sum_{i=1}^u c_i B_i^2(t) \right)_{t=t_{k+1/2}} - \left(t \sum_{i=1}^u c_i B_i^2(t) \right)_{t=t_{k+1}} \right] = 0 \tag{2.14}$$

换句话说，上式使得单位流量响应的井底压力对数导数值在结点和与之相邻结点中间位置之间的差别较小。当光滑化因子 $\alpha = 0$ 时，表示没有正则化；当压

力和流量数据存在误差时，需要选择正的光滑化因子 α 值来削弱误差的影响。

增加线性正则化的线性方程组可写为

$$\alpha X_r C = 0 \tag{2.15}$$

$$(1-\alpha) \cdot XC = (1-\alpha) \cdot \Delta P \tag{2.16}$$

式中，X_r 为式 (2.13) 和式 (2.14) 两个线性方程所构成的 $2 \cdot (\sum_{j=0}^{m_L-1} n_j - 1) \times u$ 阶矩阵。

以上两个超定的线性方程组包括式 (2.15) 和式 (2.16) 共同构成了一个新的线性方程组：

$$\begin{pmatrix} \alpha \cdot X_r C \\ (1-\alpha) \cdot XC \end{pmatrix} = \begin{pmatrix} 0 \\ (1-\alpha) \cdot \Delta P \end{pmatrix} \tag{2.17}$$

上式可采用最小二乘方法进行求解。求出向量 C 后，由式 (2.5) 即可求得单位流量下瞬时井底压力导数 p_u'，井底压力 p_u 可以通过关于时间的积分进一步求得，如下：

$$p_u(t) = \int_0^t \sum_{i=1}^{u} c_i B_i^2(\tau) \mathrm{d}\tau = \sum_{i=1}^{u} c_i \int_0^t B_i^2(\tau) \mathrm{d}\tau \tag{2.18}$$

将式 (2.18) 带入式 (2.1) 右侧，通过计算还可求得对应每个观测时间的模拟井底压力，进而可以与该时刻观测的实际井底压力进行对比，以验证反褶积计算输出的二阶 B 样条函数线性组合的拟合效果。特别地，当输入的井底压力或生产流量数据存在误差需要进行正则化时，可以对光滑化因子 α 和样条基数 b 的取值进行约束。此外，由上述反褶积计算过程还可以看出，单位流量下的压力导数 p_u' 可以直接获取，不再受压力导数计算方法误差的影响。改进后的 Ilk 反褶积

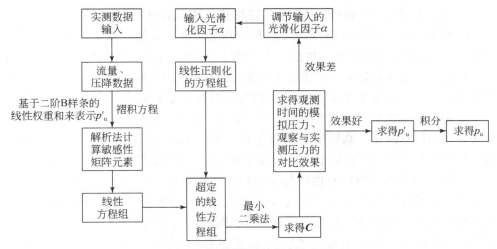

图 2.2　反褶积计算程序流程图

算法计算精度高，且大大提高了计算速度。还可以通过对数分布结点数据的选取和光滑化因子来消除测试压力和流量数据误差的影响，算法保持着较高的数值稳定性。图 2.2 为改进压力反褶积算法的程序流程图。

2.2　线性正则化过程中对反褶积参数调节的约束

当数据误差存在时，正则化过程中确定光滑化因子 α 和 B 样条基数 b 值是非常重要的，不同的赋值将会导致不同的反褶积结果。通过大量的算法数值实验我们还发现当初始地层压力已知时，反褶积计算出的 p_u 是唯一且稳定的。此时，调整光滑化因子 α 和 B 样条基数 b 值的大小将对反褶积计算结果中井底压力降（$p_{ini}-p_u$）的双对数特征曲线的影响很小。然而，关键问题是反褶积计算结果中井底压力（降）导数的双对数特征曲线对数据误差极为敏感（该问题也同样存在于其他的反褶积算法中，例如 von Schroeter 反褶积算法和 Levitan 反褶积算法）。因此，正则化过程主要是通过调整光滑化因子 α 和 B 样条基数 b 的值对反褶积计算结果中井底压力（降）导数的双对数特征曲线进行光滑化，从而降低通过特征曲线分析方法对其进行试井解释结果的不确定性。与油气井生产数据相比，应用于试井解释的测试数据具有很高的测量精度，因而反褶积仍可广泛应用于试井分析技术中。对于本章改进的压力反褶积算法，当光滑化因子 α 的取值满足约束条件，且 B 样条基数 b 的取值为 1.5~3.2 时，采用上述线性正则化方法，基本油藏模型的井底压力（降）及井底压力（降）导数的双对数特征曲线可以通过反褶积的计算结果进行确定。

此外，为了通过反褶积方法和相应正则化方法反褶积计算出可靠的井底压力（降）导数，充分利用准确的初始地层压力信息、油气藏地质和油气藏描述资料（例如油气井的压力恢复测试数据）以及相关工程经验也是非常必要的[102]。例如，如果从储层地质信息中得知该油气藏具有双重孔隙介质，那么反褶积计算结果井底压力（降）导数的双对数特征曲线应具有表征双重介质储层基质与裂缝之间"窜流"行为的"凹"形特征[140]。又如，如果能预先利用某关井阶段的数据进行压力恢复测试，则恢复测试所确定的相对准确的井底压力（降）导数的双对数特征曲线可以为在整个生产测试时间范围内进行反褶积计算所得出的井底压力（降）导数双对数特征曲线的识别提供直接指导。毕竟，压力恢复测试数据和反褶积计算结果的井底压力（降）导数数据的特征曲线应属于对应某特定储层模型的同一类型特征曲线，只是具有不同的时间范围[140]。反褶积算法对初始地层压力的误差非常敏感[21,126,135,141]。正如 Levitan[126] 所研究的，在反褶积计算过程中应准确确定初始地层压力。

2.3　反褶积算法的应用条件

本章改进的压力反褶积算法仅适用于线性系统，这是由于算法所基于的 Duhamel 原理即方程式（2.1）仅适用于线性系统。且反褶积算法仅适用于实测井底压力和生产流量数据相一致且数据质量较高的情况。在实际应用中，非线性（不一致性）可能来某些油藏特征，如变表皮系数、变井筒储集系数、多相流、储层渗透率变化、不同层位的混合生产以及井间干扰效应等。该算法并不能应用于非线性现象发生后的任何试井阶段数据的反褶积计算[21,141]。但是，正如 Onur 等[141]所讨论的，如果非线性较弱，反褶积可能仍然适用。此外，生产流量数据还应足够准确，以便通过反褶积计算获得准确的结果[141]。

2.4　压力反褶积算法的验证

2.4.1　压力反褶积算法的正确性验证

某无限大双重介质油藏径向渗流、变流量生产下的瞬时井底压力数据和油藏生产流量历史如图 2.3 所示。

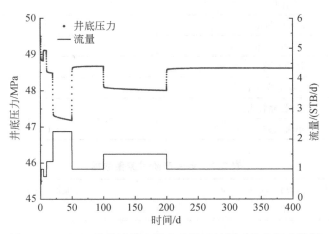

图 2.3　KAPPA 软件计算出的变流量下的瞬时井底压力数据

该算例由 KAPPA 软件中的压力不稳定分析模块 Saphir 计算产生，所采用的具体油藏参数值见表 2.1。其中，油藏初始压力为 50MPa。所生成的变流量生产下的压力数据共包括 426 个数据点，对应 8 个不同的流量段，各生产阶段的流量数据见表 2.2。利用本章所改进的反褶积算法将变流量下的压力数据转化为单位流量下的压力数据，并将反褶积计算结果与图 2.4 中 KAPPA 软件计算出的单位流量下瞬时井底压力的精确数据进行对比，如图 2.5 所示。从图 2.5 可以看出，在双对数坐标中，反褶积计算出的瞬时井底压力响应及压力导数与单位流量下的井底压力及压力导数的精确数据吻合较好。由此还通过计算求得了井底压力反褶积计算结果的绝对误差和相对误差，如图 2.6 和图 2.7 所示。由图 2.6 和图 2.7 可以看出，计算结果的绝对误差和相对误差都很小，改进的反褶积算法显示出了很高的计算精度。

采用通用的 Intel（R）Core（TM）i7-3770CPU@3.40GHz 双核处理器计算机进行计算，反褶积计算的时间仅为 0.01s，计算速度快。

表 2.1　油藏参数值表[①]

油藏参数	值
井筒储集系数/（Bbl/psi）	0.001
表皮系数	5.0
渗透率/md	1.0
厚度/ft	10.0
初始压力/MPa	50.0
孔隙度	0.1
井筒半径/ft	0.3
流体黏度/cp	1.0
体积系数	1.0
综合压缩系数/psi^{-1}	3.0×10^{-6}
裂缝弹性储容比	0.1
窜流系数	1.0×10^{-6}

表 2.2　各生产阶段流量数据

生产阶段持续时间/d	流量/（STB/d）
1	0.5
4	1.0
5	0.75
10	1.25

① md 为渗透率单位，$1md = 0.987 \times 10^{-15} m^2$；ft 为长度单位，$1ft = 0.3048m$。

续表

生产阶段持续时间/d	流量/(STB/d)
30	2.25
50	1.0
100	1.5
200	1.0

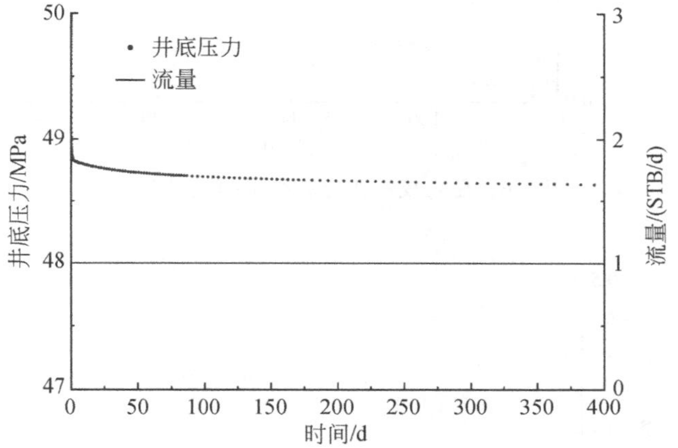

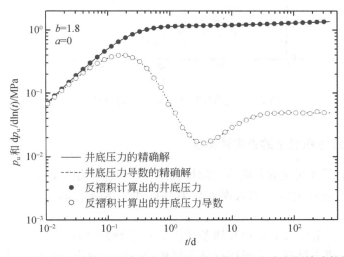

图 2.4 KAPPA 软件计算出的单位流量下的瞬时井底压力数据（精确解）

图 2.5 压力反褶积计算出的单位流量下的瞬时井底压力响应与精确数据对比

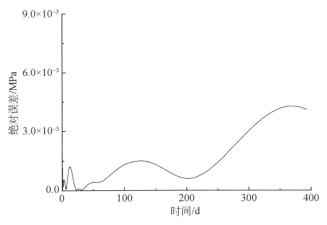

图 2.6　压力反褶积计算结果的绝对误差

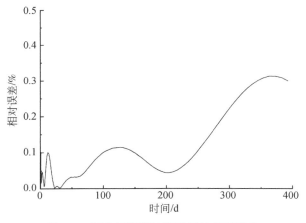

图 2.7　压力反褶积计算结果的相对误差

2.4.2　压力反褶积算法的稳定性验证

　　将变流量下观测到的井底压力降增加了 5% 的随机相对误差，以测试所改进的反褶积算法的稳定性，加入误差后的井底压力数据和油藏生产历史如图 2.8 所示。

　　通过调节光滑化因子 α 和 B 样条基数 b 来消除输入数据误差的影响，如图 2.9 所示。同时需要满足每一次反褶积计算过程由二阶 B 样条函数线性组合积分模拟出的变流量下瞬时井底压力数据与观测数据具有较好拟合效果的基本约束条件，

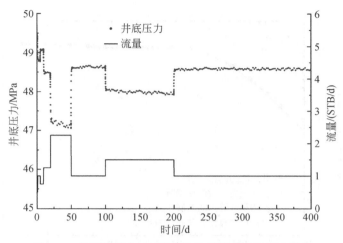

图 2.8　变流量下含 5% 随机误差的瞬时井底压力数据

如图 2.10 所示。由图 2.9 可以看出，当光滑化因子 $\alpha = 0.01$，且样条基数 $b = 2.6$ 时，反褶积计算出的结果可以较好地克服随机误差带来的影响；反褶积计算结果与精确解吻合较好，显示出较高的稳定性。如果 B 样条基数 b 取值较小，反褶积的正则化效果会变差，反褶积计算输出的压力导数数据会发生震荡。然而，如果 B 样条基数 b 取值较大，压力导数数据会过度光滑化，造成计算结果失真。反褶积计算正则化需要选择光滑化因子 α 和 B 样条基数 b 的最优值；线性正则化的压力反褶积算法中光滑化因子 α 的最优值也应为满足约束条件（图 2.10）下的最大值[1]。

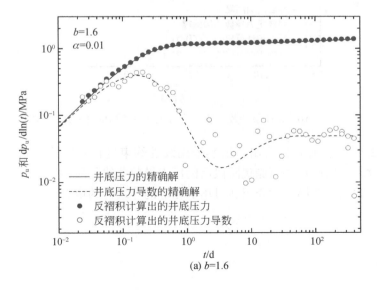

(a) $b = 1.6$

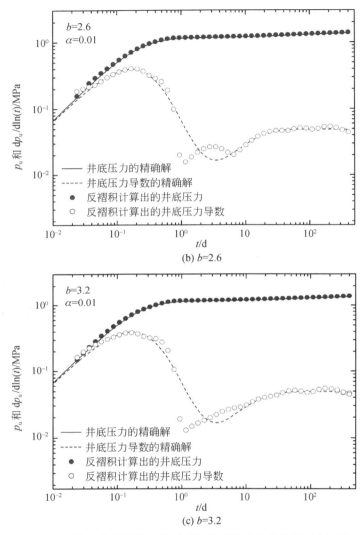

图 2.9　不同 B 样条基数 b 值下反褶积计算输出的井底压力结果

　　由图 2.9（b）还可以看出，虽然采用线性约束进行正则化可以达到较好的曲线光滑效果，然而在井筒储集阶段后的压力导数曲线仍然会因存在误差而产生一些波动。我们将在第 3 章介绍通过增加相应的非线性约束条件进一步进行曲线的光滑化。

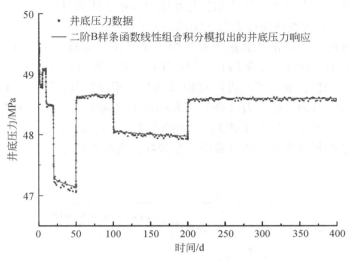

图 2.10　压力反褶积计算正则化过程的约束条件

2.4.3　与 Saphir 软件的反褶积计算结果对比

　　分别利用本章所改进的新反褶积算法、von Schroeter 反褶积算法[123,124] 和 Levitan 反褶积算法[125-127] 对来源于 Saphir 软件中 SapGS02 井的井底压力与流量历史数据进行反褶积计算。该井的历史数据如图 2.11 所示，共包含 13 个生产阶段，每个生产阶段具有不同的固定生产流量；其中，最后一个阶段为关井的压力

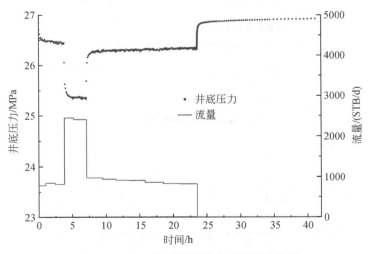

图 2.11　SapGS02 井底压力与流量历史数据

恢复测试阶段。每个生产阶段均测量井底压力数据，所测量的井底压力数据点的总数为485。已知初始地层压力为27MPa。

　　应用改进的压力反褶积算法可将在整个生产阶段非连续（间断）变化的生产流量所对应的井底压力数据转化为单位生产流量下的井底压力数据。反褶积计算时间仅为0.015s，表明了改进反褶积算法具有很高的计算速度。图2.12显示了反褶积计算结果的井底压力（降）与井底压力（降）导数的双对数特征曲线。其中，光滑化因子α设置为0.003，b的值设置为2.3。此时，由B样条重构的井底压力响应与所测量的井底压力数据吻合较好，满足正则化约束条件，如图2.13所示。

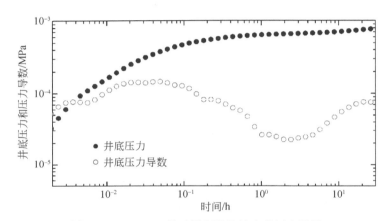

图 2.12　SapGS02 井反褶积计算输出的压力结果

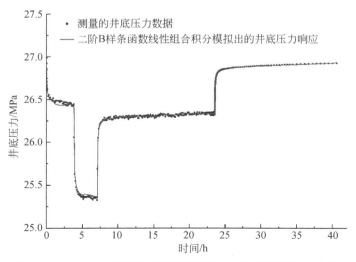

图 2.13　SapGS02 井底压力反褶积计算正则化过程的约束条件

此外，现有 KAPPA 软件中的压力不稳定分析模块 Saphir 也可以执行 von Schroeter 反褶积算法和 Levitan 反褶积算法。可将三种压力反褶积算法所计算出的结果进行对比，如图 2.14 所示。从图 2.14 中瞬时井底压力（降）与压力（降）导数的双对数特征曲线图可以看出，整体上改进反褶积算法的计算结果与其他两种算法的压力反褶积计算结果吻合较好；改进反褶积算法与 von Schroeter 反褶积算法计算出的压力降非常接近，而 Levitan 反褶积算法计算出的压力降在初期与它们稍有偏差。三种反褶积算法所计算出的井底压力（降）导数双对数曲线在曲线"凹"处有一些差别；且由于 Saphir 软件的反褶积计算采用了较大的光滑化处理，von Schroeter 反褶积算法和 Levitan 反褶积算法所对应的压力（降）导数双对数曲线的"凹"处更加平滑。

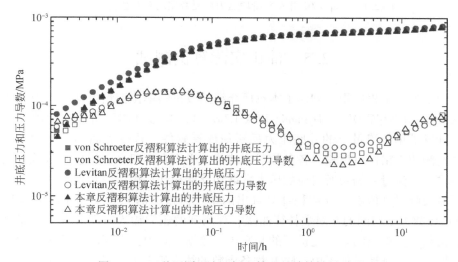

图 2.14　三种不同压力反褶积算法的计算结果对比

同时，也给出了 SapGS02 井最后一个关井阶段压力恢复数据的双对数特征曲线，如图 2.15 所示。尽管关井持续时间相对较短，然而由于关井时流量为零，因而可以获得更为准确的数据；压力恢复段试井[145,146]是目前常规试井所采用的方法。

由图 2.14 和图 2.15 的对比可以看出，反褶积计算出的整个时间范围内井底压力数据的双对数特征曲线可以获得更长的试井解释范围；而且由本章改进的反褶积算法所计算出的单位流量下井底压力（降）及导数的双对数特征曲线（特别是在初期阶段）与压力恢复阶段的双对数特征曲线形态非常相近。此外，通过针对三种算法的算例测试，还发现了在数据量较大时，本章改进的压力反褶积算法在计算速度上比 von Schroeter 反褶积算法和 Levitan 反褶积算法有着很大优势。

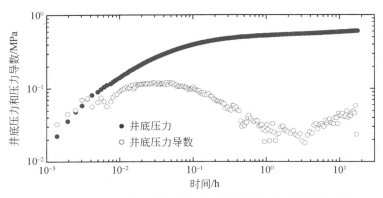

图 2.15　SapGS02 井关井阶段压力恢复数据的双对数特征曲线

2.5　油田实际算例测试

　　为了方便工程应用，创建了本章所介绍的改进的单位流量下井底压力反褶积算法的动态链接库 DLL（Dynamic Link Library），并通过调用所创建的动态链接库，开发了单位流量下的井底压力反褶积计算软件，软件界面如图 2.16 所示。界面左侧的表格框可以输入各参数对应的值；界面右侧四个图形显示区域，用来显示输入的流量数据及所对应的压力数据和反褶积计算输出的数据。四个图形显示区域按顺时针依次为反褶积计算输出的单位流量下的井底压力（降）与压力（降）导数关于时间的双对数特征曲线、观测到的压力输入数据、变生产流量输入数据和计算输出的单位流量下的井底压力数据。其中，在观测到的压力输入数据图形显示区域还增加了由二阶 B 样条函数的线性组合积分模拟计算出的观测时间点所对应的井底压力，由此可以与观测到的压力输入数据进行对比，以检验反褶积计算输出的二阶 B 样条函数线性组合的拟合效果。

　　在本书附录中，还对单位流量下井底压力反褶积计算 DLL 的创建与调用过程进行了详细介绍，并对压力反褶积计算的动态链接库（DLL）函数变量的输入与输出进行了详细说明；还共享了压力反褶积计算 DLL 生成的 C++ 头文件代码和源文件代码。

　　将开发的井底压力反褶积计算软件应用于处理实际油田生产井的变流量和相应的井底压力数据，将变流量下的井底压力数据转化为单位流量下的井底压力数据。以下介绍了利用该软件进行压力反褶积计算的实例。

　　该实例的数据来源于文献 SPE 102575[20]中某实际生产井的压力与流量历史数据，如图 2.17 所示。首先，从图 2.17 可以看出，该油井的产量在 22000STB/d 以

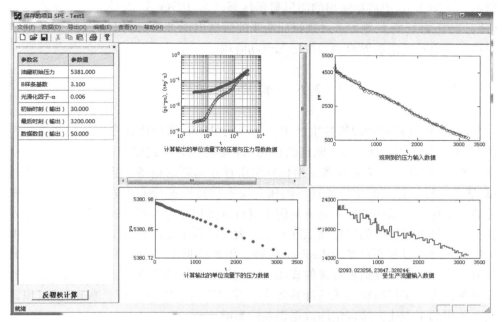

图 2.16　单位流量下井底压力反褶积计算的软件界面

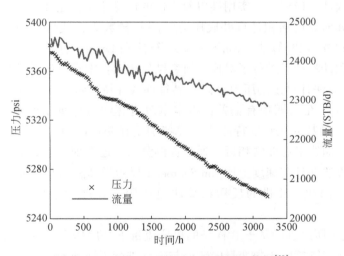

图 2.17　SPE 102575 压力与流量历史数据[20]

上，而压力降不到 160psi。因此，可以初步判断反褶积计算出的单位流量
（1STB/d）下的压力降应该是非常小的。利用改进的反褶积算法对该油井的变流
量与压力数据进行反褶积计算，计算出的单位流量下的井底压力数据如图 2.16

所示。从图 2.16 中数据输出的图形显示区域（左上图）可以看出，在井底压力（降）与压力（降）导数双对数特征曲线的后端出现了单位斜率，反褶积计算结果清楚地显示了由边界控制的拟稳态流动阶段。

2.6　本章小结

1）认识到在实际油气井生产中，生产流量随时间变化存在很大的非连续性（间断），此时基于 Duhamel 原理的压力–流量褶积方程式将不能进行 Laplace 变换。这是 Ilk 基于二阶 B 样条反褶积算法所存在问题的根源。从根本上，本章对 Ilk 基于二阶 B 样条的单位流量下的压力反褶积算法进行了改进：①利用褶积积分的数学性质，采用按照实际流量历史进行分段积分的方式，通过解析法快速计算反褶积计算过程中的敏感性矩阵元素，大大提高了反褶积算法的计算速度；由于反褶积计算过程不再涉及 Laplace 变换，因而降低了对生产流量变化连续性的要求，从而保证了反褶积计算的成功。②利用二分法快速查找压力数据点所属的流量段，进一步提高反褶积的计算效率。③改进后的算法继承了原 Ilk 反褶积算法所采用的正则化方法以消除数据误差的影响。

2）通过理论与实际算例的测试研究论证了所改进的单位流量下的压力反褶积算法的有效性、稳定性、实用性以及很快的计算速度；还详细阐明了当数据误差存在时，如何对反褶积计算井底压力（降）导数进行线性正则化的方法。特别地，还将改进的 Ilk 算法、von Schroeter 算法和 Levitan 算法对 SapGS02 井实际数据的反褶积计算结果进行了对比，研究结果表明：本章所改进的反褶积算法与 von Schroeter 算法计算出的压力（降）特征曲线保持一致，而 Levitan 算法所计算出的压力（降）在初期稍有偏差；由本章改进算法所计算出的井底压力（降）与压力（降）导数的双对数特征曲线（特别是在初期阶段）与压力恢复测试段的双对数特征曲线形态非常相近。通过算例测试，还发现了当数据量较大时，改进的反褶积算法在计算速度上比 von Schroeter 反褶积算法和 Levitan 反褶积算法有着很大优势。因此，改进的反褶积算法更适用于处理大量数据的反褶积计算问题。

3）创建了所改进的基于 B 样条的单位流量下井底压力反褶积算法的动态链接库，并对动态链接库函数变量的输入与输出进行了详细说明。通过调用所创建的动态链接库，开发了单位流量下井底压力反褶积的计算软件。软件界面可同时显示原始数据（含参数调节的约束条件）、反褶积计算输出的单位流量下的瞬时井底压力数据以及反褶积计算输出的单位流量下瞬时井底压力（降）与井底压力（降）导数数据的双对数特征曲线，便于实时进行正则化参数的调试以输出更为准确的反褶积计算结果。

　　4）改进后的压力反褶积算法可以充分利用整个生产测试全过程所有的有效变流量和压力数据，快速计算出与模型相对应的全部时间范围内单位流量下的压力响应数据，进而可以扩大测试范围、获得比常规方法更可靠的解释结果；而且当测得的生产数据存在误差时，可以通过调节相关参数进行正则化，获得更加光滑的分析解释所用数据。

第3章 增加非线性正则化的基于 B 样条的 压力反褶积算法[①]

基于 Duhamel 原理的反褶积在油气藏工程试井技术中已得到了广泛应用。对于变流量生产影响下的某一油藏系统，该反问题可以为整个生产历史周期提供等效的恒定单位生产流量下的井底压力响应。过去四十年中，相关的压力反褶积算法研究已引起了广泛关注[140]。由于井底压力和生产流量数据在油田中普遍存在误差，压力反褶积计算具有固有的病态性[20]。尽管目前国内外已经提出了很多压力反褶积算法，但只有少数算法表现出能容忍数据误差的稳定性；它们分别由 von Schroeter 等[123,124]、Levitan 等[125-127] 和 Ilk 等[128,129,140] 提出。本章将首先详细介绍这些不同的压力反褶积算法。

3.1 压力反褶积算法介绍及算法稳定性的改进方法

根据 Duhamel 原理，变流量测试的井底压力可由褶积积分给出[19-21]：

$$p_{ini} - p = \int_0^t q(t - \tau) \, p'_u(\tau) \, d\tau \tag{3.1}$$

式中，t 为时间；τ 为积分变量；q 为实测的变生产流量；p 为变生产流量下的实测井底压力；p_u 为恒定单位流量下的井底压力降；p_{ini} 为初始地层压力。这些反褶积算法的目的是在给定 q 和 p 数据的情况下获得 p_u。

为了确保 $dp_u/d\ln(t)$ 为正值以进行相关双对数特征曲线的绘制，von Schroeter 等[123,124] 的反褶积算法定义了 z 函数，如下所示：

$$z = \ln\left[\frac{d\,p_u(t)}{d\ln(t)}\right] \tag{3.2}$$

于是，式（3.1）可以等效转化为

$$p_{ini} - p = \int_{-\infty}^{\ln(t)} q(t - e^\tau) \, e^{z(\tau)} \, d\tau \tag{3.3}$$

然后，目标转化为求解 z 函数。von Schroeter 等的反褶积算法[123,124] 考虑了实测压力数据和流量数据的误差，为了在数据误差存在时提高 z 函数解的光滑性，将 z 函数曲率的最小化引入，作为一种非线性的正则化方法，最终建立起一个总

---

① 本章内容主要参考文献 [1] 和 [133]。

的非线性最小二乘问题。至于 Levitan 等的反褶积算法[125-127]，他们的思想也来自于 von Schroeter 等的反褶积算法；都是基于将非线性加权的最小二乘目标函数进行最小化这一基本思想，目标函数涉及压力、流量和曲率三个不匹配项的总和，用于重新构建反褶积压力降及其对数导数[140]。两种算法的区别主要在于模型假设和目标函数的具体定义方面。由于采用了非线性正则化，将曲率而不是压力导数进行最小化[128,129]，数据误差存在时 von Schroeter 等的反褶积算法可以表现出相对较高的稳定性[20]。

　　另一种基于 B 样条的不同反褶积算法最初由 Ilk 等[128,129]提出。该算法直接基于式（3.1），避免了非线性 z 函数对式（3.1）的变换；采用二阶 B 样条加权求和的方法来重建p_u'；并采用线性正则化的方法来克服数据误差的影响，使得 p_u 的对数导数在 B 样条结点与结点的中间位置之间相差很小[128,129]。结合 Laplace 变换和 Laplace 数值反演的方法，可解决该线性最小二乘问题。此外，刘文超等[140]通过分段解析积分的技术在实时空间而非在 Laplace 空间计算敏感性矩阵元素，从而保证了基于 B 样条的反褶积计算的成功（即本书第 2 章内容）；并且由于采用了解析求解的方法，改进后的反褶积算法在快速计算方面优势明显。

　　为了使反褶积算法成为一种可行的试井分析工具，反褶积算法具有良好的稳定性是非常必要的，然而提高稳定性也是反褶积算法发展的主要难点。Çinar 等[20]曾对上述的反褶积算法进行比较研究；值得注意的是，他们的研究发现了采用较弱的线性正则化方法的基于 B 样条的反褶积算法（包括 Ilk 等的反褶积算法[128,129]及其改进算法[140]）会降低算法对数据误差的容忍程度。相比之下，von Schroeter 等的反褶积算法由于采用了非线性正则化方法，显示出了相对较高的稳定性；而且鉴于其良好的稳定性，该反褶积算法已在商业 KAPPA 软件的压力瞬变分析模块 Saphir 中实现。然而，在 von Schroeter 等的反褶积算法中，由于采用了 Duhamel 原理经变换后的褶积方程，即式（3.3），计算过程变得复杂化；而基于 B 样条的算法由于直接使用了 Duhamel 原理的褶积方程，即方程式（3.1），且计算所涉及的敏感性矩阵也采用分段解析积分法直接求解，计算速度大大提高；其计算过程也更容易为学术研究人员和工程师们所理解和进行编程。另外，与 von Schroeter 等算法中采用分段线性近似来表示未知函数相比，采用 B 样条即用分段定义的多项式函数来表示未知函数具有更好的特性，例如系数的局部效应、计算的数值稳定性和固有光滑度[142]。鉴于上述原因，进一步提高基于 B 样条的压力反褶积算法的稳定性是非常必要的。因此，我们可以自然地提出一个算法改进的思想，即将 von Schroeter 等算法中的非线性正则化方法应用于基于 B 样条的反褶积算法中：在改进的 Ilk 等反褶积算法[1,140]基础上，加入了 von Schroeter 等反褶积算法中所使用的非线性正则化方法，从而在很大程度上提高了基于 B 样条的反褶积算法的稳定性。可以使基于 B 样条的反褶积算法在试井技术中得到更为广泛的应用。基于 B 样条的压力反褶积算法稳定性改进的示意图如图 3.1 所示。

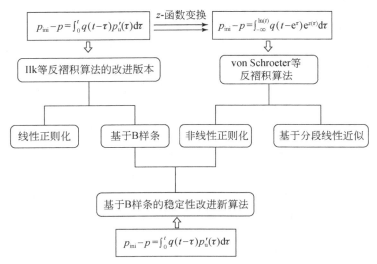

图 3.1　基于 B 样条的压力反褶积算法稳定性改进示意图

从图 3.1 可以看出，稳定性改进算法可以从 Ilk 等基于 B 样条反褶积算法的改进版本[140]和 von Schroeter 等反褶积算法[123,124]继承好的"基因"，包括：用 B 样条的线性组合表示p'_u[128,129,140]，褶积方程[140]不需要进行复杂的 z 函数变换，计算敏感性矩阵元素的快速解析求解法[140]和非线性正则化方法[123,124]。

3.2　增加非线性正则化的基于 B 样条的压力反褶积算法实现

3.2.1　根据实测压力和流量数据生成基本线性系统

根据 Ilk 等基于 B 样条的算法，p'_u由二阶 B 样条的加权求和[128,129]表示，如下：

$$p'_u(t) = \sum_{i=1}^{u} c_i B_i^2(t) \tag{3.4}$$

式中，c_i为待确定的权重系数；u 为待定系数 c_i 的个数；$B_i^2(t)$为二阶 B 样条[128,129]。为了使反褶积p'_u的双对数特征曲线更为光滑，二阶 B 样条的生成要求结点按对数形式分布 b^l（$l=0$，±1，±2，$\cdots$）。关于 B 样条生成过程的详细信息，可参考文献[128,129]；另外，结点的分布范围必须能覆盖这些实测压力数据的时间范围。用于生成二阶 B 样条的基数 b 值的选择也应满足条件：每个对数周期内应包含 2~6 个结点数[128,129]。

然后，将式（3.4）代入 Duhamel 原理即式（3.1），可得

$$p_{ini} - p(t) = \sum_{i=1}^{u} c_i \int_0^t q(\tau) B_i^2(t-\tau) \mathrm{d}\tau \tag{3.5}$$

假定实测井底压力 p 的数据总数为 N_p；已知实测生产流量 q 数据和初始地层压力 p_{ini}。将实测压力和流量数据代入式（3.1），可得到关于 c_i 的一个线性系统，如下所示：

$$\boldsymbol{XC} = \Delta\boldsymbol{P} \tag{3.6}$$

式中，$\boldsymbol{X}$ 为 $N_p \times u$ 阶的敏感性矩阵；$\boldsymbol{C}$ 为待定系数 c_i 的 u 阶矢量；而 $\Delta\boldsymbol{P}$ 为实测井底压力降的 N_p 阶矢量。

根据式（3.5），敏感性矩阵 $\boldsymbol{X}$ 元素的计算需要求解相应的褶积积分[140]。而采用数值积分法求解较为耗时。由于反褶积算法未采用 z 函数变换[128,129]，为了尽可能地提高反褶积的计算速度，可根据实际生产流量历史[140]，采用分段解析积分法快速求解敏感性矩阵 $\boldsymbol{X}$ 的元素；具体步骤可参考文献[140]。

此外，值得一提的是，虽然在新的稳定性改进算法中避免了 z 函数变换即等式（3.2），但反褶积计算出的 $\mathrm{d}p_u/\mathrm{dln}(t)$ 在双对数特征曲线绘制时仍可保持正值，这将在接下来的所有案例测试研究中得到体现。

3.2.2　由非线性正则化产生的非线性系统

Ilk 等算法中使用了较弱的线性正则化方法来确保样条曲线的表征与油藏建模特征曲线的相关性[128,129,140]。为了进一步提高稳定性，本章将 von Schroeter 等反褶积算法中所使用的将压力导数响应曲率进行最小化的非线性正则化方法[123,124]加入到基于 B 样条的压力反褶积新算法中，取代了原 Ilk 等算法中所使用的线性正则化方法[128,129,140]。并基于 B 样条表示的 p'_u 推导出了非线性正则化的相关非线性方程。

图 3.2 显示了双对数坐标下连续三个 B 样条曲线结点所对应的三个压力导数响应点。三个连续结点分别设为 t_{s-1}、t_s 和 t_{s+1}。相应地，双对数坐标系中三个压力导数 p'_u 点的坐标分别对应为 A 点：$(\log(t_{s-1}), \log(t_{s-1} \cdot p'_u(t_{s-1})), 0)$，B 点：$(\log(t_s), \log(t_s \cdot p'_u(t_s)), 0)$ 和 C 点：$(\log(t_{s+1}), \log(t_{s+1} \cdot p'_u(t_{s+1})), 0)$。为了能进行向量叉乘，每一点增加了坐标分量 0。由于油气田生产数据分析时大量信息来源于 p'_u 曲线的斜率，因此光滑度的准确描述应考虑曲线的曲率因素而非惩罚导数[123,124]。在图 3.2 中，向量 $\overrightarrow{AB}$ 和向量 $\overrightarrow{BC}$ 之间的夹角记为 θ_s，它可以用来表示

特征曲线的曲率[123,124]。为了使特征曲线光滑，设 θ_s 为零。等价地，θ_s 的正弦也为零。$\sin(\theta_s)$ 可通过向量 $\overrightarrow{AB}$ 与向量 $\overrightarrow{BC}$ 的叉乘进行计算，如下：

$$|\sin(\theta_s)| = \left| \frac{\overrightarrow{AB} \times \overrightarrow{BC}}{|\overrightarrow{AB}| \cdot |\overrightarrow{BC}|} \right| = 0 \qquad (3.7)$$

式（3.7）等价于以下方程式：

$$\overrightarrow{AB} \times \overrightarrow{BC} = 0 \qquad (3.8)$$

根据式（3.8），非线性正则化方程可推导如下：

$$\beta \cdot \log\left(\frac{t_s}{t_{s-1}}\right) \cdot \log\left(\frac{t_{s+1} \cdot p'_\mathrm{u}(t_{s+1})}{t_s \cdot p'_\mathrm{u}(t_s)}\right)$$
$$- \beta \cdot \log\left(\frac{t_{s+1}}{t_s}\right) \cdot \log\left(\frac{t_s \cdot p'_\mathrm{u}(t_s)}{t_{s-1} \cdot p'_\mathrm{u}(t_{s-1})}\right) = 0 \qquad (3.9)$$

其中，β 为非线性正则化权重的光滑化因子。

为了使方程式（3.9）中对数函数的真数在迭代计算过程中保持为正值，方程式（3.9）可等价为

$$\beta \cdot \log\left(\frac{t_s}{t_{s-1}}\right) \cdot \log\left(\left(\frac{t_{s+1} \cdot p'_\mathrm{u}(t_{s+1})}{t_s \cdot p'_\mathrm{u}(t_s)}\right)^2\right)$$
$$- \beta \cdot \log\left(\frac{t_{s+1}}{t_s}\right) \cdot \log\left(\left(\frac{t_s \cdot p'_\mathrm{u}(t_s)}{t_{s-1} \cdot p'_\mathrm{u}(t_{s-1})}\right)^2\right) = 0 \qquad (3.10)$$

需要注意的是，为了避免在 B 样条的初始结点和末端结点出现 p'_u 为零值的情况，结点 t_s 标号 s 的范围设置为 2 到 $K_\mathrm{P}-2$；K_P 为结点的总数。

试井过程中，初始阶段为井筒储存阶段，双对数坐标中常存在单位斜率的压力导数双对数特征曲线。因此，第一个向量可以表示为（1，1，0）。则当 $s = 2$ 时，第一个非线性正则化方程可化简为

$$\beta \cdot \log\left(\left(\frac{t_3 \cdot p'_\mathrm{u}(t_3)}{t_2 \cdot p'_\mathrm{u}(t_2)}\right)^2\right) - \beta \cdot \log\left(\left(\frac{t_3}{t_2}\right)^2\right) = 0 \qquad (3.11)$$

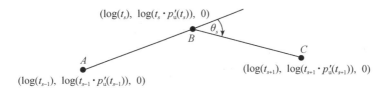

图 3.2　双对数坐标下三个连续压力导数点的示意图

3.2.3　非线性最小二乘问题

由于非线性正则化中加入了光滑化因子 β，由实测压力和流量数据代入所产生的基本线性系统，即等式（3.6）应进一步等价表示为

$$(1-\beta)\cdot XC = (1-\beta)\cdot \Delta P \qquad (3.12)$$

式中，$0\leqslant\beta<1$。

因此，方程式（3.10）~（3.12）共同构成了一个超定的非线性系统，即用于稳定性改进的基于 B 样条反褶积算法的非线性最小二乘问题。该问题的目标为通过求解非线性最小二乘问题得到 C。

对于非线性问题的数值求解，如果所估计的数值迭代起点远离全局极小值，采用一般的高斯–牛顿方法可能无法收敛。因此，为了克服该问题，Madsen 等[143]建议选择两种先进的方法进行求解测试，包括 Levenberg-Marquardt 法和 Powell's Dog Leg 法。它们均是高斯–牛顿法和最陡下降法的结合：当近似解远离全局最小值时，采取最陡下降步；当近似解非常接近全局最小值时，采取高斯–牛顿步[144]。特别地，对于 Powell's Dog Leg 法，信赖域半径可用于显式控制步的方向。这两种方法比高斯–牛顿法具有更高的稳定性[143]。

3.3　非线性正则化过程中对反褶积参数调节的约束

当计算出 C 时，采用 B 样条重构的压力响应 $p(t)$ 即利用等式（3.5）中反算出的压力响应 $p(t)$，可以与实测的井底压力数据进行比较。其可作为反褶积参数调节的一个直接约束条件[140]，用于非线性正则化过程中对 B 样条的基数 b 和光滑化因子 β 的取值进行调节约束。如何进行正则化将在下面的案例测试研究中进行详细说明。

3.4　增加非线性正则化的反褶积算法的应用条件

由于 Duhamel 原理仅适用于线性系统，因而本章稳定性改进的压力反褶积算法也仅适用于线性系统，而且仅适用于实测井底压力和生产流量数据相一致、且数据质量较高的情况。这与第 2 章第 2.3 节所介绍的线性正则化的压力反褶积算法的应用条件是相同的。

本章稳定性改进反褶积算法的程序流程图与第 2 章中采用线性正则化方法的反褶积算法类似，可仿照图 2.2。

3.5　通过模拟案例进行算法测试

3.5.1　非线性正则化反褶积算法的精度验证

模拟实例为无限大双重介质油藏一口直井生产的单相液体径向渗流问题，储层为均匀、各向同性且等温；为水平流动，服从达西定律，不考虑重力效应。牛顿流体与岩石均是微可压缩的。储层参数取值如表 3.1 所示。该生产井的生产历史包括 8 个生产阶段，具体的生产流量数据见表 3.2。通过 KAPPA 软件模拟得到的变生产流量数据对应下的井底压力响应数据如图 3.3 所示。井底压力数据的总数为 426。初始油藏压力为 30MPa。通过 KAPPA 软件模拟也得到了整个生产周期（即 400d）单位生产流量 1STB/d 对应的井底压力响应，如图 3.4 所示。

采用稳定性改进的反褶积算法，可将图 3.3 中与变生产流量相对应的井底压力数据转换为与单位生产流量 1STB/d 相对应的井底压力数据。为解决图 3.3 中模拟案例的非线性最小二乘问题，分别采用 Levenberg-Marquardt 法和 Powell's Dog Leg 法进行测试。值得一提的是，通过这两种方法的数值迭代搜索 $\{c_i, i = 1, \cdots, w\}$ 均从 $\{c_i = c_0, i = 1, \cdots, w\}$ 开始；其中，c_0 设置为非零常数。此处，基数 b 值设为 2.6，光滑化因子 β 值设置为 0.015。在图 3.4 中已模拟出的对应单位生产流量下的井底压力，可用于验证反褶积计算结果的准确性。

表 3.1　储层参数值

储层参数	数值
井筒储集系数/(Bbl/psi)	0.000014
表皮系数	5
渗透率/md	1
储层厚度/ft	13.5
初始地层压力/MPa	30
孔隙度	0.1
井筒半径/ft	0.3
流体黏度/cp	1
地层体积系数	1
总压缩系数/psi^{-1}	3.0×10^{-6}
裂缝的弹性储容比	0.1
孔隙间窜流系数	1.0×10^{-6}

表 3.2　生产流量数据

生产持续时间/d	生产流量/(STB/d)
1	1.0
4	2.0
5	1.5
10	2.5
30	4.5
50	2.0
100	3.0
200	2.0

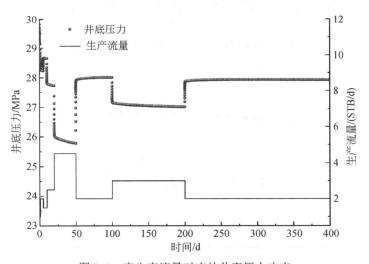

图 3.3　变生产流量对应的井底压力响应

图 3.5 和图 3.6 显示了反褶积结果与模拟结果的井底压力降及其导数的特征曲线对比。它们分别对应于 Powell's Dog Leg 法和 Levenberg-Marquardt 法。此外，由图 3.7 可以看出，两种方法所对应的由反褶积计算重构的井底压力响应与模拟出的变生产流量数据对应的井底压力数据吻合较好，说明均满足了反褶积参数调节的约束条件。

然而，从图 3.5 可以看出，对应 Levenberg-Marquardt 法的反褶积压力导数数据与对应模拟结果的[140]有很大不同。特别地，在特征曲线中间存在数据发散。而对应 Powell's Dog Leg 法的反褶积压力与压力导数数据与模拟结果的具有很好的一致性，通过该方法进行非线性最小二乘问题求解显示出了很强的收敛性和数值

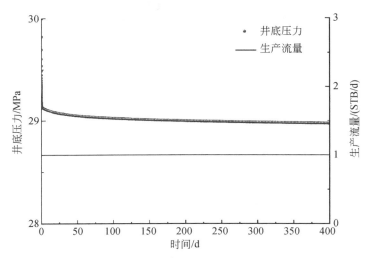

图 3.4　恒定单位生产流量对应的井底压力响应

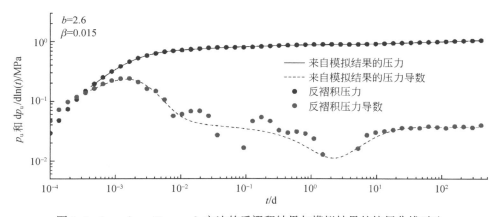

图 3.5　Levenberg-Marquardt 方法的反褶积结果与模拟结果的特征曲线对比

稳定性。这里还将分别采用 Powell's Dog Leg 法和 Levenberg-Marquardt 法求解超定非线性系统［即本章第 3.1 节中式（3.10）~（3.12）］过程中迭代收敛时的残差平方和的平方根进行了比较，如图 3.8 所示。

　　从图 3.8 可以看出，采用 Powell's Dog Leg 法和 Levenberg-Marquardt 法求解非线性最小二乘问题的残差平方和的平方根都随迭代次数的增加而减小。然而，与 Powell's Dog Leg 法相对应的平方根下降更为剧烈，并且可在较少的迭代次数下得到一个稳定的较小值；而 Levenberg-Marquardt 方法并不能像 Powell's Dog Leg 方法那样有效地降低总误差。

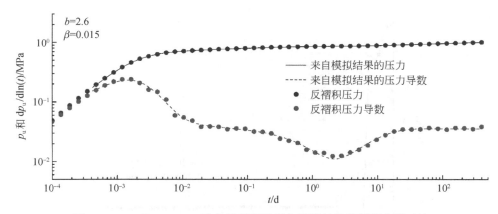

图 3.6　Powell's Dog Leg 法的反褶积结果与模拟结果的特征曲线对比

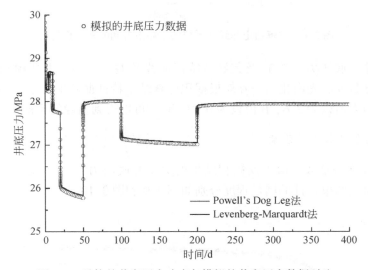

图 3.7　重构的井底压力响应与模拟的井底压力数据对比

因此,可以得出结论:压力不稳定分析特征曲线中压力导数的反褶积计算对所建立的非线性最小二乘问题的求解方法选择非常敏感。鉴于 Powell's Dog Leg 方法的优势,选择采用该方法求解稳定性改进的基于 B 样条的压力反褶积算法的非线性最小二乘问题。

3.5.2　基数 b 和光滑化因子 β 的影响分析

非线性正则化过程中,B 样条基数 b 和光滑化因子 β 的不同赋值可能导致反

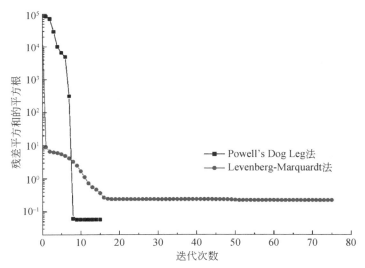

图 3.8　求解超定非线性系统的残差平方和的平方根对比

褶积结果中井底压力（降）及其导数特征曲线的差异。基于上述模拟算例，分别分析了基数 b 和光滑化因子 β 对反褶积计算结果特征曲线的影响。由 3.5.1 节中已知，当 b 值设为 2.6，β 值设为 0.015 时，可以得到精确的反褶积结果。

1. B 样条基数 b 的影响

不同 B 样条基数 b 值下反褶积结果的关于井底压力（降）及其导数的特征曲线与相对应约束条件的满足程度分别如图 3.9 和图 3.10 所示。

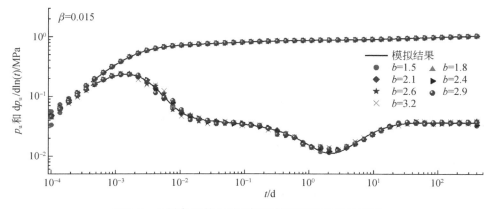

图 3.9　B 样条基数 b 对反褶积结果特征曲线的影响

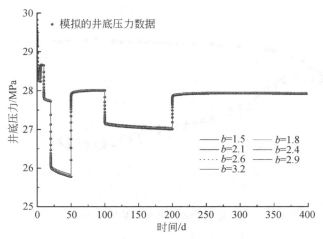

图 3.10　不同 B 样条基数 b 值对应的井底压力响应与模拟的井底压力数据对比

正如 Ilk 等[128,129] 所建议的，为了确保每个对数周期内包含 2~6 个 B 样条结点，基数 b 的取值范围应为 1.5~3.2[140]。这里，基数 b 值分别设置为 1.5、1.8、2.1、2.4、2.6、2.9 和 3.2。

从图 3.9 可以看出，基数 b 在 1.5~3.2 范围内的取值对反褶积结果特征曲线的影响不大。当 b 值设为 1.5 时，对应曲线在初始的井筒储存阶段存在较小偏差。此外，从图 3.10 中还可以看出约束条件都得到了很好地满足。综上所述，B 样条基数 b 对相应约束条件（即求解所涉及的非线性最小二乘问题的整体误差）的满足程度影响不大。除了调节光滑化因子 β 值外，在不考虑约束问题的情况下，调节 B 样条基数 b 值是另一种可行的、进一步提高反褶积计算稳定性的选择。

2. 光滑化因子 β 的影响

光滑化因子 β 代表非线性正则化的强度，它的取值范围是 0~1.0。此处，光滑化因子 β 值分别设置为 0、0.005、0.015、0.03、0.06、0.08、0.1 和 0.2。反褶积结果的关于井底压力（降）及其导数的特征曲线与相对应约束条件的满足程度分别如图 3.11 和图 3.12 所示。

从图 3.11 可以看出，当光滑化因子 β 值很小时，非线性正则化较弱，数据可能会发生发散，如 $\beta=0$ 时初始阶段的数据点；随着光滑化因子 β 的增大，由于非线性正则化的作用，数据发散消失；当光滑化因子 β 值设置不超过 0.015 时，约束条件都得到了很好地满足。必须指出的是，由于模拟结果中仍存在较小的数值误差，进行非线性正则化是必要的。

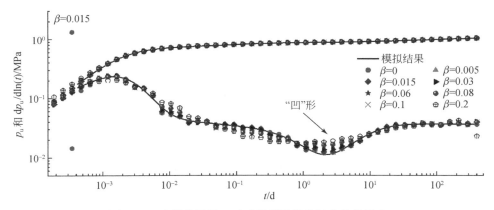

图 3.11　光滑化因子 β 对反褶积结果特征曲线的影响

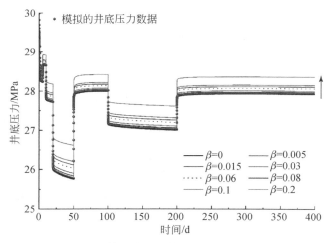

图 3.12　不同光滑化因子 β 值对应的井底压力响应与模拟的井底压力数据对比

　　然而，从图 3.11 还可看出，当光滑化因子 β 值达到 0.03 时，反褶积计算的压力导数数据明显偏离了对应单位生产流量的模拟数据；在压力导数双对数特征曲线上，直接反映双重介质储层中基质与裂缝之间窜流的"凹"形曲线特征逐渐消失。总而言之，反褶积结果的特征曲线失真。同时，由图 3.12 可以看出，当光滑化因子 β 值达到 0.03 时，重构的井底压力响应明显偏离了模拟的井底压力数据，并不充分地满足约束条件；光滑化因子 β 值越大，偏差也越大。

　　因此，可以得出结论：为了保证反褶积计算结果得到正确的特征曲线，应尽可能满足约束条件。为了平衡压力导数特征曲线的光滑度与特征曲线特性的准确度，应将光滑化因子 β 的最优值设置为满足约束条件前提下的最大值。第 2 章中所述的线性正则化的压力反褶积算法中光滑化因子 α 最优值应取为满足约束条件下最大值的结论也是源于类似的研究。

3.5.3　初始地层压力误差的影响分析

众所周知，反褶积算法对初始地层压力的误差非常敏感[21,126,135,141]。正如 Levitan[126] 所研究的，在反褶积计算过程中应准确确定初始地层压力、初始地层压力误差对压力反褶积结果的影响。

基于本章 3.5.1 节的模拟算例，分析了初始地层压力误差对反褶积计算结果特征曲线的影响。由表 3.1 可知，真实的初始地层压力为 30MPa（≈4351psi）。此处，反褶积计算输入的初始地层压力误差分别设置为低于真实初始压力 1psi、低于真实初始压力 5psi、高于真实初始压力 1psi 和高于真实初始压力 5psi[135]。反褶积计算结果的关于井底压力（降）及其导数的特征曲线与相对应约束条件的满足程度分别如图 3.13 和图 3.14 所示。

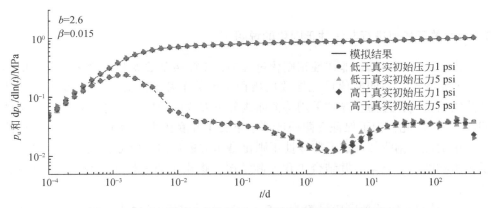

图 3.13　初始地层压力的误差对反褶积结果特征曲线的影响

由图 3.13 和图 3.14 可以看出，初始地层压力的误差主要影响后期的井底压力（降）导数。虽然反褶积计算基本满足约束条件，但结果仍会有一些失真。这些发现与 Onur 和 Kuchuk[141] 所陈述的类似。这些失真可能会导致储层模型的错误识别，尤其是对油藏边界的解释[141]。因此，在进行反褶积计算时，应准确估计初始地层压力。幸运的是，当对初始地层压力了解不够准确时，Levitan 等提出了一种简易技巧[126]，其根据试井数据来确定初始地层压力的合适取值；如果试井数据包含多个压力恢复阶段，可通过基于反褶积分析的试错步骤来确定。该技巧也同样适用于本书中所提出的反褶积算法。详细请参考文献[126]。

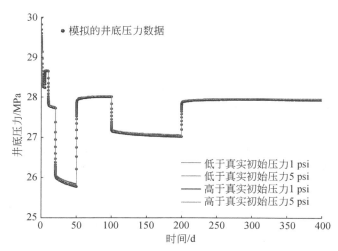

图 3.14　初始地层压力不同误差对应的井底压力响应与模拟的井底压力数据对比

3.5.4　关于如何进行非线性正则化的说明

由上述分析可知，非线性正则化过程中，B 样条基数 b 和光滑化因子 β 值的确定非常重要，不同赋值可能导致反褶积结果关于井底压力（降）及其导数特征曲线的不同，进而会导致采用特征曲线分析方法进行后续试井解释的不确定性问题[145]。因此，为了保证反褶积计算结果关于井底压力（降）及其导数特征曲线的正确性，阐明如何进行非线性正则化是非常重要的。根据基数 b 和光滑化因子 β 影响的分析结果，并结合工程实际情况，提出了非线性正则化的一些原则，如下：

1）基数 b 值的范围应设置为 1.5～3.2。除了调节光滑化因子 β 值外，在不考虑约束问题的情况下，调节 B 样条基数 b 值是进一步提高反褶积算法稳定性的可行选择。

2）光滑化因子 β 值的取值范围为 0～1.0。光滑化因子 β 最佳值应设置为满足约束条件（图 3.12）前提下的最大值。

3）在第 2 章反褶积算法的线性正则化研究[140]中，我们已经知道充分利用对初始地层压力的准确了解、油藏地质和油藏描述信息以及相关工程经验是非常必要的，详细请参考文献[140]。这也适用于本章压力反褶积算法的非线性正则化过程，这些信息也可为非线性正则化过程中基数 b 值和光滑化因子 β 值的最优选择提供有用信息。

3.6　非线性正则化算法稳定性的验证

3.6.1　第一个算例研究

为了测试通过非线性正则化改进算法稳定性的效果，在本章第 3.5.1 节中模拟算例的井底压力数据和生产流量数据（图 3.3）加入了随机的数据误差。生产流量数据中加入了 2% 的随机相对误差，数据如表 3.3 所示；与变生产流量数据相对应的井底压力降中加入了 5% 的随机相对误差；加入数据误差的井底压力数据和生产流量数据如图 3.15 所示。

表 3.3　加入随机误差的生产流量数据

生产持续时间/d	生产流量/(STB/d)
1	1.0087
4	2.0340
5	1.5153
10	2.5004
30	4.5507
50	2.0375
100	3.0227
200	2.0189

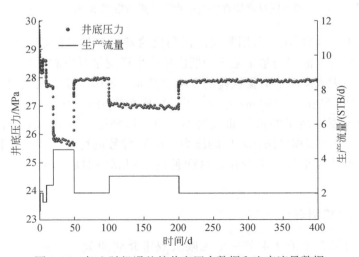

图 3.15　加入随机误差的井底压力数据和生产流量数据

　　然后，利用本章基于 B 样条的稳定性改进反褶积算法对图 3.15 中的数据进行反褶积计算，由于存在数据误差，必须进行非线性正则化：b 值设为 3.2，β 值设为 0.014。该算法反褶积结果的特征曲线如图 3.16 所示。图 3.17 表明了对于非线性正则化，相应的约束条件得到了很好地满足。

　　此外，为了比较上述不同反褶积算法的稳定性，图 3.15 中的数据也通过第 2 章采用线性正则化的基于 B 样条的反褶积算法[140] 以及 von Schroeter 等的反褶积算法[123,124] 进行反褶积计算，其反褶积结果的双对数特征曲线也在图 3.16 中显示。von Schroeter 等[123,124] 的反褶积算法通过 KAPPA 软件执行，并使用了相关参数的默认值；值得一提的是，von Schroeter 等[123,124] 的反褶积算法也满足与采用非线性正则化的稳定性改进算法相同的约束条件（图 3.17），可以在 KAPPA 软件中直接显示。

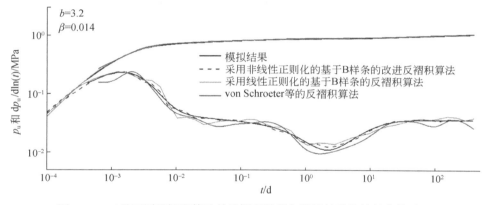

图 3.16　三种不同反褶积算法的反褶积结果与模拟结果的特征曲线对比

　　由图 3.16 可以看出，采用非线性正则化的基于 B 样条的稳定性改进反褶积算法所对应的特征曲线与整个生产周期内单位生产流量对应的模拟结果的特征曲线吻合较好，大大减轻了数据误差的影响。然而，采用线性正则化的基于 B 样条的反褶积算法[140] 和 von Schroeter 等[123,124] 反褶积算法所对应的压力（降）导数的特征曲线与模拟结果的特征曲线均不一致。特别地，模拟结果的特征曲线与 von Schroeter 等反褶积算法相对应的压力（降）导数的特征曲线偏差很大，特征曲线的标准形状几乎发生了变化。这两种反褶积算法对数据误差的容忍度相对较小。

3.6.2　第二个算例研究

　　这里通过第 2 章第 2.4 节一个无限大双重介质油藏一口直井生产的模拟算

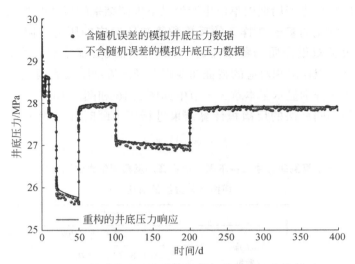

图 3.17　重构的井底压力响应与模拟的井底压力数据对比

例[140]，测试加入非线性正则化的基于 B 样条改进算法的稳定性。在这个算例中，井底压力降仅加入了 5% 的随机相对误差[140]；对于非线性正则化，b 值设为 1.85，β 值设为 0.03，且满足约束条件。

　　作为对比，也分别采用线性正则化的基于 B 样条的反褶积算法和 von Schroeter 等[123,124]的反褶积算法进行计算，其反褶积计算结果的特征曲线如图 3.18 所示。从图 3.18 可以清楚地看出，非线性正则化的基于 B 样条的反褶积算法所对应的特

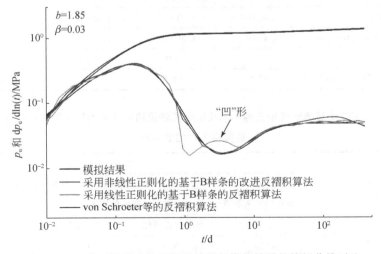

图 3.18　三种不同算法的反褶积结果与模拟结果的特征曲线对比

征曲线与对应整个生产周期内单位生产流量下模拟结果的特征曲线最为吻合[140]。然而，线性正则化的基于 B 样条的反褶积算法所对应的压力（降）导数双对数特征曲线在表征双重介质油藏窜流的"凹"形曲线处显示出较大偏差；与 von Schroeter 等反褶积算法相对应的特征曲线则在径向流动阶段表现出明显偏差[145]。表 3.4 和表 3.5 分别显示了本章 3.5 节中如图 3.16 和图 3.18 所示的两个算例研究中，对三种不同算法的反褶积计算结果进行压力瞬时（不稳定）分析所解释出的油藏参数对比。

表 3.4　第一个算例研究中三种不同反褶积算法反褶积结果的油藏解释参数数据与模拟输入数据的对比

油藏参数	数值			
	模拟的输入数据	三个反褶积结果的压力瞬时分析结果		
		基于 B 样条的算法		von Schroeter 等算法
		非线性正则化	线性正则化	
初始压力/MPa	30	30	30	30
孔隙度	0.1	0.1	0.1	0.1
井筒半径/ft	0.3	0.3	0.3	0.3
流体黏度/cp	1	1	1	1
地层体积系数	1	1	1	1
总压缩系数/psi^{-1}	3.0×10^{-6}	3.0×10^{-6}	3.0×10^{-6}	3.0×10^{-6}
裂缝弹性储容比	0.1	0.094	0.124	0.11
窜流系数	1.0×10^{-6}	9.93×10^{-7}	1.02×10^{-6}	9.03×10^{-7}
井筒储集系数/（Bbl/psi）	1.4×10^{-5}	1.38×10^{-5}	1.37×10^{-5}	1.31×10^{-5}
表皮系数	5	4.9	5.64	5.21
渗透率乘以油层厚度/（md·ft）	13.5	13.5	14	13.4

表 3.5　第二个算例研究中三种不同反褶积算法反褶积结果的油藏解释参数数据与模拟输入数据的对比

油藏参数	数值			
	模拟的输入数据	三个反褶积结果的压力瞬时分析结果		
		基于 B 样条的算法		von Schroeter 等算法
		非线性正则化	线性正则化	
初始压力/MPa	50	50	50	50
孔隙度	0.1	0.1	0.1	0.1

续表

油藏参数	数值			
	模拟的输入数据	三个反褶积结果的压力瞬时分析结果		
		基于 B 样条的算法		von Schroeter 等算法
		非线性正则化	线性正则化	
井筒半径/ft	0.3	0.3	0.3	0.3
流体黏度/cp	1.0cp	1.0	1.0	1.0
地层体积系数	1.0	1.0	1.0	1.0
总压缩系数/psi^{-1}	3.0×10^{-6}	3.0×10^{-6}	3.0×10^{-6}	3.0×10^{-6}
裂缝弹性储容比	0.1	0.1	0.051	0.065
窜流系数	1.0×10^{-6}	1.0×10^{-6}	1.25×10^{-6}	9.17×10^{-7}
井筒储集系数/（Bbl/psi）	1.0×10^{-3}	1.0×10^{-3}	9.44×10^{-4}	9.44×10^{-4}
表皮系数	5	5	2.21	3.6
渗透率乘以油层厚度/（md·ft）	10	9.55	7.47	8.67

从表 3.4 和表 3.5 可以看出，对加入非线性正则化的基于 B 样条算法的反褶积计算结果进行压力瞬态分析所解释出的油藏参数最接近于模拟的输入数据，大大减轻了数据误差的影响。但对线性正则化的基于 B 样条算法和 von Schroeter 等[133,124]算法的反褶积结果进行压力瞬态分析所解释出的油藏参数与模拟输入数据的偏差较大，数据误差影响并未得到很好的缓解。

通过井底压力和生产流量数据中包含随机误差的两个模拟算例的测试研究得出结论：当加入非线性正则化以代替线性正则化时，算法的稳定性可大大提高，可以减轻数据误差的影响。此外，在同样的非线性正则化方法下，稳定性改进反褶积算法中采用 B 样条函数构建比 von Schroeter 等反褶积算法[123,124]中采用分段线性近似构建具有更高的数值稳定性；其可以归因于 B 样条函数在计算的数值稳定性和固有光滑度方面的优势表现[142]。

3.7 油田实际算例测试

采用 KAPPA 软件示例文件中 SapGS02 井[140]的实测井底压力与流量数据（与第 2 章 2.4.3 节算例相同）。生产周期分为 13 个生产阶段，各阶段的恒定生产流量不同，最后一个阶段是压力恢复阶段。SapGS02 井的实测井底压力数据和实测生产流量数据如图 2.11 所示；并假定该实例满足反褶积应用的基本条件[145]。本章采用非线性正则化的基于 B 样条的稳定性改进反褶积算法对实际数据进行反褶积计算。从压力恢复阶段获得的准确双对数特征曲线（见第 2 章中图 2.15），可为非线性正则化过程中确定反褶积结果的特征曲线提供有用的储层模型识别信息。最终，b 值设为 1.7，β 值设为 0.016，该算法反褶积结果的特征曲线如图 3.19 所示。图 3.20 表明非线性正则化的相应约束条件已得到了很好地满足。

参考文献[140]中，实际压力与流量数据的反褶积也分别由线性正则化的基于 B 样条的反褶积算法和 von Schroeter 等[123,124]的反褶积算法（使用 KAPPA 软件）完成，其反褶积结果的特征曲线如图 3.19 所示。于是，这些对应三种不同反褶积算法的特征曲线可以在图 3.19 中进行比较。由图 3.19 可以看出，在初始井筒储集阶段，与采用线性正则化的基于 B 样条反褶积算法相对应的特征曲线数据振荡严重；相比之下，采用非线性正则化的基于 B 样条的稳定性改进反褶积算法在这个阶段更加稳定。与 von Schroeter 等[123,124]反褶积算法相对应的特征曲线非常平滑；然而，由于 von Schroeter 等反褶积算法中的强光滑处理，一些用于识别储层模型的特征曲线的特性会变得不正常，甚至失真。例如在初始的井筒储集阶段出现了过度平滑的、不正常的特征曲线部分，且压力（降）导数特征曲线的"凹"形特征减弱，压力（降）导数特征曲线的末端升高（图 3.19）。其中，有些特征曲线的失真现象与本章 3.5 节所述的表征非线性正则化强度的光滑化因子 β 的影响分析结果保持一致。

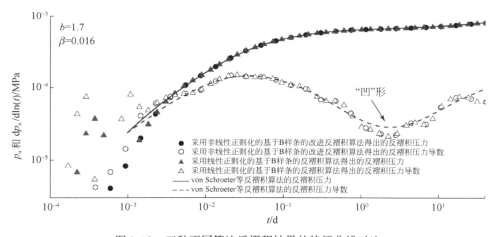

图 3.19　三种不同算法反褶积结果的特征曲线对比

事实上，通过不合理的非线性正则化，基于 B 样条的稳定性改进反褶积算法可以获得与图 3.19 中 von Schroeter 等[123,124]反褶积算法所对应的平滑度几乎相同的失真特征曲线，如图 3.21 所示。对于该不合理的非线性正则化取值，b 值设为

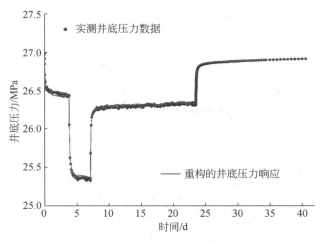

图 3.20　重构的井底压力响应与实测井底压力数据的对比

2.6，β 值设为 0.9（一个过大的值）。由图 3.22 可以看出，相应的重构井底压力响应与实测井底压力数据有较大偏差，进而根本不满足基于 B 样条的稳定性改进反褶积算法的约束条件。但该结果与 von Schroeter 等[123,124]反褶积算法得到的满足其约束条件的反褶积计算结果的特征曲线几乎相同（其约束条件可在 KAPPA 软件中显示）。

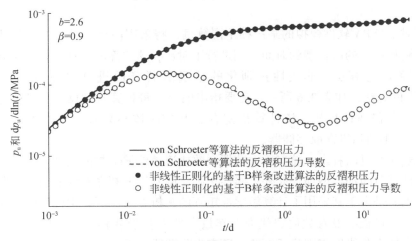

图 3.21　von Schroeter 等反褶积算法和经不合理非线性正则化的基于 B 样条反褶积算法所得到的两个反褶积结果的特征曲线对比

因此，在 von Schroeter 等算法的实际应用中，可能存在非线性正则化所引起

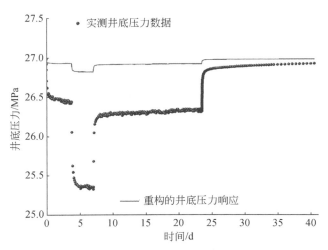

图 3.22　重构的井底压力响应与实测井底压力数据的对比

的特征曲线过度光滑化的问题。为了避免这种由不合理的非线性正则化所导致的问题，本章通过引入 von Schroeter 等算法的"曲率最小化"思想，增加非线性约束条件进行稳定性改进的反褶积算法应尽可能地满足相应的约束条件。

3.8　计算效率对比

针对 KAPPA 软件模拟的某三种不同算例，将采用前述三种不同反褶积算法进行反褶积计算的所耗费的时间分别进行了对比，这些算法包括线性正则化的基于 B 样条改进算法、非线性正则化的基于 B 样条改进算法和 von Schroeter 等[123,124] 的算法，如表 3.6 所示。需要指出的是，每种算法的反褶积计算过程都使用同一台普通计算机，该计算机配有 2.10GHz 核心频率的双中央处理器和 2.00GB 大小的随机存取存储器。

从表 3.6 可以看出，随着压力数据个数或流量数据个数的增加，每种反褶积算法的计算时间都会增加。此外，线性正则化的基于 B 样条算法具有最快的计算速度，主要是由于其采用了计算敏感性矩阵的解析方法，所产生的线性最小二乘问题的求解过程中没有数值迭代的工作量[1,140]。基于 B 样条的稳定性改进反褶积算法在加入非线性正则化后，鉴于所产生的非线性最小二乘问题求解过程中的数值迭代工作量，其计算速度会有所下降，但其计算速度与线性正则化算法的计算速度仍保持在同一的数量级，主要是由于未进行 z 函数变换，且敏感性矩阵元素的计算也采用了快速解析求解的方法。然而，von Schroeter 等反褶积算法[123,124]的计算时间比非线性正则化的基于 B 样条的稳定性改进反褶积算法的计算时间多了近 20 倍，这可归因于 von Schroeter 等算法公式中的 z 函数变换[123,124]所带来的待定系数的增多以及计算复杂性的增加。需要指出的是，随着数据量的大幅增加，非线性正则化的基于 B 样条的稳定性改进算法在计算速度上比 von Schroeter 等的算法有很大的优势。

表 3.6　三种反褶积算法对应的计算时间对比

算例名称	压力数据个数	生产流量数据个数	计算时间/s		
			线性正则化的基于 B 样条算法	非线性正则化的基于 B 样条算法	von Schroeter 等算法
算例 A	426	8	0.062	0.187	5.80
算例 B	997	8	0.14	0.421	8.46
算例 C	1957	16	0.358	0.873	14.78

3.9　本章小结

1）现有的基于 B 样条的反褶积算法更容易被科研人员和工程师们理解和进行编程。然而，由于采用了线性正则化，其稳定性弱于常用的使用非线性正则化的 von Schroeter 等的反褶积算法。线性正则化会使反褶积算法对数据误差的容忍度降低。数据误差存在时，线性正则化的基于 B 样条反褶积算法的稳定性较差。为了提高其稳定性，增加了一种在 von Schroeter 等算法[123,124]中所使用的最小化反褶积压力（降）导数响应曲率的非线性正则化，以取代线性正则化，并合理地推导了相应的非线性正则化方程。结合非线性正则化方程，建立了稳定性改进的基于 B 样条反褶积算法的非线性最小二乘问题。还采用高级的 Powell's Dog Leg 方法，稳定地求解了重新建立的非线性最小二乘问题。通过一个模拟算例研究发现：鉴于高级的 Powell's Dog Leg 方法具有很强的收敛性和数值稳定性，该方法能够稳定地求解该非线性最小二乘问题，求解的准确性也得到验证。

2）与 von Schroeter 等算法相比，采用非线性正则化的基于 B 样条的稳定性改进算法直接基于 Duhamel 原理，避免了采用非线性 z 函数对褶积方程即方程式（3.1）进行变换，可简化整个反褶积过程。反褶积算法中，由实测井底压力和生产流量数据得到了一个基本的线性系统，该系统的敏感性矩阵元素可利用分段解析积分方法直接进行求解，大大提高了反褶积的计算速度。此外，通过本章所有算例的研究还表明：对于双对数特征曲线的绘制，尽管避免了 z 函数变换，本章稳定性改进算法反褶积计算出的 $dp_u/d\ln(t)$ 仍能保持为正值。总之，本章提出的稳定性改进算法可以从它的"父母"即线性正则化的基于 B 样条反褶积算法的改进版本[140]和 von Schroeter 等的反褶积算法[123,124]遗传良好的"基因"。这些好的"基因"包括：采用 B 样条线性组合表示 p'_u、褶积方程无需进行复杂的 z 函数变换、计算敏感性矩阵元素的快速解析求解方法和非线性正则化方法。

3）为了约束非线性正则化过程，提出了调节 B 样条基数 b 和光滑化因子 β 的约束条件。分析了基数 b 和光滑化因子 β 对反褶积计算结果特征曲线的影响，还分析了初始地层压力误差对反褶积计算结果特征曲线的影响。并具体阐明了进行非线性正则化的一些原则。通过对两个含有数据误差的模拟算例研究和一个实际算例研究得出结论：当数据误差存在时，非线性正则化的基于 B 样条的稳定性改进算法比线性正则化的基于 B 样条的改进反褶积算法和 von Schroeter 等的算法表现出更好的稳定性，从而减轻了数据误差的影响；基于 B 样条的稳定性改进算法的稳定性高于采用相同非线性正则化方法的 von Schroeter 等[123,124]的算法，其可归因于：反褶积采用 B 样条函数表征井底压力导数，其在计算数值稳定性和固有光滑度方面表现出一定的优越性。另外，在 von Schroeter 等[123,124]算法的实际应用中，可能存在由于不合理的非线性正则化所带来的反褶积计算出的压力（降）导数双对数特征曲线过度光滑的问题。为了避免不合理的非线性正则化所带来的过度光滑问题，本章中所建立的稳定性改进反褶积算法也应尽可能地满足相应的约束条件。

4）通过一些模拟算例的测试得出结论：非线性正则化的基于 B 样条的稳定性改进算法与线性正则化的基于 B 样条的改进算法具有相同数量级的超高计算速度。基于 B 样条的稳定性改进算法的计算速度比 von Schroeter 等[123,124]算法的快近 20 倍，其可归因于 von Schroeter 等算法公式中进行 z 函数变换所带来的更多的待定系数以及计算的复杂性。

第 4 章　基于 B 样条的流量反褶积算法[①]

相对于应用于试井解释中的压力反褶积算法采用了统一的褶积方程式（2.1）[或式（3.1）]，应用于产量递减分析的各流量反褶积算法则采用了不同的等价褶积方程，而褶积方程的选取会对流量反褶积算法的计算精度产生影响。初始阶段单位压降下的流量数据会对产量递减分析特征参数数据的计算产生较大影响，然而通常情况下该阶段的流量变化剧烈，为了获得初始阶段流量的正确计算结果，反褶积算法应具备高的精度。鉴于当前流量反褶积算法精度不高[101,137]的问题，本章介绍了应用于生产数据流量不稳定分析的单位井底压力降下的流量反褶积算法研究，对 Ilk 基于二阶 B 样条的流量反褶积算法[18]进行了改进。

4.1　Ilk 流量反褶积算法的改进与实现

根据 Duhamel 原理，变井底压力下的流量响应函数可以通过变井底压力降与单位井底压力降下流量导数的褶积积分表示，如下：

$$q(t) = \int_0^t \Delta p_{wf}(t - \tau) q'_u(\tau) \mathrm{d}\tau \qquad (4.1)$$

式中，$q(t)$ 为变井底压力下的流量响应函数；Δp_{wf} 为分段的固定井底压力降；q_u 则为单位井底压力降下的流量响应函数。

式（4.1）可进一步推导为：

$$N_q(t) = \int_0^t \Delta p_{wf}(t - \tau) q_u(\tau) \mathrm{d}\tau \qquad (4.2)$$

式中，N_q 为变井底压力降下的累积流量响应函数。

在第 2 章和第 3 章基于 B 样条的单位流量下的压力反褶积算法研究中，研究目标为利用变流量下瞬时井底压力数据反褶积计算出单位流量下的井底压力响应数据，而本章的研究目标变为：利用变井底压力下的瞬时流量数据反褶积计算出单位井底压力降下的流量响应数据[18]，如图 4.1 所示。

大多数情况下，在整个生产历史过程中，很难在井底压力固定不变情况下进行生产。因此，流量通常为变井底压力下的流量。而在产量递减分析过程中，需要用到固定井底压力下的流量数据；为了获取更大时间范围内固定井底压力下的

---

① 本章内容主要参考文献 [1] 和 [137]。

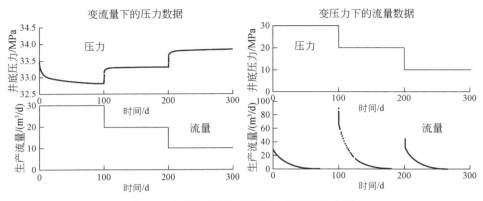

图 4.1　两类不同的反褶积计算问题示意图

流量数据，需要进行反褶积计算。

定流量下的瞬时井底压力曲线形态与定压力降下的瞬时流量曲线形态基本是一致的，如图 4.1 所示。都是开始阶段时间下降（或上升）特别快，以后越来越慢，时间取半对数时，曲线特征会更明显。而且褶积积分式（4.1）的形式与褶积积分式（2.1）［或式（3.1）］的形式一致。这就启发我们仿照第 2 章和第 3 章所介绍的单位流量下瞬时井底压力的反褶积计算方法，来建立基于 B 样条的单位井底压力降下的瞬时流量反褶积计算方法。

通过第 2 章和第 3 章基于 B 样条的压力反褶积算法研究还认识到：由反褶积计算出的 p'_u 经积分后所获得的单位流量下的瞬时压力响应 p_u 对数据误差影响的敏感性很小；式（4.1）和式（2.1）具有相同的形式，而且产量递减分析时仅需要流量数据 q_u，不需要流量导数数据 q'_u；自然地，基于式（4.1）利用瞬时流量数据 q，将流量导数 q'_u 采用二阶 B 样条函数权重和表示来建立流量反褶积算法可能会得到更高的计算精度。然而，Ilk 等[18] 所建立的基于 B 样条的流量反褶积计算方法采用了基于式（4.2）的变井底压力下的累积流量数据 N_q。由此，本章尝试对 Ilk 流量反褶积算法进行改进，基于反褶积式（4.1）建立单位井底压力降下的流量反褶积算法。

流量反褶积的计算方法与单位流量下的瞬时井底压力的反褶积计算方法基本相同。首先，通过二阶 B 样条函数的线性组合表示单位井底压力降下的流量导数响应函数 q'_u，如下：

$$q'_u(\tau) = \sum_{i=1}^{u} c_i B_i^2(\tau) \qquad (4.3)$$

式中，c_i 为待定的权重系数；u 为待定权重系数的个数。

将式（4.3）带入式（4.1），可得：

$$q(t) = \int_0^t \Delta p_{\mathrm{wf}}(\tau) \cdot \sum_{i=1}^u c_i B_i^2(t - \tau) \mathrm{d}\tau$$

$$= \sum_{i=1}^u c_i \int_0^t \Delta p_{\mathrm{wf}}(\tau) \cdot B_i^2(t - \tau) \mathrm{d}\tau \tag{4.4}$$

计算目标为利用所观测到的流量和井底压力数据，代入式（4.4）优化求解 c_i 的值。

假定连续测试了 m_{L} 个井底压力降落段 $\Delta p_{\mathrm{wf}j}$，$j = 0$，1，$\cdots$，$m_{\mathrm{L}} - 1$，$\Delta p_{\mathrm{wf}j}$ 所在的时间区域为 $[T_j, T_{j+1}]$，$[T_j, T_{j+1})$ 区域内对应 n_j 个按时间递增的观测瞬时流量数据点 (T_k^j, q_k^j)，$k = 0$，$\cdots$，$n_j - 1$；其中，$T_0^j = T_j$；共有 $\sum\limits_{j=0}^{m_{\mathrm{L}}-1} n_j$ 个观测流量数据点。于是，式（4.4）中的积分可以按照压力降落段进行展开，以计算每个瞬时流量数据点对应下的敏感性矩阵中的元素，如下：

$$\int_0^t B_i^2(t - \tau) \cdot \Delta p_{\mathrm{wf}}(\tau) \mathrm{d}\tau$$

$$= \int_0^{T_1} B_i^2(t - \tau) \Delta p_{\mathrm{wf}0}(\tau) \mathrm{d}\tau + \int_{T_1}^{T_2} B_i^2(t - \tau) \Delta p_{\mathrm{wf}1}(\tau) \mathrm{d}\tau + \tag{4.5}$$

$$\int_{T_2}^{T_3} B_i^2(t - \tau) \Delta p_{\mathrm{wf}2}(\tau) \mathrm{d}\tau + \cdots + \int_{T_l}^t B_i^2(t - \tau) \Delta p_{\mathrm{wf}l}(\tau) \mathrm{d}\tau$$

其中，$t \in [T_l, T_{l+1})$。

式（4.5）中的褶积积分可以根据第 2 章中二阶 B 样条的定义即式（2.2）～（2.4），推导其解析公式；相对于采用数值计算方法计算褶积积分值，该解析方法可以大大提高计算效率。其中，褶积积分的解析公式可以通过下式求得：

$$\int_{T_j}^{T_{j+1}} B_i^2(t - \tau) \Delta p_{\mathrm{wf}j}(\tau) \mathrm{d}\tau$$

$$= \Delta p_{\mathrm{wf}j} \cdot \int_0^{t - T_j} B_i^2(\tau) \mathrm{d}\tau - \Delta p_{\mathrm{wf}j} \cdot \int_0^{t - T_{j+1}} B_i^2(\tau) \mathrm{d}\tau \tag{4.6}$$

$$\int_{T_l}^t B_i^2(t - \tau) \Delta p_{\mathrm{wf}l}(\tau) \mathrm{d}\tau = \Delta p_{\mathrm{wf}l} \cdot \int_0^{t - T_l} B_i^2(\tau) \mathrm{d}\tau \tag{4.7}$$

随时间连续变化的井底压力降可以看作由一系列分段的保持恒定压力的压降段组成；然后采用上述解析求解积分的方法计算敏感性矩阵中的元素；对于给定的流量数据点，还可利用二分法快速查找该流量数据点所属的压力降落段，进一步提高计算效率。

由观测的流量数据点带入式（4.1），通过式（4.5）～（4.7）解析求解敏感性矩阵中的元素，可以得到一个超定的线性方程组为

$$\boldsymbol{XC} = \boldsymbol{Q} \tag{4.8}$$

式中，C 为 u 阶的待定权重系数 $\{c_i\}$ 的向量；Q 为 $\sum\limits_{j=0}^{m_L-1} n_j$ 阶的观测流量 $\{q_k^i\}$

向量；X 为 $\left(\sum\limits_{j=0}^{m_L-1} n_j\right) \times u$ 阶的敏感性矩阵，矩阵中的元素可表示为

$$X_{jk,\ i} = \int_0^{T_k^i} B_i^2(T_k^i - \tau) \cdot \Delta p_{\text{wf}}(\tau) \mathrm{d}\tau \tag{4.9}$$

当数据的误差水平增加时，最小二乘方法并不能提供足够的正则化；为了使得计算出的产量递减特征曲线与实际的物理背景保持较好的相关性，也增加了额外的正则化方法，如下[125,126]：

$$\alpha \left[\left(t \sum_{i=1}^u c_i B_i^2(t) \right)_{t=t_k} - \left(t \sum_{i=1}^u c_i B_i^2(t) \right)_{t=t_{k+1/2}} \right] = 0 \tag{4.10}$$

$$\alpha \left[\left(t \sum_{i=1}^u c_i B_i^2(t) \right)_{t=t_{k+1/2}} - \left(t \sum_{i=1}^u c_i B_i^2(t) \right)_{t=t_{k+1}} \right] = 0 \tag{4.11}$$

上式使得单位井底压力降下的流量导数响应函数值在结点和结点中间值之间的差别较小。当 $\alpha = 0$ 时，表示没有正则化；当压力和流量数据存在误差时，需要选择正的 α 值来削弱误差的影响。

增加的正则化线性系统方程可写为

$$\alpha X_r C = 0 \tag{4.12}$$

$$(1-\alpha) \cdot XC = (1-\alpha) \cdot Q \tag{4.13}$$

式中，X_r 为由式（4.10）和式（4.11）两个线性方程所构成的 $2 \cdot \left(\sum\limits_{j=0}^{m_L-1} n_j - 1 \right) \times$

u 阶矩阵。

以上两个超定的线性方程组包括式（4.12）和式（4.13）共同构成了一个新的线性方程组：

$$\begin{pmatrix} \alpha \cdot X_r C \\ (1-\alpha) \cdot XC \end{pmatrix} = \begin{pmatrix} 0 \\ (1-\alpha) \cdot Q \end{pmatrix} \tag{4.14}$$

上式可采用最小二乘方法进行求解。求出向量 C 后，即可求得单位压降下的瞬时流量导数 q_u'，进一步瞬时流量 q_u 可以通过关于时间的积分求得，如下：

$$q_u(t) = \int_0^t \sum_{i=1}^u c_i B_i^2(\tau) \mathrm{d}\tau = \sum_{i=1}^u c_i \int_0^t B_i^2(\tau) \mathrm{d}\tau \tag{4.15}$$

将式（4.15）带入式（4.1）右侧，还可计算求得对应每个观测时间的模拟生产流量，进而可以与该时刻观测的实际生产流量进行对比，以验证反褶积计算输出的二阶 B 样条函数线性组合的拟合效果。在生产井生产数据存在误差进行正则化时，可以对光滑化因子 α 和 B 样条基数 b 的取值进行约束。

IlK 流量反褶积算法改进前后的对比见表 4.1。

表 4.1　Ilk 算法与改进算法的对比

流量反褶积算法	所基于的褶积积分方程	利用二阶 B 样条权重和的表示方法	计算所需数据
IlK 算法	$N_q(t) = \int_0^t \Delta p_{wf}(t-\tau) q_u(\tau) \mathrm{d}\tau$	$q_u(t) = \sum_{i=1}^u c_i \int_0^t B_i^2(\tau) \mathrm{d}\tau$	累积流量和压力数据
改进 IlK 算法	$q(t) = \int_0^t \Delta p_{wf}(t-\tau) q_u'(\tau) \mathrm{d}\tau$	$q_u'(t) = \sum_{i=1}^u c_i \int_0^t B_i^2(\tau) \mathrm{d}\tau$	流量和压力数据

由式（4.15），还可求得单位压降下的累积产量 N_q：

$$N_q = \int_0^t q_u(\tau) \mathrm{d}\tau \tag{4.16}$$

进一步，利用反褶积计算输出的单位压降下的流量和累积流量数据（或直接采用基于 B 样条的解析表达式）可以计算用于 Blasingame 产量递减分析[105]的特征参数数据，包括物质平衡拟时间、规整化产量、规整化累积产量积分和规整化累积产量积分导数。由此，可以在双对数坐标图上分别绘制规整化产量、规整化产量积分和规整化产量积分导数关于物质平衡拟时间的产量递减特征曲线。

物质平衡拟时间记为 t_c：

$$t_c = \frac{N_q}{q_u} \tag{4.17}$$

规整化产量记为 q_u：

$$\frac{q_u}{\Delta p_{wf}} = \frac{q_u}{p_{ini} - p_{wf}} = \frac{q_u}{1} \tag{4.18}$$

规整化累积产量积分记为 q_{ui}：

$$q_{ui} = \left(\frac{q_u}{\Delta p_{wf}}\right)_i = \frac{1}{t_c} \int_0^{t_c} \frac{\tilde{q}_u(\tau)}{p_{ini} - p_{wf}} \mathrm{d}\tau = \frac{1}{t_c} \int_0^{t_c} \tilde{q}_u(\tau) \mathrm{d}\tau \tag{4.19}$$

其中，$q_u(t) = \tilde{q}_u(t_c)$。由式（4.19），可得：

$$\begin{aligned}
\left(\frac{q_u}{\Delta p_{wf}}\right)_i &= \frac{1}{t_c} \int_0^{t_c} \tilde{q}_u(\tau) \mathrm{d}\tau = \frac{1}{t_c} \int_0^{t_c} \tilde{q}_u(\tau) \mathrm{d}\tau = \frac{1}{t_c} \int_0^t q(\tau) \mathrm{d} \frac{N_q(\tau)}{q_u(\tau)} \\
&= \frac{1}{t_c} \int_0^t q(\tau) \frac{N_q'(\tau) \cdot q_u(\tau) - N_q(\tau) \cdot q_u'(\tau)}{[q_u'(\tau)]^2} \mathrm{d}\tau
\end{aligned} \tag{4.20}$$

规整化累积产量积分导数记为 q_{uid}：

$$q_{uid} = \left(\frac{q_u}{\Delta p_{wf}}\right)_{id} = -\frac{\mathrm{d}\left(\frac{q_u}{\Delta p_{wf}}\right)_i}{\mathrm{d}\ln t_c} = -t_c \frac{\mathrm{d}\left(\frac{q_u}{\Delta p_{wf}}\right)_i}{\mathrm{d}t_c} = -q_u + \frac{1}{t_c} \int_0^{t_c} \tilde{q}_u(\tau) \mathrm{d}\tau \tag{4.21}$$

确定向量 C 值后，根据二阶 B 样条函数的定义，由式（4.16）~（4.18）可直接推导求得累积产量 N_q、物质平衡拟时间 t_c 和规整化产量 q_u。然而，鉴于式（4.19）和式（4.21）的复杂性，规整化累积产量积分和规整化累积产量积分导数的表达式难以通过二阶 B 样条函数组合来表示。因此，只能将求出的物质平衡拟时间 t_c 和规整化产量 q_u 进行离散，然后通过数值方法求得规整化累积产量积分和规整化累积产量积分导数[1]。

需要指出的是，由于 Duhamel 原理仅适用于线性系统，本章改进的基于 B 样条的流量反褶积算法仅适用于线性系统。具体应用条件可参考第 2 章第 2.3 节。

4.2　流量反褶积算法的验证

4.2.1　流量反褶积算法的正确性验证

模拟出的某油藏径向渗流、变井底压力生产下的瞬时流量数据如图 4.2 所示。

该算例由 KAPPA 软件中的压力不稳定分析模块 Saphir 计算产生，所采用的具体油藏参数值见表 4.2；其中，油藏初始压力为 34.4738MPa。所生成的变井底压力下的流量数据共包括 234 个数据点，对应两个不同的压力段，各生产阶段的压力数据见表 4.3。

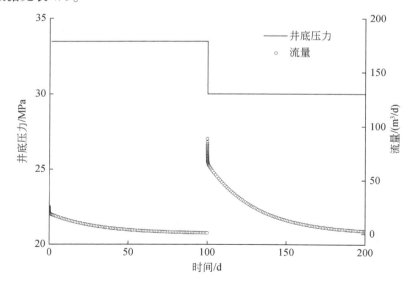

图 4.2　KAPPA 软件计算出的变井底压力下的瞬时流量数据

表 4.2　油藏参数值表

油藏参数	值
渗透率/md	50.0
厚度/ft	30.0
初始压力/MPa	34.4738
井筒储集系数/(Bbl/psi)	0.001
表皮系数	5.0
井控半径/ft	2200
孔隙度	0.1
井筒半径/ft	0.3
流体黏度/cp	1.0
体积系数	1.0
综合压缩系数/psi^{-1}	3.0×10^{-6}

表 4.3　各生产阶段压力数据

生产阶段持续时间/d	井底压力/MPa
100	33.4738
100	30.0

　　分别利用本章所建立的基于流量数据的反褶积算法和文献[18]基于累积流量数据的反褶积算法进行反褶积计算，将变井底压力降下的瞬时流量数据转化为单位井底压力降下的瞬时流量数据，然后将反褶积计算结果与图 4.3 中由 KAPPA 软件计算出的单位井底压力降下的瞬时流量精确结果进行对比，如图 4.4 所示。其中，B 样条基数 b 和光滑化因子 α 的选取过程需要满足如图 4.5 所示的正则化过程约束条件，选取 $b=2.1$，$\alpha=0$。由图 4.4 可以看出，基于流量数据所反褶积计算出的单位井底压力降下的瞬时流量响应与单位井底压力降下瞬时流量的精确数据在线性坐标 [图 4.4 (a)] 和双对数坐标 [图 4.4 (b)] 两种不同坐标系中均吻合较好。然而基于累积流量数据计算出的瞬时流量响应数据与精确数据存在较大误差，特别是在流量变化的初期和后期阶段。因此，应该基于流量数据即褶积公式 (4.1) 进行准确的流量反褶积计算。

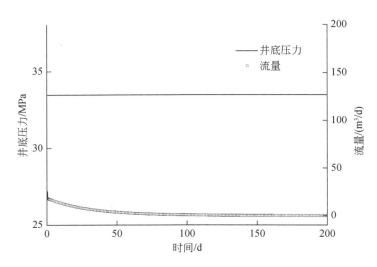

图 4.3　KAPPA 软件计算出的单位井底压力降下的瞬时流量数据（精确解）

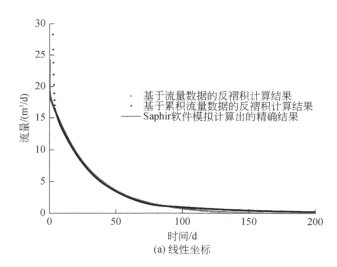

(a) 线性坐标

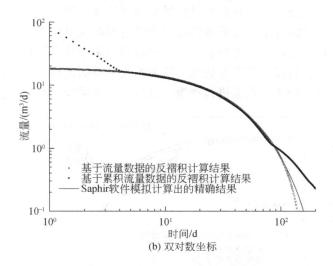

图 4.4　流量反褶积计算出的单位井底压力降下瞬时流量响应数据与精确数据对比

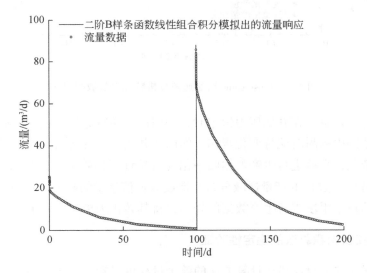

图 4.5　流量反褶积计算正则化过程的约束条件

　　还将单位井底压力降下的瞬时流量精确数据、基于流量数据进行反褶积计算所输出的单位井底压力降下的瞬时流量数据以及变井底压力降下的原始流量数据，按照本章所介绍的算法分别计算对应的 Blasingame 产量递减分析特征参数数据［见式（4.17）~（4.21）］，如图 4.6 所示。由图 4.6 可以看出，瞬时流量的精确数据和反褶积计算输出的流量数据所对应的 Blasingame 特征参数数据曲线吻合很好，进一步验证了流量反褶积计算结果的正确性。尽管变井底压力降下原始流量数据对应的 Blasingame 特征参数数据曲线与瞬时流量精确数据及反褶积计算出的流量数据所对应的曲线也吻合较好，但数据结果中缺少了后期的特征直线段部分。也就是说，直接采用变井底压力降下的流量数据进行产量递减分析会比采用定井底压力降下的流量数据进行产量递减分析获得更少的特征数据信息量。

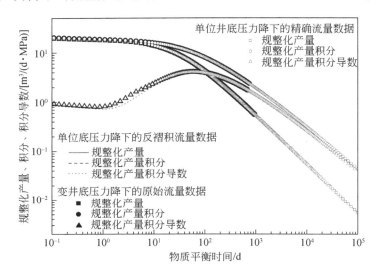

图 4.6　Blasingame 产量递减分析特征参数数据对比

可以这样理解：在井底压力恒定时，采用产量递减分析方法可以较容易获得一定时间范围内的瞬时流量变化规律。然而在井底压力变化时，产量的递减规律会变得复杂化，直接进行生产数据归一化（直接计算物质平衡拟时间 t_c、规整化产量 q_u 等特征参数）的产量递减分析会造成数据信息量的缺失，这时需要首先利用反褶积的技术手段进行生产数据的处理，将其转化为单位压降下的流量数据。

4.2.2　流量反褶积算法的稳定性验证

由上述建立流量反褶积计算方法的整个过程可以看出：虽然该算法通过将单位井底压力降下的瞬时流量导数表示成二阶 B 样条函数的线性组合来进行反褶积计算，然而从 Blasingame 产量递减分析特征参数数据的获取过程可以看出：物质平衡拟时间、规整化产量、规整化累积产量积分和规整化累积产量积分导数的计算均来自反褶积计算出的经积分后的单位井底压力降下的瞬时流量数据（或累积流量数据），而与瞬时流量的导数数据无关。这与试井解释（压力不稳定分析）中单位流量下压力的反褶积计算不同，试井解释中的压力反褶积计算不仅需要计算瞬时井底压力数据，还需要计算出瞬时井底压力（降）的导数数据以进行（压力）双对数特征曲线的拟合；而这些导数对于压力和流量的数据误差是具有强敏感性的。因此，反褶积计算方法在产量递减分析中的应用具有固有的高稳定性。而且在瞬时流量和分段压力数据存在误差的情况下，反褶积计算还可以通过调节 B 样条基数 b 和光滑化因子 α 来消除数据误差的影响。

将本章第 4.2.1 节中的算例（图 4.2）在变井底压力下的瞬时流量数据中加入了 10% 的随机误差，如图 4.7 所示。由此进一步对流量反褶积算法的稳定性进行了测试。在进行正则化消除数据误差影响的过程中，在保证 B 样条函数线性组合积分模拟计算出的变井底压力下瞬时流量数据与观测数据较好拟合效果的前提下（图 4.8），选取尽可能大的光滑化因子 α 值对流量变化曲线进行光滑化，同时对 B 样条基数 b 的取值进行优选。

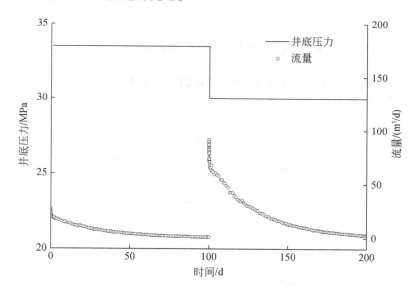

图 4.7　变井底压力下含 10% 随机误差的瞬时流量数据

在约束条件下，光滑化因子 α 值对流量反褶积计算出的产量递减分析特征参数数据曲线的影响较小，取 α 值为 0.01。在大致保证每个对数循环内应至少包含约 2~6 个结点的基本前提下，B 样条基数 b 分别取值为 1.8、2.4、2.8、3.0 和 3.4 进行流量的反褶积计算。由图 4.8 可以看出，B 样条基数 b 取这些值时，B 样条函数线性组合积分模拟计算出的变井底压力下瞬时流量数据与观测数据拟合较好，满足正则化约束条件。

分别利用对应不同 B 样条基数 b 值下反褶积计算出的单位井底压力降下的流量数据、单位井底压力降下的精确流量数据以及含 10% 随机误差的变井底压力

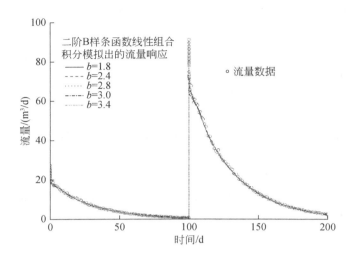

图 4.8　流量反褶积计算正则化过程的约束条件

下的原始流量数据计算出了 Blasingame 产量递减分析的特征参数数据，并进行了对比，如图 4.9 所示。

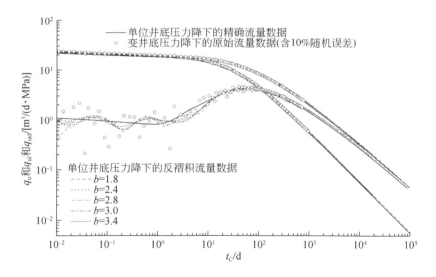

图 4.9　流量数据误差对 Blasingame 产量递减分析特征参数数据计算的影响

由图 4.9 可以看出，流量数据误差主要影响 Blasingame 产量递减分析规整化产量积分导数数据曲线的不稳定渗流段，会使得计算出的特征参数数据点在精确流量数据所对应的特征参数数据曲线附近发生震荡和发散，参数数据的拟合难度加大。此外，如果直接采用变井底压力下的原始流量数据进行产量递减分析特征参数数据的计算（基于传统"归一化"方法），数据误差影响的敏感性会越高。然而，采用经过反褶积转化后的单位井底压力降下的流量数据进行产量递减分析可以有效降低数据误差影响的敏感性。另外，在 1.8～3.4 的取值范围内，B 样条基数 b 值的选取对产量递减分析特征参数数据的计算影响较小。

4.3　油田实际算例测试

为了方便工程应用，创建了本章所改进的单位压降下流量反褶积算法的动态链接库（Dynamic Link Library，DLL），并通过调用所创建的动态链接库，开发了单位压降下流量反褶积计算软件。软件界面如图 4.10 所示。界面左侧的表格框可以输入各变量对应的参数值；界面右侧四个图形显示区域，用来显示输入的压力数据及对应的流量数据和反褶积计算输出的数据。其中，左上为进行流量反褶积计算后输出的单位井底压力降下流量数据的 Blasingame 产量递减分析特征曲线，右上为输入的变井底压力下的瞬时流量数据（点）以及由 B 样条线性组合积分计算出的变井底压力下的瞬时流量数据（线），右下为对应的变井底压力数据，左下为进行反褶积计算后输出的单位井底压力降下的瞬时流量。

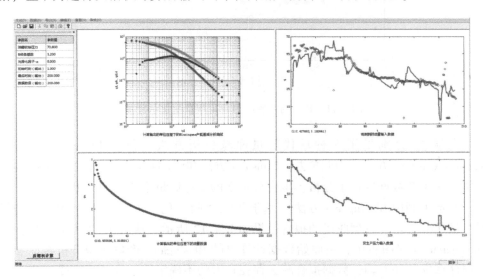

图 4.10　单位井底压降下流量反褶积计算的软件界面

单位压降下流量反褶积计算动态链接库（DLL）的创建与调用过程以及动态链接库（DLL）函数变量的输入与输出与在第 2 章所介绍的单位流量下压力反褶

积计算的基本类似，此处不再赘述。

　　将开发的流量反褶积计算软件应用于处理实际油田生产井的变井底压力和流量数据，将变压降下的流量数据转化为单位压降下的流量数据，然后再进行产量递减分析。以下详细介绍一个流量反褶积计算及在产量递减分析应用的实际例子，采用的油井生产数据来源于文献[105]。

　　F 井的基本参数为[105]：原始地层压力为 70.8MPa，地层温度为 136.4℃，有效厚度为 26.0m，孔隙度为 3%，含油饱和度为 80%，泡点压力为 45.1MPa，原油密度为 800kg/m³。折算的井底压力及日产量如图 4.11 所示，共包括 200 个井底压力点，及其对应的 200 个流量点。

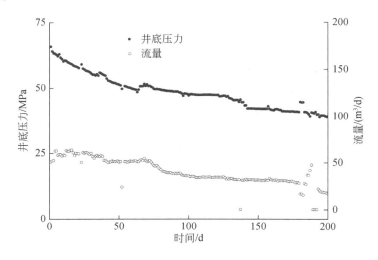

图 4.11　F 井的井底压力及日产量变化示意图

　　文献[105] 分别采用 5 种现代产量递减分析方法（包括 Blasingame 方法、Agarwal-Gardner 方法、NPI 方法、Transient 方法和流动物质平衡方法）对该实际算例原始生产数据进行了分析，拟合分析出的动态储量平均值为 $9.19×10^4 m^3$。

　　本章中利用 Blasingame 方法（基于传统"归一化"方法）对上述数据进行了产量递减分析，典型曲线的拟合结果如图 4.12 所示。从图 4.12 可以看出：在 Blasingame 曲线图版中，由原始数据计算出的 Blasingame 产量递减分析特征参数数据存在发散和波动，数据拟合时会存在较大的不确定性。该井生产受到边界控制，最终拟合出的动态储量值为 $9.085×10^4 m^3$，与文献[105] 拟合结果的平均值接近。

　　本章所建立的流量反褶积计算方法可将变井底压力下的油井产量转化为单位压降下的油井产量，并采用本章前述的 B 样条基数 b 和光滑化因子 α 的参数调节

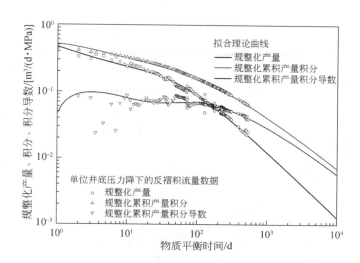

图 4.12　Blasingame 产量递减分析方法拟合原始数据

方法进行流量反褶积计算的正则化，以消除数据误差影响；也可参考第 2 章和第 3 章所介绍的压力反褶积算法正则化参数的调节方法。经流量反褶积计算软件输出的流量数据结果如图 4.10 所示。从图 4.10 的右上子图可以看出，流量反褶积计算出的由 B 样条线性组合积分计算出的变井底压力下的瞬时流量数据能大致拟合观测数据。也采用通用的 Intel（R）Core（TM）i7-3770CPU@3.40GHz 双核处理器计算机进行流量反褶积计算，计算耗时不足 1.0s，计算速度快，满足工程实用要求；而且由于采用了解析方法计算敏感性矩阵的元素，数据点越多，反褶积计算速度的优势会越明显。

流量反褶积计算输出的单位压降下的油井日产量数据如图 4.10 中的左下子图所示，为单位井底压力降下的产量递减曲线。在将这些数据应用于产量递减分析之前，还需要对这些数据进行筛选，剔除产量数据末端由于产量数据很小（接近于零值）而在数值计算结果表现为负值的数据点；产量数据中如果第一个时间点的产量值小于后面时间点的产量值，需要剔除第一个数据点。流量反褶积计算出的、经筛选后的单位压降下的油井日产量数据如图 4.13 所示。

需要补充说明的是，理论分析表明在时间足够长时，单位井底压降下流量随时间变化的规律符合指数递减规律[105]，后期流量递减快，与零值接近。因此，反褶积计算结果存在的误差会直接导致流量在对数坐标中的误差被放大，所以需要根据产量递减分析时的实际情况，在尽量保持数据拟合效果的前提下，对反褶积计算出数据的后段做进一步的截取处理。

还采用了未改进的 Ilk 算法进行了反褶积计算，与改进的 Ilk 算法的计算结果

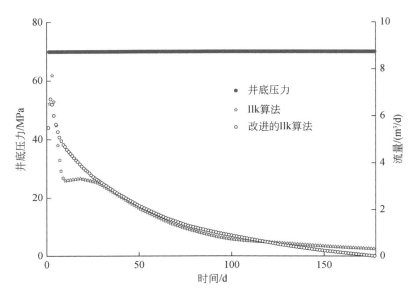

图 4.13　流量反褶积计算出的 F 井单位压降下的日产量变化示意图

进行了对比，如图 4.13 所示。由图 4.13 可以看出，由未改进的 Ilk 反褶积算法计算出的单位井底压力降下的流量数据在初始阶段出现较大的波动，而由本章改进的 Ilk 反褶积算法计算出的单位井底压力降下的流量数据较为规则，更加符合单位井底压力降下流量的递减变化规律。

　　利用 FAST RTA 软件分别对由改进 Ilk 反褶积算法与未改进 Ilk 反褶积算法所计算出的流量数据进行 Blasingame 产量递减分析，特征曲线的拟合结果如图 4.14 所示。由原 Ilk 反褶积算法计算结果拟合分析出的动态储量值为 $8.36 \times 10^4 \, \mathrm{m}^3$；而由改进的 Ilk 反褶积算法计算结果拟合分析出的动态储量值为 $8.78 \times 10^4 \, \mathrm{m}^3$，其与文献[105]拟合结果的平均值更接近。

　　另外，从图 4.14（a）和图 4.14（b）的对比还可看出，在利用 blasingame 方法对改进 Ilk 反褶积算法计算输出的单位井底压力降下的流量数据进行产量递减分析时，计算得到的规整化产量、规整化累积产量积分和规整化累积产量积分导数关于物质平衡拟时间的特征参数数据点的分布非常光滑，与 Blasingame 产量递减分析曲线图版有很高的拟合度，显著提高了流量数据的拟合效果；然而在采用未改进的 Ilk 反褶积算法计算时，对计算输出的流量数据进行产量递减分析所获得的特征参数数据点分布较为散乱，规则化产量和产量积分的计算数据出现缺失，在物质平衡拟时间初期阶段的数据拟合效果较差；而且表征拟稳态流的特征直线段长度变短，不利于产量递减分析的数据拟合，由此大大减弱了反褶积的作用。

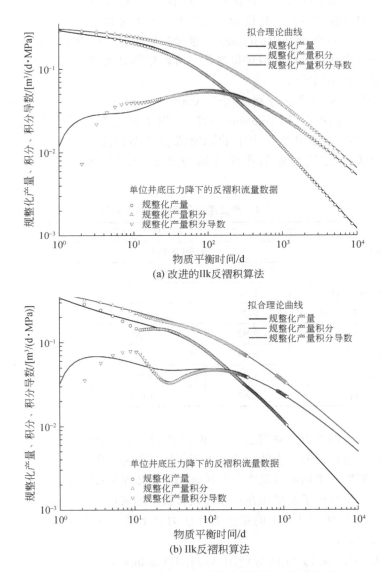

(a) 改进的Ilk反褶积算法

(b) Ilk反褶积算法

图 4.14　Blasingame 产量递减分析方法拟合反褶积数据

　　特别地，由图 4.14（a）和图 4.12（采用 Blasingame 产量递减分析方法拟合原始数据）的对比可以看出，由反褶积计算输出的单位井底压力降下的流量数据所作出的 Blasingame 产量递减分析数据点在生产后期出现了持续时间范围更长、更为清晰和光滑的三条特征直线段（受边界控制），而对于后期三条特征直线段的拟合正是利用 Blasingame 方法进行产量递减分析特征参数数据拟合的关键。因此，通过流量反褶积算法首先将变井底压力下的流量数据转化为单位井底压降下的流量数据，然后再利用 Blasingame 产量递减分析方法对单位井底压降下的流量数据进行特征曲线拟合以获取评价参数，可以显著提高数据的拟合效果，很好地降低解释结果的不确定性。

　　也将流量反褶积算法分别应用于 Agarwal-Gardner 方法[105]、流动物质平衡方法[105]、NPI 方法[105]和 Transient 方法[105]对 F 井生产数据的产量递减分析过程中，分别将对应变井底压力下的原始流量数据和流量反褶积计算输出的单位井底压力降下流量数据的产量递减分析解释结果进行了对比，如表 4.4 所示。

表 4.4　产量递减分析拟合结果对比

产量递减分析方法	拟合出的动态储量值/10^4m^3		
	拟合反褶积数据		拟合原始数据
	Ilk 算法	改进 Ilk 算法	
Blasingame 方法	8.36	8.78	9.09
Agarwal-Gardner 方法	8.29	9.04	8.83
流动物质平衡方法	9.92	9.38	9.38
NPI 方法	8.30	8.93	8.97
Transient 方法	8.46	9.09	8.92
平均值	8.67	9.044	9.038

　　由表 4.4 可以看出，采用改进的 Ilk 反褶积算法计算出的单位井底压力降下的流量数据所分析出的动态储量值与文献[105]中直接采用变井底压力下的原始流量数据所分析出的平均值以及本章直接采用原始流量数据所分析出的平均值都非常接近，进一步验证了反褶积在产量递减分析中的实用性。另外，采用未改进的 Ilk 流量反褶积算法所计算出的单位井底压力降下的流量数据所拟合出的动态储量值的偏差相对较大。

　　图 4.15 至图 4.19 分别为利用 Agarwal-Gardner 方法、流动物质平衡方法、NPI 方法、Transient 方法和 Blasingame 方法[105]对变井底压力降下的原始数据和由改进流量反褶积算法所计算出的单位井底压力降下的流量数据进行产量递减分析时的特征参数数据对比图，产量递减分析需要进一步对这些特征参数数据进行拟合解释。通过这些对比图可以看出，与前述流量反褶积在 Blasingame 产量递减分析中的作用相同，应用反褶积算法首先将变井底压力下的流量数据转化为单位井底压力降下的流量数据再进行生产数据的产量递减分析，可以使得各

特征参数的数据点更为集中、数据曲线更为光滑，而且与理论曲线图版有较高的相似度。相对于传统的"归一化"方法，基于反褶积计算的生产数据转化过程可以从原始数据中获得更多信息量，这与本章 4.2.1 节中理论算例的分析结论是一致的。

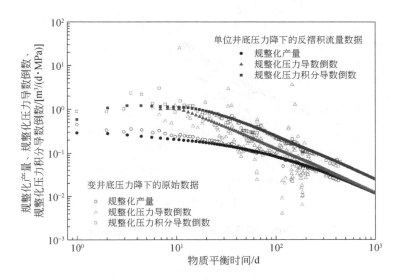

图 4.15 Agarwal-Gardner 产量递减分析方法的特征参数数据对比

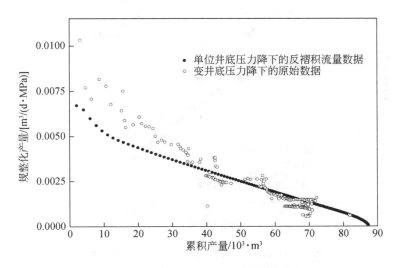

图 4.16 流动物质平衡方法的特征参数数据对比

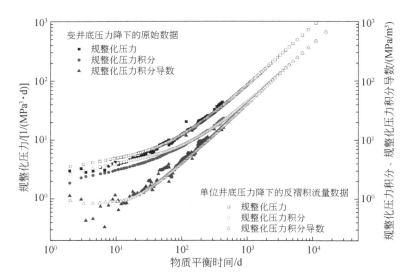

图 4.17　NPI 产量递减分析方法的特征参数数据对比

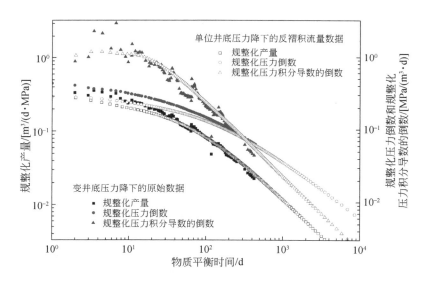

图 4.18　Transient 产量递减分析方法的特征参数数据对比

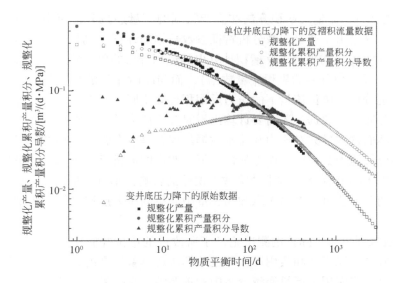

图 4.19　Blasingame 产量递减分析方法的特征参数数据对比

特别地，采用经反褶积转化后的流量数据可以延长特征参数数据后期的特征直线段（图 4.15、图 4.17 ~ 图 4.19），因而有利于提高产量递减分析特征参数数据的拟合效果，大大降低解释结果的不确定性。这与反褶积在试井解释压力不稳定分析中所起到的作用有异曲同工之处。

数值实验还表明：满足正则化过程约束条件的情况下，光滑化因子 α 对流量反褶积计算的结果影响很小，因而主要通过 B 样条基数 b 进行正则化；而 B 样条基数 b 对产量递减分析中参数解释结果的影响不大。因此，在正则化过程中的条件约束下，对流量反褶积计算出的单位井底压力降下的流量数据进行产量递减分析可以获得正确、稳定的参数解释结果。

4.4　本章小结

1）本章对 Ilk 基于二阶 B 样条的单位压降下的流量反褶积算法进行了改进：①利用褶积积分的数学性质，采用按照压力降落段进行分段积分的方式，通过解析法快速计算反褶积计算过程中的敏感性矩阵元素，大大提高了反褶积算法的计算速度。②利用二分法快速查找该流量数据点所属的压力降落段，进一步提高了计算效率。③采用瞬时流量数据进行反褶积计算（而非原 Ilk 算法中所采用的累积流量数据），提高了反褶积的计算精度。此外，改进后的算法继承了原 Ilk 反褶积算法所采用的正则化方法来消除数据误差的影响。

2）改进后的流量反褶积算法在生产数据的产量递减分析应用中具有固有的高稳定性。这是由于产量递减分析特征参数数据的计算（例如 Blasingame 产量递减分析特征曲线）均来自于反褶积计算出的经积分后的单位井底压力降下的瞬时流量数据（或经积分后的累积流量数据），而与瞬时流量的导数数据无关；这与压力不稳定分析中单位流量下的压力反褶积计算不同，压力反褶积计算不仅需要计算瞬时井底压力数据，还需要计算出瞬时井底压力的导数数据以进行特征曲线的拟合；然而这些导数对压力和流量数据的误差是具有强敏感性的。另外，在瞬时流量和分段压力数据存在误差的情况下，改进的流量反褶积算法还可以通过调节光滑化因子和 B 样条基数来消除数据误差的影响；本章流量反褶积算法的正则化参数的调节方法可参考第 2 章和第 3 章中介绍的压力反褶积算法正则化参数的调节方法。

3）通过理论与实际算例测试论证了所改进的单位井底压力降下流量反褶积算法的有效性、稳定性和实用性，改进的算法还具备较高的计算速度。通过测试还论证了反褶积应用于产量递减分析中的重要性：直接采用变井底压力下的原始流量数据进行生产数据的产量递减分析，数据误差影响的敏感性会越高；而采用经过反褶积转化后的单位井底压力降下的流量数据进行产量递减分析不仅可以有效降低数据误差影响的敏感性，而且还可以从原始数据中获得更多的信息量，显著提高数据的拟合效果，大大降低解释结果的不确定性。

4）特别地，通过算例测试还表明：基于瞬时流量数据的反褶积计算结果与精确理论数据吻合较好；而原 Ilk 算法基于累积流量数据的反褶积计算结果存在较大偏差，进行实际生产数据的产量递减分析时，会导致特征参数数据点出现较大波动甚至缺失，表征拟稳态流的产量递减分析特征直线段长度变短，大大减弱了反褶积在产量递减分析中的作用。

5）创建了本书中所改进的单位井底压力降下流量反褶积算法的动态链接库；通过调用所创建的动态链接库，开发了单位井底压力降下的流量反褶积计算软件。软件界面可同时显示原始数据（含参数调节约束条件）、反褶积计算输出的单位井底压力降下的瞬时流量数据以及 Blasingame 产量递减分析曲线，因而可以通过观察约束条件的拟合结果以及产量递减特征曲线实时地进行合理的参数调试，以便输出较为准确的反褶积计算结果。

第5章　反褶积在非常规气藏生产数据分析的应用[①]

本书在第2章至第4章进行了生产数据分析中应用于生产数据转化的反褶积算法研究。在这些理论研究基础上，本章进一步对反褶积在非常规气藏生产数据分析中的应用进行了探索研究。首先，通过反褶积新算法将非常规气藏生产井的实际生产数据转化为单位流量下的压力数据或单位（拟）压降下的流量数据；然后再基于非常规气藏的特殊渗流规律，采用生产数据分析方法对转化后的生产数据进行特征曲线分析；并开发了非常规气藏生产数据分析的系统软件；还对现场的实际生产数据进行了分析。

5.1　基于反褶积的生产数据分析方法

在进行非常规气藏的生产数据分析时，需要解决如下两个关键问题。

1）在实际的油气田开发情况下，非常规气藏生产井的井底压力或流量并不是恒定的，在进行生产数据分析之前，首先需要对这些数据进行反褶积处理，才能与所建立的渗流理论模型的内边界条件相匹配，以进行有效的数据分析来获取解释参数。

2）非常规气藏与常规气藏的渗流规律不同，需采用能反映非常规气藏特殊渗流规律的渗流理论模型，然后才能有效地应用于分析经反褶积转化后的归一化生产数据。

由此，本章基于所建立的煤层气藏、页岩气藏渗流理论模型，通过已改进的反褶积算法，建立了非常规气藏生产数据的特征曲线分析方法。特征曲线分析方法又可分为压力不稳定分析方法和流量不稳定分析方法，如图5.1所示。该系统分析方法的分析过程主要包括采用改进的反褶积算法对生产数据进行转化以及利用非常规气藏的渗流理论模型对转化后的生产数据进行特征曲线分析。

5.1.1　压力不稳定分析方法

进行非常规气藏生产数据的压力不稳定分析时，首先利用反褶积算法将生产数据转化为单位流量下的拟井底压力数据，然后利用内边界定流量的非常规气藏

---

① 本章内容主要参考文献 [1]、[38]、[41]、[147-149]。

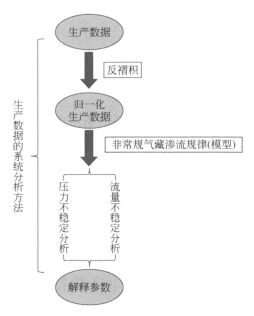

图 5.1 非常规气藏生产数据的系统分析方法

渗流模型计算输出拟井底压力与拟压力降导数的双对数特征曲线，以对转化后的单位流量下的拟压力数据进行拟合分析，解释出储层参数。

在非常规气藏生产数据的压力不稳定分析过程中，采用的反褶积算法为第 2 章或第 3 章单位流量下的压力反褶积算法；采用的模型为内边界定流量的非常规气藏渗流模型，模型计算输出井底压力数据。

5.1.2　流量不稳定分析方法

进行生产数据的流量不稳定分析时，首先利用反褶积算法将生产数据转化为单位拟压降下的流量数据，然后利用内边界定井底压力的非常规气藏渗流模型计算输出特征曲线（例如 Blasingame 产量递减分析的特征曲线），并对转化后的单位拟压降下的流量数据进行拟合分析，以解释出储层参数。

在非常规气藏生产数据的流量不稳定分析过程中，采用的反褶积算法为第 4 章单位拟压降下的流量反褶积算法。采用的模型为内边界定井底压力的非常规气藏渗流模型。本章 5.1.1 节中压力不稳定分析方法所采用渗流模型的内边界条件为定流量的，仅需要将其替换为内边界定井底压力条件，并在相应的数值模型及计算程序做相应修改，模型计算输出定井底压力下的流量数据。

此外，需要说明的是，在采用反褶积算法对气井生产数据进行转化之前，需要首先将井底压力折算为拟压力[19,105]进行近似线性化，然后才能进行生产数据的反褶积计算；对于反褶积计算转化后的生产数据，我们将通过本章所建立的关键考虑吸附气的稳定解吸与不稳定解吸作用影响的非常规气藏的渗流模型来近似拟合。另外，在应用反褶积处理生产数据前，还应注意排除造成 Duhamel 原理不成立的一些非线性因素的影响[19,146]，例如生产过程中的变井筒储存效应、增产措施、储层物性与流体性质的变化等。

5.2　反褶积在煤层气藏生产数据分析的实际应用

生产数据特征曲线分析是准确获取油气藏储层参数、预测生产动态的有效手段。煤层微孔隙极为发育，具有特别大的表面积，大部分气体吸附在煤岩颗粒表面，在压力作用下呈吸附状态，当煤层压力低于临界解吸压力时，吸附在煤层基质中的煤层气分子发生解吸，解吸出的气体会作为物质补充参与到煤层孔隙的渗流中[22,23,147-151]。煤层吸附气的解吸作用是煤层气井生产数据分析需要考虑的关键因素。目前，煤层气井的生产数据分析方法大多采用与压力相关的非线性 Langmuir 等温吸附模型[22]，通过对总的气体压缩系数或压缩因子进行修正，并通过重新定义"拟时间"和"拟压力"的方法对考虑煤层吸附气解吸作用及气体压缩性的气体渗流模型进行线性化近似[100,102]。而有些研究中甚至忽略了煤层吸附气解吸作用的影响[97,152,153]，进而能沿用基于达西线性渗流模型的现代生产数据分析方法进行分析。由于 Langmuir 等温吸附模型的非线性，会导致煤层气渗流模型的非线性和复杂性，将模型应用于生产数据分析时需进行线性化处理，且生产数据线性化过程中需要计算平均地层压力[100,102]，应用过程较为繁琐；而直接忽略吸附气解吸作用则会造成参数解释结果的失真。

刘曰武等[1,35,38,40,41,147-149]提出煤层气开发过程中吸附气的解吸作用可划分为吸附气的稳定解吸与不稳定解吸作用，在建立渗流模型时可以通过在气体渗流的连续性方程添加源（汇）项的方法来描述煤层吸附气解吸作用对煤层气渗流过程的影响[35]。然而鉴于模型的非线性，其未能应用于煤层气井的生产数据分析中。本节将在这些研究基础上，主要考虑煤层吸附气的不稳定解吸作用，建立了线性化的煤层气直井的径向渗流模型，并求得了模型的数值解。由此为评价煤层吸附气解吸能力的生产数据分析提供了渗流模型的理论基础。

煤层气开发现场数据通常为变流量生产数据，且存在一定误差。基于 Duhamel 原理[14]的反褶积不仅可以将变流量生产数据转化为相同渗流条件下的单位流量下的生产数据，进而可以基于内边界定流量的渗流模型进行拟合分析；还能有助于消除数据误差影响，提高生产数据的拟合效果[1]。目前，压力反褶积算法研究已较为成熟[123-129,140]，代表性的反褶积算法主要包括 von Schroeter 算法[123,124]、Levitan 算法[125-127]、Ilk 算法[128,129]及其改进算法[140]。鉴于本节所建立的线性渗流模型满足 Duhamel 原理，将基于二阶 B 样条的改进 Ilk 反褶积算法[140]（即本书第 2 章或第 3 章单位流量下的压力反褶积算法）引入到煤层气直井生产数据分析方法的研究中。反褶积技术应用[1,102]也是本节煤层气直井生产数据分析方法较以往研究方法的先进之处。

5.2.1　考虑吸附气不稳定解吸的煤层气直井渗流模型

1. 物理模型

在煤层气排采的末期阶段，煤层中基本不存在可流动的水，煤层气井只产出气体。具有封闭边界 r_e 的煤层气藏中心一口直井定气体流量生产，煤层可看作为单一均匀介质[1,35,40,41]，煤层中流动为单相气渗流（图 5.2）；生产过程中当煤层压力下降至临界解吸压力 p_c 后煤层吸附气会解吸出来作为物质供给。假定临界解吸压力 p_c 与该生产阶段初始地层压力 p_{ini} 非常接近，即 $p_c \approx p_{ini}$，则可近似认为该生产阶段气井开始生产后，在整个煤层气藏区域内均发生吸附气的解吸作用。

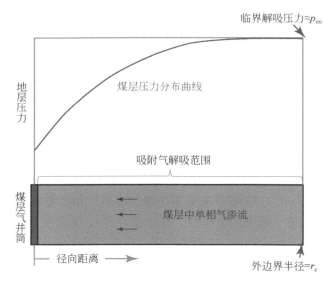

图 5.2　煤层中单相气径向渗流示意图

2. 数学模型

煤层中发生的吸附气解吸包括吸附气的稳定解吸和不稳定解吸[1,35,38,40,41,147-149]，总的解吸量 q_d 可表示为

$$q_d = \alpha_1 + \alpha_2(m_c - m) \tag{5.1}$$

式中，α_1 为稳定解吸系数[1,35,38,40,41,147-149]，其物理意义为单位外表体积岩石每秒所解吸的稳定气量，单位为（标）$m^3/(m^3 \cdot s)$；α_2 则为不稳定解吸系数[1,35,38,40,41,147-149]，其物理意义为煤层拟压力每降低一个 MPa，单位外表体积岩石每秒所解吸的气量，单位为（标）$m^3/(MPa \cdot m^3 \cdot s)$；$m$ 为气体拟压力，m_c 为临界解吸压力 p_c 所对应的气体拟压力，单位均为 MPa。此处，气体拟压力函数的定义为[1]

$$m = \frac{\mu_0 Z_0}{p_{ini}} \int_0^p \frac{p}{\mu Z} dp \tag{5.2}$$

式中，p 为地层压力；p_{ini} 为初始地层压力；μ 为气体黏度；μ_0 为初始条件下的气体黏度；Z 为气体偏差因子；Z_0 为气藏初始条件下的偏差因子。

为了保持渗流模型的线性特征进而能应用于生产数据分析，主要考虑了煤层吸附气的不稳定解吸作用，吸附气量线性依赖于临界解吸拟压力与气体拟压力的差值[1,35,40,41]，即 $q_d \approx \alpha_2(m_c - m)$。实际上，模型线性化后，$\alpha_2$ 可看作为一个新的表征煤层气综合解吸能力大小的平均化参数。

根据上述煤层气渗流的物理模型描述，主要考虑渗流过程中煤层吸附气的不稳定解吸作用，建立了线性化的考虑煤层吸附气解吸作用的单相气直井的径向渗流模型。其中，控制方程为[1,38,147-149]

$$\frac{\partial^2 P_D}{\partial r_D{}^2} + \frac{1}{r_D} \cdot \frac{\partial P_D}{\partial r_D} + \alpha_D \cdot P_D = \frac{\partial P_D}{\partial t_D} \tag{5.3}$$

初始条件：

$$P_D \big|_{t_D=0} = 0 \tag{5.4}$$

考虑井筒储集和表皮效应的定流量内边界条件[1]：

$$C_D \cdot \frac{dP_{WD}}{dt_D} - \frac{\partial P_D}{\partial r_D} \bigg|_{r_D=1} = 1 \tag{5.5}$$

$$P_{WD} = \left(P_D - S \cdot \frac{\partial P_D}{\partial r_D} \right) \bigg|_{r_D=1} \tag{5.6}$$

封闭外边界条件：

$$\frac{\partial P_D}{\partial r_D} \bigg|_{r_D=R_e} = 0 \tag{5.7}$$

式中，r_D 为无因次距离；t_D 为无因次时间；P_D 为无因次压力；C_D 为无因次井筒储集系数；S 为表皮系数；P_{WD} 为无因次井底压力；α_D 为无因次不稳定解吸系数；R_e 为无因次外边界半径。无因次变量定义如下：

$$P_{WD} = \frac{2\pi Kh}{qB_0\mu_0}(m_0 - m_w); \quad r_D = \frac{r}{r_w}; \quad t_D = \frac{K}{c_t\varphi\mu_0 r_w{}^2}t; \quad C_D = \frac{C}{2\pi c_t\varphi h r_w{}^2}; \quad P_D = \frac{2\pi Kh}{qB_0\mu_0}(m_0 - m);$$

$$\alpha_D = -\frac{r_w^2 \mu_0}{K} \cdot B_0 \cdot \alpha_2; B_0 = \frac{Z_0 p_{sc} T}{p_{ini} T_{sc}}; R_e = \frac{r_e}{r_w}; c_t = c_g + c_p \circ$$

在无因次变量的定义中，K 为煤层渗透率；r_w 为井筒半径；h 为煤层厚度；C 为井筒储集系数；m_0 为初始地层压力所对应的拟压力；m_c 为临界解吸压力所对应的拟压力，约等于 m_0；T_{sc} 为气体在标准状态下的温度；p_{sc} 为气体在标准状态下的压力；q 为标准状态下的气体流量；m_w 为拟井底压力；c_g 为煤层气的等温压缩系数；c_p 为孔隙压缩系数；c_t 为综合压缩系数；ϕ 为煤层孔隙度；B_0 为气体体积系数。另外，无因次变量计算时，有量纲参数值应首先转化在统一的达西单位制下。

3. 模型求解方法

由于模型解析解较难求出，采用有限差分方法进行数值求解。在建立差分格式前，首先对模型变量 r_D 作空间变换[1] $x = \ln r_D$；则渗流模型方程式（5.3）~（5.7）可依次转化为

$$\frac{\partial^2 P_D}{\partial x^2} + \alpha_D \cdot P_D \cdot e^{2x} = \frac{\partial P_D}{\partial t_D} \cdot e^{2x} \tag{5.8}$$

$$P_D(x, t_D)\big|_{t_D=0} = 0 \tag{5.9}$$

$$C_D \cdot \frac{dP_{WD}}{dt_D} - \frac{\partial P_D}{\partial x}\bigg|_{x=0} = 1 \tag{5.10}$$

$$P_{WD} = P_D - S \cdot \frac{\partial P_D}{\partial x}\bigg|_{x=0} \tag{5.11}$$

$$\frac{\partial P_D}{\partial x}\bigg|_{x=\ln(R_e)} = 0 \tag{5.12}$$

然后采用稳定的全隐式有限差分方法对转化后的模型进行数值求解。其中，一阶导数采用一阶向前差分，二阶导数采用二阶中心差分[1,148,149]；式（5.8）~（5.12）的差分方程依次为

$$\frac{P_{Di-1}^{j+1} - 2 \cdot P_{Di}^{j+1} + P_{Di+1}^{j+1}}{(\Delta x)^2} + \alpha_D \cdot P_{Di}^{j+1} \cdot e^{2i \cdot \Delta x}$$
$$= \frac{P_{Di}^{j+1} - P_{Di}^{j}}{\Delta t} \cdot e^{2i \cdot \Delta x} (i = 1, 2, \cdots, N-1) \tag{5.13}$$

$$P_{Di}^0 = 0 (i = 0, 1, 2, \cdots, N-1) \tag{5.14}$$

$$C_D \cdot \frac{P_{WD}^{j+1} - P_{WD}^{j}}{\Delta t} - \frac{P_{D1}^{j+1} - P_{D0}^{j+1}}{\Delta x} = 1 \tag{5.15}$$

$$P_{WD}^{j+1} = P_{D0}^{j+1} - S \cdot \frac{P_{D1}^{j+1} - P_{D0}^{j+1}}{\Delta x} \tag{5.16}$$

$$P_{DN}^{j+1} = P_{DN-1}^{j+1} \qquad (5.17)$$

式中，i 代表空间网格标号；j 代表时间标号；Δt 为时间步长；Δx 为空间步长；N 为空间网格总数。式（5.13）及式（5.15）～（5.17）共同构成了第 $j+1$ 时间层的 $N+2$ 个线性差分方程，含有 $N+2$ 个未知变量：P_{Di}^{j+1}（$i=0$，$\cdots$，N）和 P_{WD}^{j+1}，采用列主元三角分解法[1,154]对线性方程组进行数值求解。再利用变换式 $r_D = e^x$，最终可求得考虑吸附气不稳定解吸作用的煤层气直井渗流模型的数值解。

4. 参数的敏感性分析

图 5.3 为利用数值计算结果所作出的无因次不稳定解吸系数 α_D 对瞬时无因次井底压力及压力导数双对数特征曲线的敏感性影响。整个特征曲线可划分为井筒储集段、径向流动段和拟稳态流动段三个阶段，如图 5.3 所示。由图 5.3 还可以看出，当 $\alpha_D = 0$ 时，即不考虑吸附气解吸作用，瞬时井底压力变化后期的特征曲线出现了由封闭边界控制的拟稳态流动阶段[105]。但随着 α_D 绝对值的增加，即吸附气解吸作用加大，无因次瞬时井底压力与压力导数特征曲线在封闭边界控制的拟稳态流动段均出现了下落趋势，两曲线间的距离变宽，不再急剧上翘收敛为一条直线。且无因次时间越大，下落幅度也越明显。这是由于吸附气解吸作用可以提供物质补给，减缓了煤层压力的降落；而且开发时间越长，地层压力下降越厉害，吸附气解吸作用越明显。

图 5.4 为无因次井筒储集系数 C_D 的敏感性影响。由图 5.4 可以看出，C_D 主要影响井筒储集阶段持续的时间范围，但不影响后期由封闭边界控制、受吸附气解吸作用影响的拟稳态流动段。因此，井筒储集效应并不影响拟稳态流动段的生产数据分析拟合。

图 5.5 为表皮系数 S 的敏感性影响。由图 5.5 可以看出，S 影响拟稳态流动段无因次井底压力的变化，但不影响拟稳态流动段无因次井底压力导数的变化。

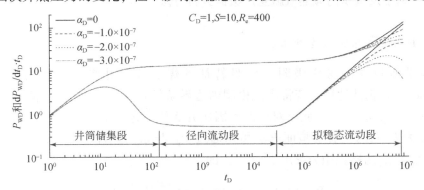

图 5.3　无因次不稳定解吸系数 α_D 的影响

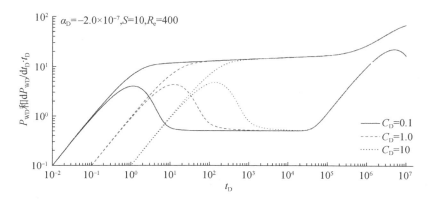

图 5.4　无因次井筒储集系数 C_D 的影响

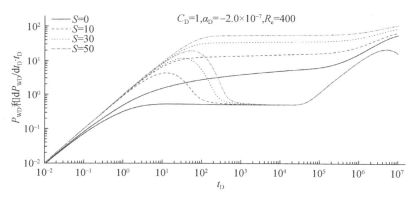

图 5.5　表皮系数 S 的影响

5.2.2　基于反褶积的煤层气藏生产数据分析方法

1. Duhamel 原理的适用性

本节所建立的考虑吸附气解吸特征的煤层气直井渗流模型为线性的，Duhamel 原理仍然适用。若将渗流模型内边界条件式（5.5）的单位流量替换为无因次变流量 $q_{D1}(t_D)$，此时对应的无因次井底压力记为 $P_{WD1}(t_D)$，无因次地层压力记为 $P_{D1}(t_D)$。容易验证 P_{WD1} 可以通过 P_{WD} 与 q_{D1} 的褶积积分求出，P_{D1} 也可通过 P_D 与 q_{D1} 的褶积积分求出[1,123,124]，即：

$$P_{WD1}(t_D) = \int_0^{t_D} q_{D1}(t_D - \tau) \frac{\partial P_{WD}(\tau)}{\partial \tau} d\tau \tag{5.18}$$

$$P_{D1}(t_D) = \int_0^{t_D} q_{D1}(t_D - \tau) \cdot \frac{\partial P_D(\tau)}{\partial \tau} d\tau \qquad (5.19)$$

因此，在所建立的煤层气直井径向渗流模型的前提下，可将反褶积应用于煤层气井的生产数据分析中。

根据无因次变量的定义，褶积方程（5.18）具有等价的有量纲形式，如下：

$$m_0 - m_{w1}(t) = -\int_0^t q_1(t - \tau) \frac{\partial m_w(\tau)}{\partial \tau} d\tau \qquad (5.20)$$

式中，m_{w1} 为与 P_{WD1} 相对应的气体拟压力；q_1 为与 q_{D1} 相对应的有量纲变流量。

2. 基于反褶积的煤层气藏生产数据分析步骤

由于工程现场的煤层气生产数据通常为变流量下的压力数据，且为非线性的；而渗流理论模型所计算出的拟压力数据为定流量的，且为线性的；在进行生产数据拟合分析时，首先需要根据式（5.2）计算气体拟压力以进行生产数据的线性化。然后基于 Duhamel 原理的褶积方程式（5.20），利用反褶积手段将其转化为定流量下的拟压力生产数据即生产数据的归一化。最后，利用所建立的渗流理论模型进行生产数据的（拟）压力特征曲线分析[105]，通过参数影响的敏感性解释出储层参数，进而可对煤层吸附气的解吸能力进行评价。基于反褶积的煤层气井生产数据分析方法的流程如图 5.6 所示。

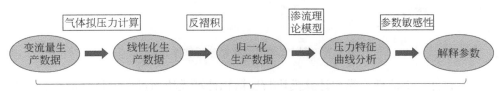

图 5.6　煤层气井生产数据分析方法的流程图

这里采用了第 2 章中计算速度快、稳定性较好的改进 Ilk 反褶积算法[140]进行生产数据的归一化，归一化的拟压力数据的导数也可同时获取。具体算法的实现过程可参见第 2 章所介绍的内容[140]。

5.2.3　实际应用

1. 煤层气直井生产数据分析应用软件

基于上述煤层气直井的生产数据分析方法开发了应用软件，软件界面如图 5.7 所示。将生产数据导入时，软件自动计算气体的拟压力。界面左侧为模型计算与反褶积计算的参数输入区域。界面右侧为结果显示区域：①左上图中，点代表线性化的拟压力生产数据 m_{wl}（变流量），线代表反褶积计算过程产生的拟压力数据 m_{wl}，用以约束正则化过程中调节参数的选取[140]。②左下图为观测的流量生产数据 q_1。③右上图为双对数坐标中，渗流模型所计算出的拟压力降（m_0-m_w）与拟压力导数（$-dm_w/dt \cdot t$）特征曲线对归一化生产数据的拟合效果。④右下图为线性坐标中，渗流模型所计算出的拟压力 m_w 对归一化生产数据的拟合效果，用以降低生产数据分析参数解释的多解性。

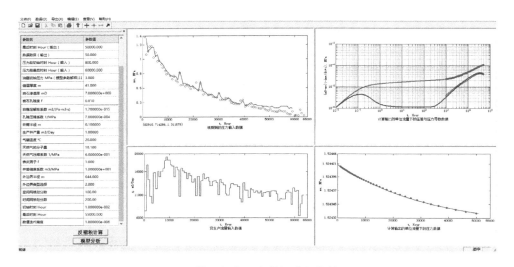

图 5.7　煤层气藏生产数据分析软件界面

　　该软件将渗流理论模型计算模块与反褶积计算模块通过压力特征曲线分析结合起来成为一个系统，使得反褶积计算参数调试[140]与特征曲线拟合过程中渗流理论模型计算参数调试可以相互约束，有助于分析出更为合理可靠的参数解释结果。

2. 煤层气藏生产数据实例

　　该算例来源于美国圣胡安盆地的 Fruitland 煤层[97]，生产直井几乎没有试井测试数据，只能通过单井有限生产数据的特征曲线分析来获取地层信息。该煤层气直井生产过程中未实施增产措施[97]。生产阶段主要产气，产水很少，已处于煤层气的排采末期；煤层中渗流为单相气流动；关于气体流量和井底压力的生产数据如图 5.8 所示，数据点时间间隔为一个月。该生产阶段煤层气藏的初始压力为 3.0MPa，气藏温度为 20℃，天然气分子量为 16.1，储层厚度为 41.0m，煤层孔隙度为 1.0%，井筒半径为 0.1m，气体压缩系数为 0.6MPa^{-1}，煤层孔隙压缩系数为 0.0007MPa^{-1}。

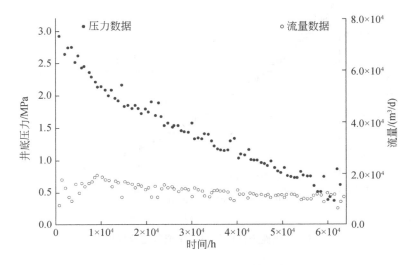

图 5.8 流量和井底压力生产数据

3. 生产数据分析结果

文献资料[97]表明该煤层气井生产数据满足第 2 章所述的反褶积应用条件[146]。于是，利用开发软件将生产数据导入后，进行基于反褶积的生产数据特征曲线分析；主要为反褶积计算参数调试以及归一化（拟）压力数据的特征曲线拟合。图 5.7 为最终的拟合结果。由图 5.7 可以看出，反褶积计算满足约束条件；反褶积计算出的单位流量下拟压力数据较为光滑，其与对应当前参数值下渗流理论模型所计算出的不仅在线性坐标中吻合较好，如图 5.9 所示（放大图），而且在双对数坐标中它们的拟压力降与拟压力导数也吻合较好，如图 5.10 所示（放大图）。

图 5.10 中还加入了不考虑吸附气解吸作用即 $\alpha_D = 0$ 时渗流理论模型的数值解，对比反映出了煤层吸附气解吸作用下的特征曲线响应：采用反褶积归一化的拟压力降与拟压力导数数据在边界控制的拟稳态流动阶段均出现下落趋势，两条数据曲线的间距变宽，甚至平行，不再急剧上翘收敛为一条直线；由渗流理论模型分析结论可推断该响应特征为煤层吸附气的解吸作用所致，可通过调试渗流理论模型中的不稳定解吸系数来进行拟合解释。

由于该算例中现场采集的生产数据间隔较长（约 720h），而井筒储集效应影响通常仅持续几个至几十个小时；从这些生产数据中难以提取井筒储集的有效信息；该算例的归一化拟压力数据在图 5.10 中仅反映出了拟稳态流动段；由于原始生产数据的间隔太长，也未能反映径向流动段。因此，采用本书中的生产数据

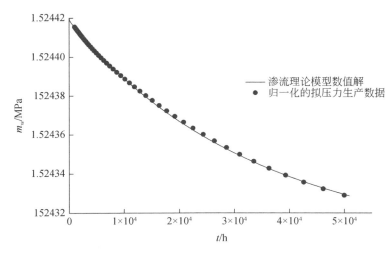

图 5.9   线性坐标中的归一化拟压力数据拟合

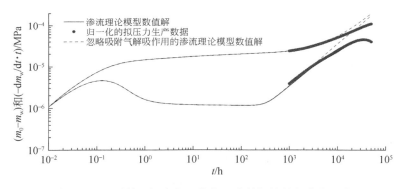

图 5.10   双对数坐标中归一化拟压力数据的特征曲线拟合

分析方法时，主要依据参数敏感性影响的分析结果对拟稳态流动段数据进行拟合分析，参数解释结果[1]见表 5.1。

文献[97]中也曾采用基于物质平衡的 Fetkovich 特征曲线分析方法[105]对该算例的生产数据进行了流量不稳定分析，但采用该方法时渗流模型并未考虑煤层吸附气解吸作用的重要影响，参数解释结果[97]见表 5.1。

表 5.1   参数解释结果的对比

拟合解释的参数	本章生产数据分析方法的解释结果	文献[97]的解释结果
煤层渗透率 k	7.0md	10.7md
表皮系数 S	1.0	0.5

拟合解释的参数	本章生产数据分析方法的解释结果	文献[97]的解释结果
不稳定解吸系数 α_2	-1.7×10^{-15}（标）m^3/(Pa·m^3·s)	*
外边界半径 r_e	644m	1000m

*表示缺省值。

通过表 5.1 中本章所介绍的生产数据分析方法与文献[97]中 Fetkovich 特征曲线分析方法的参数解释结果对比，可以看出采用本章所介绍的方法解释出了煤层吸附气的不稳定解吸系数，可以评价该煤层区块吸附气的解吸能力。然而，由于文献[97]采用 Fetkovich 特征曲线方法分析时未能考虑煤层吸附气解吸作用影响，其分析结果高估了煤层渗透率对产气的积极影响；文献[97]解释出的煤层渗透率偏高，表皮系数偏低，外边界半径偏大。由此，通过一口煤层气直井的实际生产数据分析验证了本章所提出的煤层气直井生产数据特征曲线分析方法的有效性和实用性。

鉴于所建渗流模型的线性特征，利用归一化生产数据拟合分析出的参数解释结果，可进一步通过模型的积分计算求得该煤层气井单位流量（标）生产条件下整个煤层吸附气解吸速度（标）的瞬时变化，可用来直观评估该煤层区块吸附气的解吸能力。

取径向距离 r 处的微小增量 dr；则按照不稳定解吸系数定义，r 与 $r+dr$ 之间煤层区块（图 5.11 所示的阴影部分）吸附气解吸速度 dQ_{ad} 可表示为 $-\alpha_2 \cdot (m_c - m)2\pi rhdr$。于是，整个煤层区块吸附气解吸速度 Q_{ad} 可通过积分表示为 $-\int_{r_w}^{r_e} \alpha_2 \cdot (m_c - m)2\pi rhdr$。可利用每一时间步的模型地层压力数值计算结果，采用数值方法[154]求得该积分。计算出的 Q_{ad} 如图 5.12 所示。

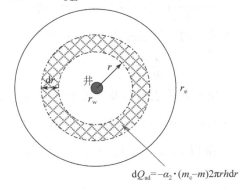

$$dQ_{ad} = -\alpha_2 \cdot (m_c - m)2\pi rhdr$$

图 5.11　整个煤层气区块吸附气解吸速度计算示意图

　　图 5.12 表明了该煤层气井流量 q 以单位流量 1.0（标）m^3/d 生产时，整个煤层吸附气解吸速度 Q_{ad} 的瞬时变化。由图 5.12 可以看出随着开采时间的增加，吸附气解吸速度逐渐增加，吸附气解吸作用对煤层气井流量的贡献逐渐增强。但增强幅度却逐渐减慢。由于煤层中存在自由气，以及在气体压缩性与孔隙弹性作用的综合影响下，整个煤层吸附气解吸速度会小于煤层气井生产的单位流量。但当煤层中渗流经长时间到达稳态时，整个煤层吸附气的解吸速度将等于煤层气井生产的单位流量，以下进行了推导验证。

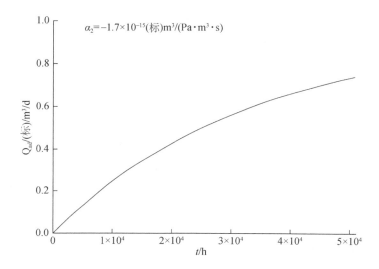

图 5.12　整个煤层气区块吸附气解吸速度的瞬时变化

　　稳态时，由于 P_D 与时间无关，控制方程式（5.3）可简化为

$$\frac{1}{r_D} \cdot \frac{\partial}{\partial r_D}(r_D \cdot \frac{\partial P_D}{\partial r_D}) + \alpha_D \cdot P_D = 0 \qquad (5.21)$$

由于 P_{WD} 也与时间无关，内边界条件式（5.5）变为

$$\left. \frac{\partial P_D}{\partial r_D} \right|_{r_D = 1} = -1 \qquad (5.22)$$

由前述吸附气解吸速度的积分表示以及无因次变量的定义，可得：

$$Q_{ad} = -\int_{r_w}^{r_e} \alpha_2 \cdot (m_c - m) \cdot 2\pi r h dr = -\int_1^{R_e} \alpha_D \cdot P_D \cdot r_D dr_D \cdot q \qquad (5.23)$$

将式（5.21）两边同乘以 r_D 然后进行积分，并结合边界条件式（5.7）和式（5.22），可得：

$$-\int_1^{R_e} \alpha_D \cdot P_D \cdot r_D dr_D = r_D \cdot \left. \frac{\partial P_D}{\partial r_D} \right|_{r_D = 1}^{r_D = R_e} = 1 \qquad (5.24)$$

于是，由式（5.23）和式（5.24）可得：$Q_{ad}=q$；即到达稳态时，整个煤层的吸附气解吸速度将等于煤层气井生产的流量。

5.2.4　小结

1）建立了煤层气排采末期阶段主要考虑吸附气不稳定解吸的煤层气直井的线性无因次渗流模型，并采用稳定的全隐式有限差分方法求得了模型的数值解。由此利用数值计算结果分析了渗流参数的敏感性影响，主要表明了煤层吸附气解吸作用会使得无因次瞬时井底压力与压力导数的双对数特征曲线在边界控制拟稳态流动阶段出现下落趋势，封闭边界控制下的两曲线间距离会变宽，不再急剧上翘收敛为一条直线。表皮效应则主要影响拟稳态流动段无因次井底压力的变化。

2）基于所建立的线性渗流理论模型以及参数的敏感性影响分析结果，采用反褶积的技术手段进行生产数据的归一化，提出了一种评价煤层吸附气解吸能力的煤层气直井生产数据的系统分析新方法，还开发了相应的生产数据分析软件。并通过实际算例验证了所提出的煤层气直井生产数据分析方法的有效性和实用性。

3）从实际煤层气井归一化生产数据的特征曲线分析中，发现了煤层吸附气解吸作用在特征曲线拟稳态流动段的典型响应特征，其与所建渗流理论模型的参数敏感性分析结果相符合。通常情况下，虽然煤层气井生产数据点的取点密度和精度均较低，仍可通过反褶积技术手段，获得受煤层边界与吸附气解吸作用共同影响下的拟稳态流动阶段（在特征曲线上）的归一化光滑数据；对这些数据进行拟合分析可以解释出煤层吸附气的不稳定解吸系数、表皮系数、煤层渗透率、外边界半径等重要参数。

4）针对特定煤层区块，给出了利用参数解释结果计算吸附气解吸作用对煤层气井单位流量贡献规律的积分计算方法。实例计算分析表明：随开采时间增加，吸附气解吸速度逐渐增加，吸附气解吸作用对煤层气井单位流量的贡献逐渐增强；由于煤层中存在自由气，以及气体压缩性与孔隙弹性的综合影响，整个煤层吸附气解吸速度小于煤层气井生产的单位流量；但当煤层中渗流经长时间到达稳态时，整个煤层吸附气解吸速度将等于煤层气井生产的单位流量。

5.3　反褶积在页岩气藏生产数据分析的实际应用

页岩气藏气体渗流规律具有特殊性和复杂性，本节主要考虑页岩气藏人工压裂的开发方式、页岩气的吸附解吸机理等重要渗流因素的影响，由此建立可靠的渗流理论模型以对页岩气的特殊渗流规律进行数学描述。鉴于页岩气藏渗流规律的非线性，为了能适用于 Duhamel 原理，通过定义"拟压力"[105,146]，并引入稳定解吸与不稳定解吸系数来表征开发过程中页岩吸附气的解吸特征，由此对页岩气的渗流理论模型进行线性化。进而由实测生产数据重新计算出时间和拟压力数据，然后再利用反褶积对其进行生产数据转化以及进行基于页岩气藏渗流规律的生产数据特征曲线分析。

5.3.1　考虑吸附气解吸的页岩气藏压裂井的双线性渗流模型

1. 物理模型

页岩气藏作为一种渗透率极低的非常规气藏，一般通过水力压裂才能获得产能；在页岩气藏压裂井的生产过程中，由于大量的水力诱导裂缝、压裂井的特殊几何形状以及页岩气藏极低的渗透率，在分析生产数据时通常没有径向流阶段的显示特征，不稳定线性流是最为显著的流动阶段[113]，也可能是特征曲线分析时仅有的流动阶段；发展可靠的方法对不稳定线性流动阶段进行生产数据分析对评估压裂效果是非常重要的。由此本节首先对页岩气纵向压裂水平井（图 5.13）、藏垂直裂缝井（图 5.14）及多段压裂水平井（图 1.11）所涉及的"双线性"渗流规律[139,155]进行了研究。

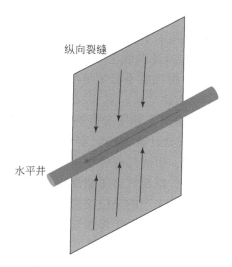

图 5.13　页岩气藏纵向压裂水平井的"双线性"渗流示意图[113]

以二维、无限大页岩气藏有限导流垂直裂缝井为基本模型，如图 5.14 所示；页岩气井经人工压裂后会产生高导流能力的垂直裂缝，扩大了页岩气的渗滤面积。本书依据 Cinco-Ley 等提出的有限导流垂直裂缝井的"双线性"渗流理

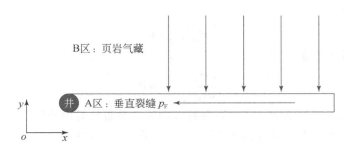

图 5.14　页岩气藏有限导流垂直裂缝井渗流模型示意图

论[139,155]，将流体在垂直裂缝与页岩气藏中形成的流动划分为两个区域，包括 B 区页岩气藏内流体流向垂直裂缝的"线性流"区域和 A 区垂直裂缝中流体流向井筒的"线性流"区域。页岩气藏开发过程中，页岩气藏 B 区的地层压力不断降低，地层压力低于临界解吸压力后，页岩气藏的压降区域内还会发生吸附气的解吸作用。A 区垂直裂缝内的流动符合达西渗流，其中，垂直裂缝内的压力表示为 p_F。

2. 数学模型

页岩气藏压裂井渗流模型的假设条件如下。

1）上下为不渗透边界、均质且各向同性的无限大页岩气藏被压开一条垂直裂缝，裂缝穿过整个地层，垂直裂缝与井筒相对称。垂直裂缝中有流体流动，沿着垂直裂缝存在压力降，垂直裂缝井模型属于有限导流模型[139,155]。

2）页岩气藏中存在单相气流动，且页岩气藏内气体流动以黏性流为主。

3）忽略重力影响，且温度恒定。

4）考虑井筒储集、垂直裂缝井表皮及裂缝处地层表皮的影响。

5）假定页岩气的解吸量与压力呈线性关系，且与时间无关，页岩气解吸作用包含稳定解吸和不稳定解吸。通过引入临界解吸压力和解吸系数，在常规的控制方程中添加恒定的源项 α_{1D}（稳定解吸）和非恒定的源项 $\alpha_{2D} \cdot (P_D - P_{cD})$（不稳定解吸）来表达页岩气的解吸作用[1,35,38,40,41,147-149]，建立考虑页岩吸附气解吸的均匀介质模型。

6）假定页岩气藏初始地层压力近似等于页岩气临界解吸压力 $P_{cD} \approx 0$。也就是说，开发时整个页岩气藏区域内存在页岩吸附气的解吸作用。

如图 5.14 所示，按坐标轴 y 方向，B 区页岩气藏内气体渗流的一维无因次控制方程为

$$\frac{\partial^2 P_D}{\partial y_D^2} + \alpha_{1D} + \alpha_{2D} \cdot P_D = \frac{\partial P_D(y_D, t_D)}{\partial t_D} \tag{5.25}$$

初始条件为

$$P_{\mathrm{D}}\big|_{t_{\mathrm{D}}=0}=0 \qquad (5.26)$$

封闭的外边界条件为

$$\frac{\partial P_{\mathrm{D}}}{\partial y_{\mathrm{D}}}\bigg|_{y_{\mathrm{D}}=R_{\mathrm{eD}}}=0 \qquad (5.27)$$

考虑地层表皮的影响，在垂直裂缝缝面处，垂直裂缝内流体压力和气藏内流体压力之间存在如下关系（即 B 区和 A 区渗流方程的联接条件）[1]：

$$P_{\mathrm{DF}}=\left(P_{\mathrm{D}}-\frac{2}{\pi}\cdot S\cdot\frac{\partial P_{\mathrm{D}}}{\partial y_{\mathrm{D}}}\right)\bigg|_{y_{\mathrm{D}}=0} \qquad (5.28)$$

式中，P_{D} 为无因次页岩气藏的地层压力；P_{cD} 为无因次页岩气的临界解吸压力；y_{D} 为 y 轴方向的无因次距离；t_{D} 为无因次时间；$\alpha_{1\mathrm{D}}$ 为无因次稳定解吸系数[1,35,38,40,41,147-149]；$\alpha_{2\mathrm{D}}$ 为无因次不稳定解吸系数[1,35,38,40,41,147-149]；S 为裂缝处的地层表皮系数；P_{DF} 为垂直裂缝内的无因次压力。

按坐标轴 x 方向，A 区垂直裂缝内流体渗流的控制方程可表示为

$$\frac{\partial^2 P_{\mathrm{DF}}}{\partial x_{\mathrm{D}}{}^2}+\frac{2}{C_{\mathrm{FD}}}\cdot\frac{\partial P_{\mathrm{D}}}{\partial y_{\mathrm{D}}}\bigg|_{y_{\mathrm{D}}=0}=\frac{1}{u_{\mathrm{D}}}\cdot\frac{\partial P_{\mathrm{DF}}}{\partial t_{\mathrm{D}}}, \quad 0\leqslant x_{\mathrm{D}}\leqslant 1 \qquad (5.29)$$

初始条件为

$$P_{\mathrm{DF}}(x_{\mathrm{D}},t_{\mathrm{D}})\big|_{t_{\mathrm{D}}=0}=0, \quad 0\leqslant x_{\mathrm{D}}\leqslant 1 \qquad (5.30)$$

考虑井筒储集的定流量内边界条件为

$$\frac{\partial P_{\mathrm{DF}}}{\partial x_{\mathrm{D}}}\bigg|_{x_{\mathrm{D}}=0}=-\frac{\pi}{C_{\mathrm{FD}}}\left(1-C_{\mathrm{D}}\cdot\frac{\mathrm{d}P_{\mathrm{WD}}}{\mathrm{d}t_{\mathrm{D}}}\right) \qquad (5.31)$$

考虑垂直裂缝井表皮效应的内边界条件为

$$P_{\mathrm{DF}}-\frac{2}{\pi}\cdot S_{\mathrm{F}}\cdot\frac{\partial P_{\mathrm{DF}}}{\partial x_{\mathrm{D}}}\bigg|_{x_{\mathrm{D}}=0}=P_{\mathrm{WD}} \qquad (5.32)$$

垂直裂缝的缝端封闭条件为

$$\frac{\partial P_{\mathrm{DF}}}{\partial x_{\mathrm{D}}}\bigg|_{x_{\mathrm{D}}=1}=0, \quad 0\leqslant x_{\mathrm{D}}\leqslant 1 \qquad (5.33)$$

式中，x_{D} 为 x 轴方向的无因次距离；S_{F} 为垂直裂缝井的表皮系数；P_{DF} 为垂直裂缝内的无因次压力；P_{WD} 为无因次井底压力；C_{FD} 为垂直裂缝井的无因次导流系数；u_{D} 为垂直裂缝的无因次水力扩散系数；C_{D} 为无因次井筒储集系数。

式（5.25）~（5.33）共同构成了页岩气藏压裂井单相气渗流的无因次数学模型。模型中无因次变量的定义如下：

$$P_{\mathrm{WD}}=\frac{2k_{\mathrm{m}}h}{q\mu_0 B_0}\cdot\frac{W_{\mathrm{F}}}{X_{\mathrm{F}}}(m_0-m_{\mathrm{w}}); \quad \alpha_{1\mathrm{D}}=-\frac{2hX_{\mathrm{F}}W_{\mathrm{F}}}{q}\cdot\alpha_1; \quad \alpha_{2\mathrm{D}}=-\frac{X_{\mathrm{F}}^2\mu_0}{k_{\mathrm{m}}}\cdot B_0\cdot\alpha_2; \quad C_{\mathrm{tm}}=$$

$C_{fm}+C_g$；$C_{tF}=C_{fF}+C_g$；$x_D=\dfrac{x}{X_F}$；$W_D=\dfrac{W_F}{X_F}$；$t_D=\dfrac{k_m}{\phi_m C_{tm}\mu_0 X_F^2}t$；$P_{DF}(x_D,t_D)=\dfrac{2k_m h}{q\mu_0 B_0}\cdot\dfrac{W_F}{X_F}\cdot$

$[m_0-m_F(x,t)]$；$C_D=\dfrac{C}{2W_F X_F\phi_m C_{tm}h}$；$C_{FD}=\dfrac{k_F W_F}{k_m X_F}$；$u_D=\dfrac{k_F\phi_m C_{tm}}{k_m\phi_F C_{tF}}$；$P_D(x_D,t_D)=\dfrac{2k_m h}{q\mu_0 B_0}\cdot$

$\dfrac{W_F}{X_F}\cdot[m_0-m(x,t)]$；$B_0=\dfrac{Z_0 p_{sc}T}{p_{ini}T_{sc}}$；$D=\dfrac{k_F}{k_m}$；$p_{cD}(x_D,t_D)=\dfrac{2k_m h}{q\mu_0 B_0}\cdot\dfrac{W_F}{X_F}\cdot[m_0-m_c]$。

在无因次变量的定义中，m_0 为初始地层压力所对应的拟压力；m_c 为临界解吸压力所对应的拟压力，约等于 m_0；α_1 和 α_2 分别为稳定解吸系数和不稳定解吸系数；C_{fm} 为页岩气藏岩石的孔隙压缩系数；C_{fF} 为垂直裂缝内多孔介质的压缩系数；C_g 为气体压缩系数；k_m 页岩气藏储层的有效渗透率；k_F 为垂直裂缝的绝对渗透率；μ_0 为初始条件下的页岩气黏度；C_{tm} 为页岩气藏内流体流动的综合压缩系数；C_{tF} 为垂直裂缝内流体流动的综合压缩系数；X_F 为垂直裂缝半长；W_F 为垂直裂缝宽度；ϕ_m 为页岩气藏储层的孔隙度；ϕ_F 为垂直裂缝内多孔介质的孔隙度；h 为页岩气藏的储层厚度；C 为井筒储集系数；p_{ini} 为原始地层压力；q 为标准状态下的气体流量；m_w 为拟井底压力；m 为页岩气藏内地层的拟压力；m_F 为垂直裂缝井内的拟压力；B_0 为气体的体积系数；T_{sc} 为气体在标准状态下的温度；p_{sc} 为气体在标准状态下的压力。另外，无因次变量计算时，有量纲参数值应首先转化在统一达西单位制下。

页岩气拟压力函数 m 的定义为[19,105,146]

$$m=\frac{\mu_0 Z_0}{p_{ini}}\int_0^p\frac{p}{\mu Z}dp \tag{5.34}$$

式中，p 为地层压力；μ 为气体黏度；Z 为气体偏差因子；Z_0 为页岩气藏初始条件下的偏差因子。

3. 模型求解方法

为了提高数值稳定性，采用全隐式有限差分方法[154]对模型进行数值求解。关于空间或时间变量的一阶导数均采用隐式一阶向前差分，关于空间变量的二阶导数采用隐式二阶中心差分。

页岩气藏内气体渗流一维无因次控制方程的差分格式为

$$\frac{P_{Di+1}^{j+1(k)}-2\cdot P_{Di}^{j+1(k)}+P_{Di-1}^{j+1(k)}}{(\Delta y_D)^2}+\alpha_{1D}+\alpha_{2D}\cdot P_{Di}^{j+1(k)}$$

$$=\frac{P_{Di}^{j+1(k)}-P_{Di}^{j(k)}}{\Delta t_D},(i=1,\cdots,N_y-1;k=0,\cdots,M_x) \tag{5.35}$$

初始条件的差分格式为

$$P_{Di}^{j(k)}=0,\quad(i=0,\cdots,N_y;\ k=0,\cdots,M_x) \tag{5.36}$$

封闭外边界条件的差分格式为

$$P_{\mathrm{D}N_y-1}^{j+1(k)} = P_{\mathrm{D}N_y}^{j+1(k)} , (k=0,\cdots,M_x) \tag{5.37}$$

联接条件的差分格式为

$$P_{\mathrm{D}0}^{j+1(k)} - \frac{2}{\pi} \cdot S_{\mathrm{M}} \cdot \frac{P_{\mathrm{D}1}^{j+1(k)} - P_{\mathrm{D}0}^{j+1(k)}}{\Delta y_{\mathrm{D}}} - P_{\mathrm{DF}k}^{j+1} = 0 , (k=0,\cdots,M_x) \tag{5.38}$$

垂直裂缝内流体渗流控制方程的差分格式为

$$\frac{P_{\mathrm{DF}k-1}^{j+1} - 2 \cdot P_{\mathrm{DF}k}^{j+1} + P_{\mathrm{DF}k+1}^{j+1}}{(\Delta x_{\mathrm{D}})^2} + \frac{2}{C_{\mathrm{FD}}} \cdot \frac{P_{\mathrm{D}1}^{j+1(k)} - P_{\mathrm{D}0}^{j+1(k)}}{\Delta y_{\mathrm{D}}} - \frac{1}{u_{\mathrm{D}}} \cdot \frac{P_{\mathrm{DF}k}^{j+1} - P_{\mathrm{DF}k}^{j}}{\Delta t_{\mathrm{D}}} = 0 , (k=1,\cdots,M_x-1)$$

$$\tag{5.39}$$

初始条件:

$$P_{\mathrm{DF}k}^{j} = 0 , (k=0,\cdots,M_x) \tag{5.40}$$

考虑井筒储集的定流量内边界条件的差分格式为

$$\frac{P_{\mathrm{DF}1}^{j+1} - P_{\mathrm{DF}0}^{j+1}}{\Delta x_{\mathrm{D}}} + \frac{\pi}{C_{\mathrm{FD}}} - C_{\mathrm{D}} \cdot \frac{\pi}{C_{\mathrm{FD}}} \cdot \frac{P_{\mathrm{WD}}^{j+1} - P_{\mathrm{WD}}^{j}}{\Delta t_{\mathrm{D}}} = 0 \tag{5.41}$$

考虑垂直裂缝井表皮效应的内边界条件的差分格式为

$$P_{\mathrm{DF}0}^{j+1} - \frac{2}{\pi} \cdot S_{\mathrm{F}} \cdot \frac{P_{\mathrm{DF}1}^{j+1} - P_{\mathrm{DF}0}^{j+1}}{\Delta x_{\mathrm{D}}} - P_{\mathrm{WD}}^{j+1} = 0 \tag{5.42}$$

缝端封闭条件的差分格式为

$$P_{\mathrm{DF}M_x-1}^{j+1} = P_{\mathrm{DF}M_x}^{j+1} \tag{5.43}$$

式中,i 代表 y 轴方向的空间网格标号;k 代表对应垂直裂缝 x 轴方向的空间网格标号;j 代表时间标号;Δt 为时间步长;Δy_{D} 为 y 轴方向的空间步长;N_y 为 y 轴方向划分的空间网格总数;M_x 为 x 轴方向划分的空间网格总数;Δx_{D} 为 x 轴方向的空间步长。图 5.15 为特定 N_y 和 M_x 值下的空间网格剖分示意图。

$N_y=4$ $M_x=5$	$P_{\mathrm{D}4}^{j+1(0)}$	$P_{\mathrm{D}4}^{j+1(1)}$	$P_{\mathrm{D}4}^{j+1(2)}$	$P_{\mathrm{D}4}^{j+1(3)}$	$P_{\mathrm{D}4}^{j+1(4)}$	$P_{\mathrm{D}4}^{j+1(5)}$
	$P_{\mathrm{D}3}^{j+1(0)}$	$P_{\mathrm{D}3}^{j+1(1)}$	$P_{\mathrm{D}3}^{j+1(2)}$	$P_{\mathrm{D}3}^{j+1(3)}$	$P_{\mathrm{D}3}^{j+1(4)}$	$P_{\mathrm{D}3}^{j+1(5)}$
	$P_{\mathrm{D}2}^{j+1(0)}$	$P_{\mathrm{D}2}^{j+1(1)}$	$P_{\mathrm{D}2}^{j+1(2)}$	$P_{\mathrm{D}2}^{j+1(3)}$	$P_{\mathrm{D}2}^{j+1(4)}$	$P_{\mathrm{D}2}^{j+1(5)}$
	$P_{\mathrm{D}1}^{j+1(0)}$	$P_{\mathrm{D}1}^{j+1(1)}$	$P_{\mathrm{D}1}^{j+1(2)}$	$P_{\mathrm{D}1}^{j+1(3)}$	$P_{\mathrm{D}1}^{j+1(4)}$	$P_{\mathrm{D}1}^{j+1(5)}$
	$P_{\mathrm{D}0}^{j+1(0)}$	$P_{\mathrm{D}0}^{j+1(1)}$	$P_{\mathrm{D}0}^{j+1(2)}$	$P_{\mathrm{D}0}^{j+1(3)}$	$P_{\mathrm{D}0}^{j+1(4)}$	$P_{\mathrm{D}0}^{j+1(5)}$
P_{WD}^{j+1}	$P_{\mathrm{DF}0}^{j+1}$	$P_{\mathrm{DF}1}^{j+1}$	$P_{\mathrm{DF}2}^{j+1}$	$P_{\mathrm{DF}3}^{j+1}$	$P_{\mathrm{DF}4}^{j+1}$	$P_{\mathrm{DF}5}^{j+1}$

图 5.15　空间网格剖分示意图

由式（5.35）～（5.43）共同构成了第 $j+1$ 时间层 $(M_x+1)(N_y+2)+1$ 个线性差分方程，含有 $(M_x+1)(N_y+2)+1$ 个未知变量包括 $P_{Di}^{j+1(k)}$ （$i=0,\cdots,N_y$; $k=0,\cdots,M_x$），$P_{\mathrm{DF}k}^{j+1}(k=0,\cdots,M_x)$ 和 P_{WD}^{j+1}，采用列主元三角分解法[1,154]对该线性方程组进行求解，最终可求得页岩气藏压裂井渗流模型的数值解。

4. 参数的敏感性分析

根据页岩气藏实际生产情况，模型基础参数数据取为：$\alpha_{1D}=0$，$\alpha_{2D}=-3\times10^{-7}$，$P_{cD}=0$，$C_D=0.001$，$S=1.0$，$S_F=1.0$，$u_D=50$，$C_{FD}=1000$，$R_{eD}=1000$。

采用上述基础参数数据作为输入数据，进行页岩气藏压裂井"双线性"渗流模型的计算。图 5.16 为利用数值计算结果所作出的无因次瞬时井底压力与压力导数的双对数特征曲线图版。

由图 5.16 可以看出，页岩气藏有限导流压裂井渗流模型的无因次瞬时井底压力与压力导数特征曲线依次表现出了四个典型的流动阶段，包括：①初期的井筒储集阶段。②"双线性"流动阶段（垂直裂缝井内和页岩气藏内）。③"线性"流动阶段（页岩气藏内）。④由封闭边界控制的拟稳态流动段，也是主要受页岩气解吸作用影响下的流动阶段，但在该阶段由于页岩吸附气的解吸作用，无因次瞬时井底压力与压力导数特征曲线在封闭边界控制的拟稳态流动段均出现了下落趋势，两曲线间的距离变宽，不再急剧上翘收敛为一条直线。此外，"双线性"流动阶段的压力导数曲线斜率值[19]为 1/4，而"线性"流动阶段的压力导数曲线斜率[19]为 1/2，如图 5.16 所示。

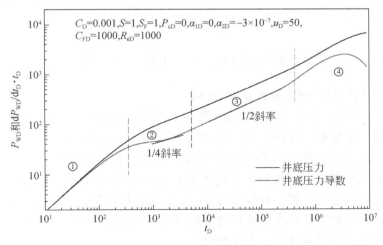

图 5.16　页岩气藏有限导流压裂井的无因次瞬时井底压力及压力导数曲线图版

还利用数值计算结果分析了无因次井筒储集系数 C_D、页岩气稳定解吸系数 α_{1D}、页岩气不稳定解吸系数 α_{2D}、无因次导流系数 C_{FD}、裂缝处地层表皮系数 S 对无因次瞬时井底压力及压力导数双对数特征曲线的影响。

（1）无因次井筒储集系数 C_D 的影响

图 5.17 表明了无因次井筒储集系数 C_D 对无因次瞬时井底压力及压力导数的双对数特征曲线的影响。由图 5.17 可以看出，无因次井筒储集系数 C_D 主要影响无因次瞬时井底压力及压力导数特征曲线井筒储集段（直线段）的长短；无因次井筒储集系数 C_D 越大，井筒储集段持续的范围越长，也会掩盖垂直裂缝井内和页岩气藏内同时发生的"双线性"流动，使斜率值为 1/4 的压力导数特征曲线变得不明显。

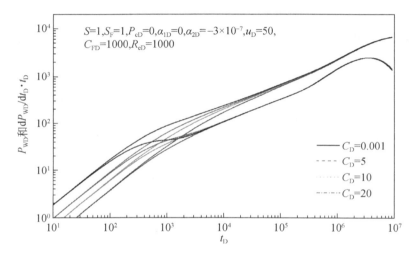

图 5.17　无因次井筒储集系数 C_D 对无因次瞬时井底压力及压力导数的影响

（2）页岩气稳定解吸系数 α_{1D} 的影响

图 5.18 表明了页岩气稳定解吸系数 α_{1D} 对无因次瞬时井底压力及压力导数双对数特征曲线的影响。由图 5.18 可以看出页岩气不稳定解吸系数 α_{1D} 主要影响无因次瞬时井底压力及压力导数特征曲线的中后期，包括页岩气藏内的"线性"流动阶段和后期页岩吸附气解吸作用主要影响下的流动阶段。α_{1D} 值越大代表页岩气的稳定解吸能力越强，解吸出的页岩气补充到页岩气藏中，减缓了地层压力的降落，在双对数特征曲线上表现为中后期无因次瞬时井底压力及压力导数的整体下降，且无因次时间越长，下降越明显。

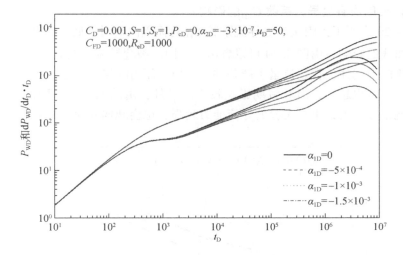

图 5.18　稳定解吸系数 α_{1D} 对无因次瞬时井底压力及压力导数的影响

（3）页岩气不稳定解吸系数 α_{2D} 的影响

图 5.19 表明了页岩气不稳定解吸系数 α_{2D} 对无因次瞬时井底压力及压力导数的双对数特征曲线的影响。由图 5.19 可以看出页岩气不稳定解吸系数 α_{2D} 主要影响无因次瞬时井底压力及压力导数特征曲线的后期。α_{2D} 值越大代表页岩气不稳定解吸能力越强，解吸出的页岩气会补充到页岩气藏中，减缓了地层压力的降落，在双对数特征曲线上表现为无因次瞬时井底压力及压力导数的回落。

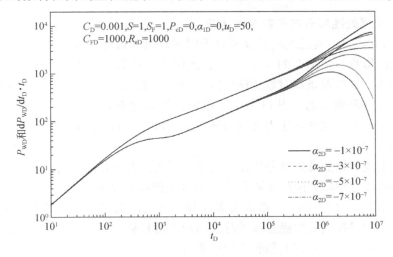

图 5.19　不稳定解吸系数 α_{2D} 对无因次瞬时井底压力及压力导数的影响

（4）无因次裂缝导流系数 C_{FD} 的影响

图 5.20 表明了无因次裂缝导流系数 C_{FD} 对无因次瞬时井底压力及压力导数的双对数曲线的影响。由图 5.20 可以看出，无因次裂缝导流系数 C_{FD} 越大，垂直裂缝的导流能力越强，在定流量生产条件下，地层压力降将会变小，无因次井底压力及压力导数也越小，但对后期影响较小。另外，由图 5.20 还可看出，无因次裂缝导流系数越大，垂直裂缝的导流能力越强，也会减弱井筒储集效应的影响。

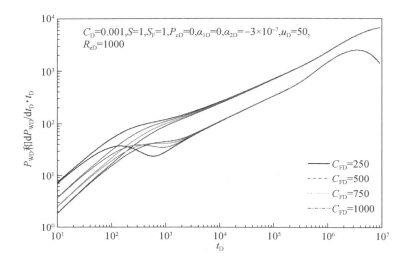

图 5.20　无因次裂缝导流系数 C_{FD} 对无因次瞬时井底压力及压力导数的影响

（5）裂缝处地层表皮系数 S 的影响

图 5.21 表明了地层表皮系数 S 对无因次瞬时井底压力及压力导数的双对数特征曲线的影响。由图 5.21 可以看出，地层表皮系数 S 主要影响无因次瞬时井底压力和压力导数两条双对数特征曲线"开口"的宽度；地层表皮系数 S 越大，井筒储集段后两曲线的"开口"宽度越窄；然而随着时间增加，不同地层表皮系数 S 值下的无因次井底压力及压力导数双对数特征曲线逐渐合并，地层表皮系数 S 值的影响减弱。

通过上述参数的敏感性分析还可看出，无因次瞬时井底压力及压力导数的双对数特征曲线在中后期阶段主要受到页岩气无因次稳定解吸系数 α_{1D} 和无因次不稳定解吸系数 α_{2D} 的影响，会造成无因次瞬时井底压力与压力导数的双对数特征曲线在封闭边界控制的拟稳态流动阶段出现下落趋势，封闭边界控制下的两曲线间距离会变宽，不再急剧上翘收敛为一条直线。

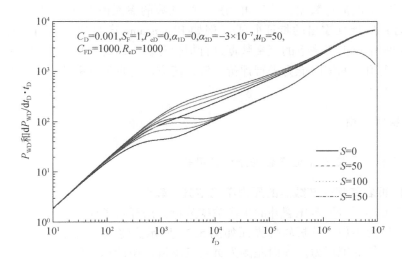

图 5.21　地层表皮系数 S 对无因次瞬时井底压力及压力导数的影响

5.3.2　基于反褶积的页岩气藏生产数据分析方法

1. Duhamel 原理的适用性

本节所建立的考虑页岩吸附气稳定解吸与不稳定解吸作用的页岩气藏压裂井的渗流模型为拟线性的。此处我们假定 Duhamel 原理对该渗流模型（拟）压力与流量的关系仍是适用的。因此，在本节所建渗流模型的前提下，可将反褶积应用于页岩气藏的生产数据分析中。

2. 基于反褶积的页岩气藏生产数据分析步骤

工程现场页岩气藏的生产数据通常为变流量下的压力数据，且为非线性的；而渗流理论模型所计算出的为定流量下拟压力数据，且为线性的；在进行生产数据拟合分析时，首先需要根据式（5.34）计算气体拟压力以进行生产数据的线性化。然后基于 Duhamel 原理的褶积方程式（5.20），利用在第 2 章或第 3 章中建立的压力反褶积算法将其转化为定流量下的拟压力生产数据即生产数据的归一化。最后，再利用所建立的页岩气渗流理论模型进行生产数据的压力特征曲线分析[19,105]，通过参数影响的敏感性解释出储层参数，进而可对页岩吸附气的解吸能力进行评价。该系统分析方法为页岩气藏生产数据的压力不稳定分析方法。

另外，通过计算拟压力对生产数据进行线性化后，还可以基于 Duhamel 原理的褶积方程式（4.1），利用在第 4 章已建立的流量反褶积算法将生产数据转化为单位拟压降下的流量数据，然后再利用页岩气藏的渗流模型（内边界为定（拟）井底压力）所计算输出的特征曲线（例如 Blasingame 产量递减分析特征曲线），对转化后的单位拟压降下的流量数据进行拟合分析，以解释出储层参数；进而也可对页岩吸附气的解吸能力进行评价。该系统方法为页岩气藏生产数据的流量不稳定分析方法。

5.3.3　实际应用

1. 页岩气藏压裂井生产数据分析应用软件

（1）页岩气藏生产数据的压力不稳定分析软件

基于上述页岩气藏压裂井的生产数据分析方法开发了应用软件。页岩气藏生产数据的压力不稳定分析软件界面如图 5.22 所示。将生产数据导入时，软件自动计算页岩气的拟压力。界面左侧为页岩气渗流模型计算与压力反褶积计算的参数输入区域。界面右侧为结果显示区域：①左上图中，显示线性化的（变流量下）拟压力生产数据以及反褶积计算过程产生的拟压力数据，两组数据的对比可以用以约束正则化过程中调节参数的选取。②左下图显示观测的流量生产数据。③右上图显示定流量下页岩气藏渗流模型所计算出的拟压力降与压力导数双对数特征曲线对归一化生产数据的拟合效果。④右下图显示定流量下页岩气渗流模型所计算出的拟压力对归一化生产数据的拟合效果，用以约束来降低生产数据分析参数解释的多解性。

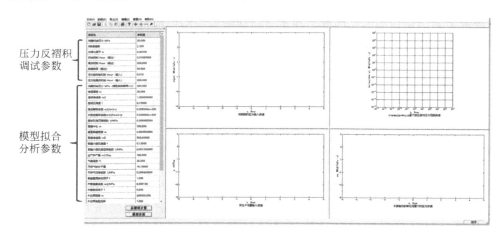

图 5.22　页岩气藏生产数据的压力不稳定分析软件界面

该软件将页岩气渗流理论模型（内边界定流量）的计算模块与压力反褶积

计算模块通过压力特征曲线分析结合起来成为一个系统，使得压力反褶积计算过程的参数调试[140]与特征曲线拟合过程中渗流理论模型计算的参数调试可以相互约束，有助于分析出更为合理可靠的参数解释结果。

（2）页岩气藏生产数据的流量不稳定分析软件

页岩气藏生产数据的流量不稳定分析软件界面如图 5.23 所示。界面左侧为页岩气渗流模型计算与流量反褶积计算的参数输入区域。界面右侧为结果显示区域：①输入的变压力下的流量数据与流量反褶积计算结果中由二阶 B 样条函数的线性组合积分模拟所计算出的各观测时间点对应的流量数据均在左上图中显示，通过两组数据的对比可以对反褶积计算的参数调试进行约束。②该软件中也包含了气体拟压力的计算功能，在进行气井的生产数据分析时，导入的气体压力数据将自动折算为拟压力数据，并在左下图中显示。③针对流量反褶积计算输出的单位拟压降下的流量数据与定拟井底压力下的页岩气渗流模型所计算出的流量数据，它们的产量递减分析参数均在右上图的双对数坐标中显示；此处我们采用了 Blasingame 产量递减分析方法[105]进行生产数据的流量不稳定分析；可通过实时观察产量递减特征曲线的拟合情况，进行渗流理论模型计算参数的下一步调试。④定拟井底压力下的页岩气藏渗流模型所计算输出的流量数据与经流量反褶积计算转化后的单位拟井底压降下的流量数据的对比也在右下图中的线性坐标中显示，可以更为严格地检验不稳定流量数据的拟合效果，降低模型解释的多解性。

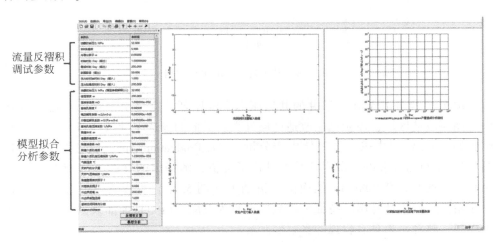

图 5.23　页岩气藏生产数据的流量不稳定分析软件界面

该软件也将页岩气渗流理论模型（内边界定（拟）井底压力）的计算模块与流量反褶积计算模块通过流量特征曲线分析结合起来成为一个系统，使得流量反褶积计算过程的参数调试与 Blasingame 产量递减分析中渗流理论模型计算的参数调试可以相互约束，有助于分析出更为合理可靠的参数解释结果。

　　2. 页岩气藏生产数据实例

　　该算例来源于美国 Barnett 页岩气藏一口井的持续了 32 个月的生产数据[108]，该页岩气井为压裂井，在泄流半径内的区域为页岩储层改造区域；该页岩气井的生产数据如图 5.24 所示。页岩气藏的初始压力被估计在 27.6MPa 与 41.4MPa 之间，气藏温度为 30℃，天然气分子量为 16.1，储层厚度在 100m 左右，页岩基质孔隙度为 0.06 左右。

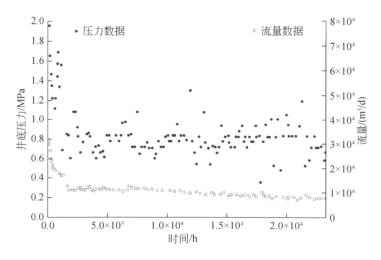

图 5.24　某页岩气井的生产数据

　　由图 5.24 可以看出，该井的井底压力下降剧烈，这是由于页岩气藏具有有限的储层改造区域，以及储层改造区域外页岩极低的渗透率导致能量无法补充而引起的。文献[108]中采用了气体生产分析（Gas Production Analysis）方法直接对图 5.24 中页岩气井的离散生产数据进行了分析，解释出的（改造区域内的）储层有效渗透率为 0.008md；然而由分析结果（图 5.25）可以看出，数据分析时由原始生产数据计算出的特征参数数据点较为发散，压力特征曲线的拟合效果并不理想，解释结果具有较强的多解性。

　　现在利用我们开发的页岩气藏生产数据的分析软件分别对该页岩气井的生产数据进行压力不稳定分析和流量不稳定分析；且采用本节页岩气藏压裂井的"双线性"渗流理论模型进行生产数据的拟合分析。

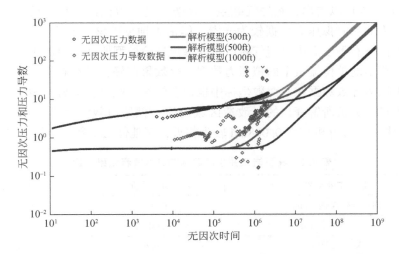

图 5.25　气体生产分析方法的拟合结果[108]

3. 生产数据分析结果

(1) 页岩气藏生产数据的压力不稳定分析结果

首先，利用页岩气藏的生产数据分析软件进行该页岩气井生产数据的压力不稳定分析。由于生产数据中压力数据的起点为 141.64h，反褶积计算输出的压力数据的时间范围设置为 200~22000h。进行相关的参数调试后，页岩气藏生产数据压力不稳定分析的解释结果如图 5.26 所示。

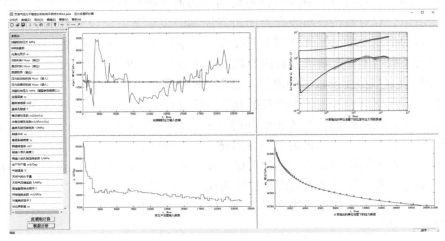

图 5.26　某页岩气井生产数据的压力不稳定分析结果

由图 5.26 可以看出，页岩气藏生产数据经过反褶积计算转化后，计算出的单位流量下的瞬时拟压力数据较为光滑，能清晰地反映该气井生产的压降规律；当前参数值下右下子图中页岩气藏压裂井渗流理论模型所计算出的拟压力数据与反褶积计算出的单位流量下的拟压力数据拟合效果较好，且在右上子图中拟井底压力与拟压力导数数据在双对数坐标中也拟合较好；此时，页岩气藏生产数据进行压力不稳定分析所解释出的（改造区域内的）储层有效渗透率为 0.01md，与文献[108]中的拟合分析结果 0.008md 较为相近；其他储层参数解释结果见表 5.2。

表 5.2　某页岩气井生产数据的参数解释结果对比

拟合主要参数	压力不稳定分析方法	流量不稳定分析方法
储层有效渗透率/md	0.01	0.01
裂缝渗透率/md	500	500
基岩孔隙度	0.066	0.069
裂缝半长/m	60	60
裂缝宽度/m	0.004	0.004
裂缝壁面表皮系数	2.0	2.2
稳定解吸系数/((标)m^3/(m^3·s))	-3.6×10^{-13}	-1.23×10^{-13}
不稳定解吸系数/((标)m^3/(Pa·m^3·s))	-2.9×10^{-16}	-1.19×10^{-16}
外边界距离/m	870	595

从实际页岩气藏压裂井归一化生产数据的特征曲线分析中，发现了页岩吸附气解吸作用在双对数特征曲线拟稳态流动段的典型响应特征，如图 5.26 中的右上子图所示；双对数特征曲线在封闭边界控制的拟稳态流动段出现了下落趋势，两曲线间的距离变宽，不再急剧上翘收敛为一条直线；这与所建渗流理论模型的稳定解吸系数与不稳定解吸系数两参数的敏感性分析结果是相符合的。

（2）页岩气藏生产数据的流量不稳定分析结果

我们再利用页岩气藏的生产数据分析软件进行了该页岩气井生产数据的流量不稳定分析；仍采用页岩气藏压裂井的"双线性"渗流模型（内边界为定压力生产）进行计算拟合。以天为单位分别导入流量数据和压力数据，然后按照与压力不稳定分析中同样的方法调试反褶积计算参数以及理论模型的计算参数，并将页岩气藏渗流模型所计算出的理论特征曲线与反褶积计算所输出的单位拟井底压降下流量数据的特征数据曲线进行拟合；该页岩气藏生产数据的最终拟合分析结果如图 5.27 所示。

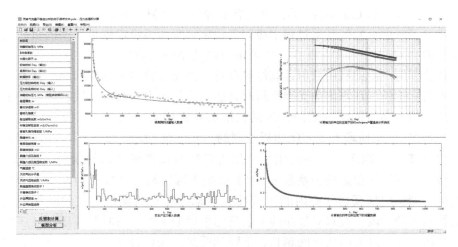

图 5.27　某页岩气井生产数据的流量不稳定分析结果

由图 5.27 中的右下子图可以看出，页岩气藏生产数据经过反褶积计算转化后，计算出的单位拟井底压降下的瞬时流量数据非常光滑，能清晰地反映页岩气井生产的流量递减规律；且与渗流理论模型计算出的流量数据有很高的拟合度，降低了参数解释的多解性。并且由这两组流量数据计算出的 Blasingame 产量递减分析特征数据曲线在右上子图的双对数坐标中也拟合较好。页岩气藏生产数据进行流量不稳定分析最终解释出的储层有效渗透率值为 0.01md，表皮系数为 2.0，与本章压力不稳定分析方法及文献[108] 的拟合解释结果相近；还分析出了其他的储层参数解释结果，见表 5.2。此外，由分析出的井控半径参数值对比（表 5.1和表 5.2）可知，页岩气藏中的井控半径远小于煤层气藏中的井控半径，很难到达边界控制的流动阶段，因而减弱了吸附气解吸作用对页岩气压裂井生产数据特征曲线后期阶段的影响。这是由于页岩气藏极低的渗透性造成地层能量传播缓慢所引起的，这与页岩气藏开发现场的实际情况相符合。

另外，本章算例中，采用所建立的煤层气、页岩气渗流模型进行生产数据的拟合分析时，考虑吸附气稳定解吸与不稳定解吸关键因素影响（主要为不稳定解吸）的煤层气、页岩气渗流模型均为（或接近于）线性化模型；由此，我们认为采用所建立的煤层气、页岩气渗流模型对通过（拟）压力反褶积和流量反褶积计算出的生产数据进行拟合分析是可行的。

5.3.4　小结

1）鉴于页岩气藏极低的渗透率，页岩气井经压裂后在地层中会形成最为显著的不稳定"线性"流动阶段，该阶段的生产数据分析对评估压裂效果非常重要。由此本节依据 Cinco-Ley 等提出的有限导流垂直裂缝井的"双线性"渗流理论，建立了考虑页岩气开采过程中吸附气稳定解吸与不稳定解吸作用的页岩气藏压裂井的"双线性"渗流模型，并采用稳定的全隐式有限差分方法求得了该模型的数值求解。由此利用数值计算结果分析了渗流参数的敏感性影响。计算结果研究表明：①模型计算出的无因次瞬时井底压力与压力导数双对数特征曲线依次表现出了四个典型的流动阶段，包括初期的井筒储集阶段、"双线性"流动阶段、"线性"流动阶段和受封闭边界控制的拟稳态流动段。②无因次井筒储集系数 C_D 主要影响无因次瞬时井底压力及压力导数特征曲线井筒储集段（直线段）的长短。③页岩气稳定解吸系数 α_{1D} 主要影响无因次瞬时井底压力及压力导数曲线的中后期，包括页岩气藏内的"线性"流动阶段和后期页岩气解吸作用主要影响下的流动阶段，在双对数曲线上表现为中后期无因次瞬时井底压力及压力导数的整体下降，且无因次时间越长，下降越明显。④页岩气不稳定解吸系数主要影响无因次瞬时井底压力及压力导数双对数特征曲线的后期，在特征曲线上表现为无因次瞬时井底压力及压力导数的回落。⑤无因次裂缝导流系数 C_{FD} 越大，垂直裂缝的导流能力越强，在定流量生产条件下，地层压力降将会变小，无因次井底压力及压力导数也越小，但对后期影响较小；垂直裂缝的导流能力越强，也会减弱井筒储集效应的影响。

2）基于所建立的考虑页岩吸附气解吸作用的"双线性"渗流理论模型以及参数的敏感性分析结果，采用已研究的反褶积技术手段进行生产数据的归一化，提出了一种主要评价页岩吸附气解吸能力的页岩气藏压裂水平井的生产数据分析系统方法，还分别开发了相应的页岩气藏生产数据分析的压力不稳定分析和流量不稳定分析软件。并通过实际算例验证了所提出的页岩气藏压裂水平井生产数据分析方法的有效性和实用性。

3）从实际页岩气井归一化生产数据的特征曲线分析中，发现了页岩吸附气解吸作用在特征曲线上的典型响应特征，其与所建渗流理论模型的参数敏感性分析结果相符合。尽管实际页岩气井生产数据点的取点密度和精度均较低，仍可通过反褶积技术手段，获得受储层封闭边界控制与吸附气解吸作用共同影响下的（特征曲线）拟稳态流动阶段的归一化光滑数据；对这些数据进行拟合分析可以解释出页岩吸附气的稳定解吸系数和不稳定解吸系数、表皮系数、页岩储层有效渗透率、外边界半径等重要参数。

5.4　本章小结

1）在本书反褶积算法以及煤层气藏、页岩气藏渗流规律（模型）研究基础上，建立了非常规气藏生产数据的特征曲线分析系统方法，包括非常规气藏生产数据的压力不稳定分析方法和流量不稳定分析方法。生产数据分析时，首先通过改进的反褶积算法将生产数据转化为单位流量下的（拟）压力数据或单位（拟）井底压降下的流量数据，然后采用建立的非常规气藏的渗流理论模型所计算出的特征曲线进行数据拟合，最终可解释出非常规气藏的储层参数。

2）所建立的基于非常规气藏渗流规律的生产数据分析方法具有两个方面的优势：①可以利用改进的反褶积算法将生产数据转化为单位流量下的（拟）压力数据或单位（拟）井底压降下的流量数据，使得生产数据与渗流理论模型的内边界条件（定流量或定（拟）井底压降）对应起来；反褶积的正则化过程还可以消除数据误差影响；在进行实测生产数据分析时可以产生比传统"归一化"方法光滑得多的特征数据曲线，因而可以显著提高数据的拟合效果，降低解释结果的不确定性。②所采用的非常规气藏渗流模型主要考虑了煤层气藏、页岩气藏开发过程中吸附气解吸作用的关键影响因素，生产数据分析时可以解释出这些相关的物性参数，获得了更为有效、全面的分析结果，提高了解释结果的可信度。

3）开发了非常规煤层气藏、页岩气藏生产数据的系统分析软件；采用该软件进行生产数据分析时，可以同时调试反褶积计算参数和渗流理论模型计算参数，并通过直观的视图显示来检测数据的拟合效果，提高了生产数据的分析效率；并利用该分析软件分别成功解释了一口煤层气井和一口页岩气压裂井的现场生产数据。

第 6 章　结论及展望

6.1　结　　论

本书围绕反褶积方法及其在非常规气藏生产数据分析中的应用研究，取得了以下结论。

6.1.1　生产数据转化的反褶积算法研究方面

本书中反褶积算法研究为非常规气藏渗流理论模型更为高效地应用于实测生产数据分析提供了一种有效手段，研究结论如下。

1）通过按照实际流量历史进行分段积分的处理技巧以及快速解析求解积分的方法，改进了 Ilk 基于二阶 B 样条的单位流量下井底压力反褶积计算方法[128,129]。使得该算法在计算速度和计算复杂性（避免数值反演困难）方面得到了根本改善。同时改进的算法保持着较高的计算精度和稳定性。另外，还通过引入 von Schroeter 等反褶积算法中的"曲率最小化"思想，增加了相应的非线性约束条件，进一步进行了压力导数数据曲线的光滑化（适用于处理精度相对较高的试井数据）。在数据量较大时，本书中改进的反褶积算法在计算速度上比 von Schroeter 反褶积算法和 Levitan 反褶积算法有着很大优势。

2）类比改进的单位流量下的压力反褶积算法，改进了 Ilk 基于二阶 B 样条的流量反褶积算法[18]。特别地，采用了瞬时流量数据代替了原 Ilk 反褶积算法中所采用的累积流量数据进行反褶积计算，获得了更为准确、稳定的计算结果。

3）分别开发了单位流量下的井底压力反褶积计算软件和单位压降下的流量反褶积计算软件，并通过实际油田算例详细说明了软件的具体使用过程，特别是在正则化过程中如何选取光滑化因子和二阶 B 样条函数基数以有效克服数据误差的影响方面。

4）通过流量反褶积的理论以及实际的应用算例论证了油气井原始生产数据在经过反褶积处理转化为单位井底压力差下的流量数据后，在产量递减分析中会获得更多的数据信息量，从而产生更好的数据拟合效果，大大降低了参数解释结果的不确定性，而且数据误差对产量递减分析影响的敏感性也会减弱。

5）虽然产量递减分析中流量不稳定分析的生产数据精度远低于试井解释中

压力不稳定分析的数据精度[105]，但由于流量不稳定分析不像压力不稳定分析时需要计算（瞬时压力）导数，数据误差对产量递减分析影响的敏感性相对较低，因而反褶积仍然可以有效地应用于生产数据的产量递减分析中；反褶积在产量递减分析技术（流量不稳定分析）中所起到的重要作用不亚于其在试井解释技术（压力不稳定分析）中的作用。

6.1.2 反褶积在非常规气藏生产数据分析中的应用研究方面

基于建立的非常规气藏渗流理论模型，本书进行了反褶积方法在非常规气藏生产数据分析中的应用研究，得到了以下结论。

1）基于所建立的主要考虑吸附气解吸作用的煤层气藏、页岩气藏渗流模型，利用改进的反褶积算法进行生产数据转化，建立了非常规气藏生产数据的特征曲线分析方法，包括非常规气藏生产数据的压力不稳定分析方法和流量不稳定分析方法。生产数据分析时，首先通过改进的反褶积算法将生产数据转化为单位流量下的（拟）压力数据或单位（拟）压降下的流量数据，然后采用建立的非常规气藏渗流理论模型所计算出的特征曲线进行数据拟合，最终可解释出非常规气藏的储层参数，进而能对煤层气藏、页岩气藏开发过程中储层吸附气的解吸能力进行评价。

2）本书所建立的非常规气藏生产数据的特征曲线分析方法具有两个方面的优势：①利用改进的反褶积算法将生产数据转化为单位流量下的（拟）压力数据或单位（拟）压降下的流量数据，使得生产数据与渗流理论模型的内边界条件（定流量或定压降）匹配起来；还可以通过反褶积的正则化过程消除生产数据误差的影响，在进行实测生产数据分析时可以获得比传统"归一化"方法光滑得多的特征数据曲线，可以显著提高数据的拟合效果，降低解释结果的不确定性。②所采用的非常规气藏渗流模型综合考虑了吸附气的解吸作用等关键渗流因素的影响，生产数据分析时可以解释出这些相关的物性参数，获得更为有效、全面的分析结果，提高了解释结果的可信度。

3）开发了煤层气藏、页岩气藏生产数据的系统分析软件；非常规气藏的生产数据分析软件可将生产数据的反褶积计算模块与渗流理论模型的计算模块通过生产数据的特征曲线分析联系起来成为一个系统，使得反褶积计算过程中的参数调试与特征曲线拟合过程中渗流理论模型计算的参数调试可以相互协调和制约，有助于分析出更为可靠的储层参数解释结果。还利用该分析软件成功解释了一口煤层气井和一口页岩气压裂井的现场生产数据。

6.2　展　　望

虽然本书对非常规油气藏开发技术所涉及的压力-流量反褶积、渗流规律（模型）及其在生产数据分析中的应用进行了全面系统的研究，但仍有一些不足之处，有待于今后做进一步的研究。

6.2.1　反褶积算法研究方面

在生产数据的压力不稳定分析中，井底压力导数的双对数曲线在反映油藏渗流特征、解释油藏物性参数等方面起着关键作用；然而反褶积算法在如何有效克服单位流量下的压力导数的反褶积计算对数据误差影响极为敏感方面仍需要进一步完善和提高。笔者建议参照 Ilk 反褶积算法基于二阶 B 样条函数线性组合来模拟压力导数，并利用变流量下的压力数据进行优化求解以确定待定参数的思路，将来可以尝试采用性质更好的样条函数组合来模拟压力导数，并进行非线性约束，进一步提高单位流量下压力反褶积计算方法的稳定性。特别地，随着永久式井下压力和流量数据测量设备的快速发展及大数据（Big Data）时代的到来，可以尝试采用机械学习（Machine Learning）的方法[156]对生产井的压力和流量数据进行挖掘、解释和预测，以有效解决反褶积、考虑井间干扰的多井反褶积计算对数据误差影响极为敏感的固有问题。

6.2.2　非常规气藏渗流规律（模型）在生产数据分析中的应用研究方面

1）实际应用算例中进行生产数据的反褶积计算时，首先通过计算气体拟压力进行线性化近似，然后通过所建立的关键考虑吸附气的稳定解吸及不稳定解吸作用影响（主要为不稳定解吸作用影响）的非常规气藏渗流模型对反褶积转化后的生产数据进行近似拟合；在将反褶积应用于非常规气藏的生产数据分析时如何通过线性化技术考虑更多其他的非线性影响因素（例如页岩气藏中微纳米尺度下的渗流特征、岩石应力敏感性等），今后需要做进一步的深入研究。

2）本书所建立的非常规气藏生产数据的特征曲线分析系统方法主要针对煤层气藏、页岩气藏生产井单相流的生产数据分析；鉴于两相流生产数据分析时需要利用相对渗透率曲线，而这方面的信息往往是未知的，分析难度较大，影响因素也较多；因而非常规油气藏气、水两相流的生产数据分析也需要做进一步的深入研究。

附　　录

（一）压力反褶积计算动态链接库的创建与调用

为方便程序开发时直接进行调用,利用 C++程序设计语言创建了(线性正则化)压力反褶积算法的动态链接库 DLL[157]。包含程序代码和数据的动态链接库 DLL 可由多程序共同使用;动态链接库 DLL 调用的函数不必是其可执行的代码,函数的可执行代码位于动态链接库中。使用动态链接库 DLL 的优点包括:

1)有助于实现数据和资源共享。

2)可以实现程序的模块化,加快程序模型的加载速度。

3)可以更容易实现模型更新,同时不影响程序的其他部分。

调用压力反褶积计算的动态连接库 DLL 进行反褶积计算的流程如图 A1 所示。

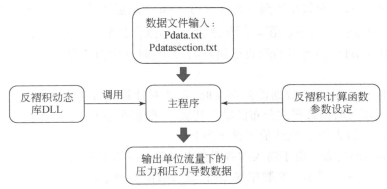

图 A1　主程序调用压力反褶积计算 DLL 文件的框架图

以下分别就调用压力反褶积动态连接库 DLL 进行反褶积计算过程中的数据文件输入、反褶积计算函数参数设定和反褶积动态连接库调用三个方面进行详细说明,如下。

(1)数据文件输入

Pdata. txt 为变流量下的瞬时压力数据,文件中包含两列数据,第一列为时间(Points),第二列为压力。

　　Pdatasection. txt 为分时间段流量数据,文件中包含两列数据,第一列为生产的持续时间(Duration),第二列为对应产量。

　　这两个文件在主程序中应以动态数组的形式读入,并读取每个文件数据的行数。

(2)反褶积计算函数参数设定

　　反褶积函数名为:Deconvfunction,共包含十六个参数。

　　void Deconvfunction(double ini_Pre,double *DAFP[2],int PDataNumb,double *PSection2[2],int PsecDATANum2,double b_value,double Reg_bvalue,double Alfa1,double Output_T0,double Output_T1,int linenum6,double c_vvaluee,double *Tm,double *(&Pm),double *(&DPm),double *P_BSPIN)

　　double ini_Pre:为油藏的初始压力。

　　double *DAFP[2]:为需要输入的变流量下瞬时压力数据数组。

　　int DataNumb:为瞬时压力数据 DAFP 的行数。

　　double *PSection2[2]:为需要输入的分时间段流量数据数组。

　　int PsecDATANum2:为分时间段流量数据 PSection2 的行数。

　　double b_value:为二阶 B 样条函数的指数形式分布的结点基底(即 B 样条基数)。一般情况下,为了能充分反映油藏的瞬时压力变化特征,光滑化基数 b_value 的选取应保证每个对数循环至少包含大约 2~6 个结点[128,129],由此可以推算出 b_value 的取值范围应小于 $\sqrt{10}$ ~ $\sqrt[6]{10}$,即 1.5~3.2。其中,b_value 默认值可设定为 1.8。调整 b_value 值可以消除数据误差的影响;时间段范围越大,b_value 的值应取大一些。

　　double Reg_bvalue:数据误差存在时,需要对计算过程进行正则化处理;Reg_bvalue 为正则化时指数形式分布的结点基底;一般情况下与 b_value 值相同;其中,Reg_bvalue 取值大于 1;默认值可设定为 1.8。

　　double Alfa1:表示由于输入的数据存在误差而进行正则化所占的比重,取值范围为 0 到 1 之间。当不存在数据误差时,该参数值取为零值;误差越大,其值越大。

　　double Output_T0:设定输出数据的初始时刻。

　　double Output_T1:设定输出数据的终止时刻。

　　int linenum6:设定输出数据的个数。

　　double c_vvaluee:试井解释时,需要指数增长的时间点对应下的井底压力和压力(降)导数数据;时间点应按指数增长的形式输出,该参数为指数的基底;设置一个大于 1.0 的实数即可。

　　double *Tm:指数增长时间点的一维数组。

　　double *(&Pm):计算出的单位流量下的井底压降,通过引用将数据输出。

double *(&DPm):计算出的单位流量下的压力(降)导数;通过引用将数据输出。

double * P_BSPIN:由二阶 B 样条函数线性组合积分模拟计算出的变流量下瞬时井底压力数据。

(3)压力反褶积动态库调用

在反褶积计算函数动态连接库 DLL 的创建过程中,采用的方法是在 Deconv. h 头文件中以_declspec(dllexport)的方式导出函数[157]。动态库函数调用的方式[157]可采用显式链接,显式链接在需要用到动态库时才将其加载入内存,不需要时则可释放,可节约计算机系统资源,提高计算效率。

(二)压力反褶积计算 DLL 的头文件代码

头文件:Deconv. h

```
extern "C" _declspec(dllexport) void Deconvfunction(double ini_Pre,
double *DAFP[2], int PDataNumb, double *PSection2[2], int PsecDATANum2,
double b_value, double Reg_bvalue, double Alfa1, double Output_T0, double
Output_T1, int linenum6, double c_vvaluee, double *Tm, double *(&Pm),
double *(&DPm), double *P_BSPIN);//要导出的函数
```

(三)压力反褶积计算 DLL 的源文件代码

```
#include "Deconv. h"
#include <iostream. h>
#include <math. h>
#include "stdio. h"
#include "stdlib. h"
#include <fstream. h>
#include <iomanip. h>
#include <windows. h>
#include <string. h>
#include <iostream. h>
#include <time. h>
//反褶积算法的程序流程图请参见第二章中的图2.2
void Deconvfunction(double ini_Pre, double *DAFP_C[2], int PDataNumb,
double *PSection2_C[2], int PsecDATANum2, double b_value, double Reg_
bvalue, double Alfa1,double Output_T0, double Output_T1, int linenum6,
```

```
double c_vvaluee, double *Tm, double *(&Pm), double *(&DPm), double *P_
BSPIN)
    {
        clock_t start,finish;//计算程序的运行时间
        double totaltime;
    start=clock();
```

////////////////程序第一部分:输入数据的读入及处理//////////////////

```
        double**DAFP=new double*[PDataNumb];//定义一个新的数组存储压力降数
据DAFP[];其中,第一列为时间,第二列为压力降。
        for(int ip93Pss2s=0;ip93Pss2s<PDataNumb;ip93Pss2s++)
        {
            DAFP[ip93Pss2s]=new double[2];
        }
        double**PSection2=new double*[PsecDATANum2];//定义一个新的数组存储
流量数据PSection2[];其中,第一列为累积时间(非duration时间),第二列为流量。
        for(int ip93Pss2=0;ip93Pss2<PsecDATANum2;ip93Pss2++)
        {
            PSection2[ip93Pss2]=new double[2];
        }
        int PNodeNumb(0);//二阶B样条函数的总结点数
        int Reg_nodeNum(0);//线性正则化的总结点数
        int NumsfP;//二阶B样条基函数的个数
        const int NN(2);
        double nb;
        double mb;
        double jb;
        double ub;
        for(int ip2231s=0;ip2231s<PDataNumb;ip2231s++)
        {
            nb=ini_Pre-DAFP_C[ip2231s][1];//将压力数据转化为压力降
            DAFP[ip2231s][1]=nb;//为了防止调用动态库函数时,引起数组的指针
发生变化,引入了nb和mb两个变量作为中间变量
            mb=DAFP_C[ip2231s][0];
            DAFP[ip2231s][0]=mb;
        }
        for(int ipy=0;ipy<PsecDATANum2;ipy++)
        {
```

```
            jb=PSection2_C[ipy][0];//为了防止调用动态库函数时,引起数组的
指针发生变化,引入了 jb 和 ub 两个变量作为中间变量
            PSection2[ipy][0]=jb;
            ub=PSection2_C[ipy][1];
            PSection2[ipy][1]=ub;
        }
        for(int ip2231=1;ip2231<PsecDATANum2;ip2231++)
        {
    PSection2[ip2231][0]=PSection2[ip2231][0]+PSection2[ip2231-1]
[0];//将输入的分段流量数据的 Duration 时间转化为累积时间
    }


/////////程序第二部分:输入数据的转化,为反褶积计算做准备//////////
        double*PDataSection=new double[PDataNumb];//定义了一个新的一维数组
存储压力数据所在的生产流量段(用储存流量数据的数组的行数表示所在位置)
        for(int ip93Pss=0;ip93Pss<PDataNumb;ip93Pss++)
        {
            PDataSection[ip93Pss]=0;
        }
        if(DAFP[PDataNumb-1][0]>PSection2[PsecDATANum2-1][0])   cout<<
"警告! 有压力数据不在流量持续的时间范围内。"<<endl;
        for(int ipws=0;ipws<PDataNumb;ipws++)
        {
if(DAFP[ipws][0]<PSection2[0][0]||DAFP[ipws][0]==PSection2[0][0])
{PDataSection[ipws]=0;}
        else
        {
            int vvaluee;
            int start, ending;
            ending=PsecDATANum2-1;
            start=0;
            int middle;
            while(ending >=start)
            {
                if(ending-start==1)
                {
                vvaluee=ending;
                break;
```

```
                        }
                        middle=(ending + start)/2;
                        if(PSection2[middle][0]==DAFP[ipws][0])//采用二分法查找
压力数据点所在的生产流量段(用储存流量数据的数组的行数表示所在位置)
                        {
                        vvaluee=middle;
                        break;
                        }
                        if(PSection2[middle][0]>DAFP[ipws][0])
                        ending=middle;
                        else if(PSection2[middle][0]<DAFP[ipws][0])
                        start=middle;
                    }
            PDataSection[ipws]=vvaluee;
                }
        }


//////////////程序第三部分:B样条结点的产生,储存在PNode[]中//////////////
        double t0;
        double tn;
        t0=ceil(log(DAFP[1][0])/log(b_value));
        tn=ceil(log(DAFP[PDataNumb-1][0])/log(b_value));
        PNodeNumb=int(tn-t0)+1+7;
        double*PNode=new double[PNodeNumb];//为存储二阶B样条函数结点的一维数组
        for(int ip292=0;ip292<PNodeNumb;ip292++)
        {
            PNode[ip292]=pow(b_value,ip292+t0-7);//读入二阶B样条函数的结点数据
        }
        NumsfP=PNodeNumb-3;


///////////程序第四部分:正则化结点的产生,结点储存在数组Reg_Node[](设定为与B
样条结点PNode[]相同)中///////////
        double y0;
        double yn;
        y0=ceil(log(DAFP[1][0])/log(Reg_bvalue));
        yn=ceil(log(DAFP[PDataNumb-1][0])/log(Reg_bvalue));
        Reg_nodeNum=int(yn-y0)+1+7;
        double*Reg_Node=new double[Reg_nodeNum];//为存储正则化结点的一维数组
```

```
for(int ip292w=0;ip292w<Reg_nodeNum;ip292w++)
{
    Reg_Node[ip292w]=pow(Reg_bvalue,ip292w+y0-7);//读入正则化的结点数据
}


//////////程序第五部分:数据输出时间范围(指数分布)的设定//////////
if(Output_T0<0||Output_T0==0)Output_T0=pow(10,-10);
double TS0=log(Output_T0)/log(c_vvaluee);
double TSN=log(Output_T1)/log(c_vvaluee);
double detaTS=(TSN-TS0)/(linenum6-1);
Tm[0]=TS0;
double uh;
double uh2;
for(int tdex=1;tdex<linenum6;tdex++)
{
    uh=Tm[tdex-1]+detaTS;
    Tm[tdex]=uh;
}
for(int tdex1=0;tdex1<linenum6;tdex1++)
{
    uh2=pow(c_vvaluee,Tm[tdex1]);
    Tm[tdex1]=uh2;
}
//////////程序第六部分:单位流量下压力反褶积计算过程中超定线性方程组的建立///////
double*PVP=new double[PDataNumb+2*Reg_nodeNum-2];//为反褶积计算的
超定线性方程组右侧的一维矩阵
double**AAP=new double*[PDataNumb+2*Reg_nodeNum-2];//为反褶积计算
的超定线性方程组左侧的二维系数矩阵
for(int ip932P=0;ip932P<PDataNumb+2*Reg_nodeNum-2;ip932P++)
{
    AAP[ip932P]=new double[NumsfP];
}
for(int ipc11P=0;ipc11P<PDataNumb;ipc11P++)
{
    PVP[ipc11P]=DAFP[ipc11P][1]*(1-Alfa1);//矩阵初始化
}
for(int ip16P=0;ip16P<PDataNumb+Reg_nodeNum-1+Reg_nodeNum-1;
ip16P++)
```

```
        {
        for(int ip26P=0;ip26P<NumsfP;ip26P++)
        {
            AAP[ip16P][ip26P]=0;//矩阵初始化
        }
        }
```

///////程序第六部分(第一节):由测量的压力和流量数据代入公式计算敏感性矩阵**X**的元素
///////程序第六部分(第一节):敏感性矩阵元素计算公式参见:式(2.8)~(2.12)

```
    int ps0;
    int ps1;
    int pr0;
    int pr1;
    for(int isect=0;isect<PDataNumb;isect++)//isect 表示输入的压力数据标号
    {
        for(int ibc=0;ibc<NumsfP;ibc++)//ibc 表示二阶 B 样条函数的标号
    //该部分的程序为反褶积计算过程中敏感性矩阵元素的解析法计算过程
        {
            if(PDataSection[isect]==0)//如果该压力数据处在第一个流量段上
            {
            double rep;
        if((DAFP[isect][0]-0)<PNode[ibc])rep=0;
        else if(((DAFP[isect][0]-0)>=PNode[ibc])
&&((DAFP[isect][0]-0)<=PNode[ibc+1]))
        rep=(1.0/3.0*(DAFP[isect][0]
-0)*(DAFP[isect][0]-0)*(DAFP[isect][0]-0)-1.0/2.0*(DAFP[isect][0]-0)*
(DAFP[isect][0]-0)*(PNode[ibc]+PNode[ibc])+(DAFP[isect][0]
-0)*PNode[ibc]*PNode[ibc])*(1.0/(PNode[ibc+2]-PNode[ibc])
/(PNode[ibc+1]-PNode[ibc]))-(1.0/3.0*PNode[ibc]*PNode
[ibc]*PNode[ibc]-1.0/2.0*PNode[ibc]*PNode[ibc]*(PNode[ibc]+
PNode[ibc])+PNode[ibc]*PNode[ibc]*PNode[ibc])*(1.0/(PNode
[ibc+2]-PNode[ibc])/(PNode[ibc+1]-PNode[ibc]));
        else if(((DAFP[isect][0]-0)>PNode[ibc+1])&&
((DAFP[isect][0]-0)<=PNode[ibc+2]))
rep=(1.0/3.0*PNode[ibc+1]*PNode[ibc+1]*PNode[ibc+1]-1.0/2.0*PNode[ibc+
1]*PNode[ibc+1]*(PNode[ibc]+PNode[ibc])+
PNode[ibc+1]*PNode[ibc]*PNode[ibc])*(1.0/(PNode[ibc+2]-PNode[ibc])/
(PNode[ibc+1]-PNode[ibc]))-(1.0/3.0*PNode[ibc]
*PNode[ibc]*PNode[ibc]-1.0/2.0*PNode[ibc]*PNode[ibc]*
```

```
(PNode[ibc]+PNode[ibc])+PNode[ibc]*PNode[ibc]*PNode[ibc])*
(1.0/(PNode[ibc+2]-PNode[ibc])/(PNode[ibc+1]-PNode[ibc]))
-(1.0/3.0*(DAFP[isect][0]-0)*(DAFP[isect][0]-0)*(DAFP[isect]
[0]-0)-1.0/2.0*(DAFP[isect][0]-0)*(DAFP[isect][0]-0)*(PNode
[ibc]+PNode[ibc+2])+(DAFP[isect][0]-0)*PNode[ibc]*PNode
[ibc+2])*(1.0/(PNode[ibc+2]-PNode[ibc])/(PNode[ibc+2]-PNode[ibc+1]))+
(1.0/3.0*PNode[ibc+1]*PNode[ibc+1]*
PNode[ibc+1]-1.0/2.0*PNode[ibc+1]*PNode[ibc+1]*(PNode[ibc]+
PNode[ibc+2])+PNode[ibc+1]*PNode[ibc]*PNode[ibc+2])*(1.0/(
PNode[ibc+2]-PNode[ibc])/(PNode[ibc+2]-PNode[ibc+1]))-(1.0/3.0*(DAFP
[isect][0]-0)*(DAFP[isect][0]-0)*
(DAFP[isect][0]-0)-1.0/2.0*(DAFP[isect][0]-0)*
(DAFP[isect][0]-0)*(PNode[ibc+1]+PNode[ibc+3])+
(DAFP[isect][0]-0)*PNode[ibc+1]*PNode[ibc+3])*
(1.0/(PNode[ibc+3]-PNode[ibc+1])/(PNode[ibc+2]-PNode[ibc+1]))+(1.0/3.0
*PNode[ibc+1]*PNode[ibc+1]*
PNode[ibc+1]-1.0/2.0*PNode[ibc+1]*PNode[ibc+1]*(PNode[ibc+1]+
PNode[ibc+3])+PNode[ibc+1]*PNode[ibc+1]*PNode[ibc+3])*(1.0/
(PNode[ibc+3]-PNode[ibc+1])/(PNode[ibc+2]-PNode[ibc+1]));
    else if(((DAFP[isect][0]-0)>PNode[ibc+2])
&&((DAFP[isect][0]-0)<=PNode[ibc+3]))
rep=(1.0/3.0*PNode[ibc+1]*PNode[ibc+1]*PNode[ibc+1]-1.0/2.0*PNode[ibc+
1]*PNode[ibc+1]*(PNode[ibc]+PNode[ibc])+
PNode[ibc+1]*PNode[ibc]*PNode[ibc])*(1.0/(PNode[ibc+2]-PNode[ibc])/
(PNode[ibc+1]-PNode[ibc]))-(1.0/3.0*PNode[ibc]*
PNode[ibc]*PNode[ibc]-1.0/2.0*PNode[ibc]*PNode[ibc]*
(PNode[ibc]+PNode[ibc])+PNode[ibc]*PNode[ibc]*PNode[ibc])
*(1.0/(PNode[ibc+2]-PNode[ibc])/(PNode[ibc+1]-PNode[ibc]))-(1.0/3.0*
PNode[ibc+2]*PNode[ibc+2]*PNode[ibc+2]-1.0/
2.0*PNode[ibc+2]*PNode[ibc+2]*(PNode[ibc]+PNode[ibc+2])+
PNode[ibc+2]*PNode[ibc]*PNode[ibc+2])*(1.0/(PNode[ibc+2]-PNode[ibc])/
(PNode[ibc+2]-PNode[ibc+1]))+(1.0/3.0*
PNode[ibc+1]*PNode[ibc+1]*PNode[ibc+1]-1.0/2.0*PNode[ibc+1]*
PNode[ibc+1]*(PNode[ibc]+PNode[ibc+2])+PNode[ibc+1]*
PNode[ibc]*PNode[ibc+2])*(1.0/(PNode[ibc+2]-PNode[ibc])/
(PNode[ibc+2]-PNode[ibc+1]))-(1.0/3.0*PNode[ibc+2]*
PNode[ibc+2]*PNode[ibc+2]-1.0/2.0*PNode[ibc+2]*PNode[ibc+2]*
(PNode[ibc+1]+PNode[ibc+3])+PNode[ibc+2]*PNode[ibc+1]*PNode
```

```
[ibc+3])*(1.0/(PNode[ibc+3]-PNode[ibc+1])/(PNode[ibc+2]-PNode[ibc+
1]))+(1.0/3.0*PNode[ibc+1]*PNode[ibc+1]*PNode
[ibc+1]-1.0/2.0*PNode[ibc+1]*PNode[ibc+1]*(PNode[ibc+1]
+PNode[ibc+3])+PNode[ibc+1]*PNode[ibc+1]*PNode[ibc+3])*(1.0/
(PNode[ibc+3]-PNode[ibc+1])/(PNode[ibc+2]-PNode[ibc+1]))
+(1.0/3.0*(DAFP[isect][0]-0)*(DAFP[isect][0]-0)*
(DAFP[isect][0]-0)-1.0/2.0*(DAFP[isect][0]-0)*
(DAFP[isect][0]-0)*(PNode[ibc+3]+PNode[ibc+3])+
(DAFP[isect][0]-0)*PNode[ibc+3]*PNode[ibc+3])*
(1.0/(PNode[ibc+3]-PNode[ibc+1])/(PNode[ibc+3]-PNode[ibc+2]))-(1.0/3.0
*PNode[ibc+2]*PNode[ibc+2]*
PNode[ibc+2]-1.0/2.0*PNode[ibc+2]*PNode[ibc+2]*(PNode[ibc+3]+
PNode[ibc+3])+PNode[ibc+2]*PNode[ibc+3]*PNode[ibc+3])*(1.0/(
PNode[ibc+3]-PNode[ibc+1])/(PNode[ibc+3]-PNode[ibc+2]));
    else
rep=(1.0/3.0*PNode[ibc+1]*PNode[ibc+1]*PNode[ibc+1]-1.0/2.0*PNode[ibc+
1]*PNode[ibc+1]*(PNode[ibc]+PNode[ibc])
+PNode[ibc+1]*PNode[ibc]*PNode[ibc])*(1.0/(PNode[ibc+2]-PNode[ibc])/
(PNode[ibc+1]-PNode[ibc]))-(1.0/3.0*
PNode[ibc]*PNode[ibc]*PNode[ibc]-1.0/2.0*PNode[ibc]*
PNode[ibc]*(PNode[ibc]+PNode[ibc])+PNode[ibc]*PNode[ibc]*
PNode[ibc])*(1.0/(PNode[ibc+2]-PNode[ibc])/(PNode[ibc+1]-PNode[ibc]))
-(1.0/3.0*PNode[ibc+2]*PNode[ibc+2]*
PNode[ibc+2]-1.0/2.0*PNode[ibc+2]*PNode[ibc+2]*
(PNode[ibc]+PNode[ibc+2])+PNode[ibc+2]*PNode[ibc]*PNode
[ibc+2])*(1.0/(PNode[ibc+2]-PNode[ibc])/(PNode[ibc+2]-PNode[ibc+1]))+
(1.0/3.0*PNode[ibc+1]*PNode[ibc+1]*PNode
[ibc+1]-1.0/2.0*PNode[ibc+1]*PNode[ibc+1]*(PNode[ibc]+
PNode[ibc+2])+PNode[ibc+1]*PNode[ibc]*PNode[ibc+2])*(1.0/
(PNode[ibc+2]-PNode[ibc])/(PNode[ibc+2]-PNode[ibc+1]))-(1.0/3.0*PNode
[ibc+2]*PNode[ibc+2]*PNode[ibc+2]-1.0/2.0*PNode[ibc+2]*PNode[ibc+2]*
(PNode[ibc+1]+PNode[ibc+3])+PNode[ibc+2]*PNode[ibc+1]*PNode[ibc+3])*
(1.0/(PNode[ibc+3]-PNode[ibc+1])/(PNode[ibc+2]-PNode[ibc+1]))+(1.0/3.0
*PNode[ibc+1]*PNode[ibc+1]*PNode[ibc+1]-1.0/2.0*
PNode[ibc+1]*PNode[ibc+1]*(PNode[ibc+1]+PNode[ibc+3])+
PNode[ibc+1]*PNode[ibc+1]*PNode[ibc+3])*(1.0/(PNode[ibc+3]-PNode[ibc+
1])/(PNode[ibc+2]-PNode[ibc+1]))+(1.0/3.0*
PNode[ibc+3]*PNode[ibc+3]*PNode[ibc+3]-1.0/2.0*PNode[ibc+3]
```

```
*PNode[ibc+3]*(PNode[ibc+3]+PNode[ibc+3])+PNode[ibc+3]*
PNode[ibc+3]*PNode[ibc+3])*(1.0/(PNode[ibc+3]-PNode[ibc+1]
)/(PNode[ibc+3]-PNode[ibc+2]))-(1.0/3.0*PNode[ibc+2]*
PNode[ibc+2]*PNode[ibc+2]-1.0/2.0*PNode[ibc+2]*PNode[ibc+2]*
(PNode[ibc+3]+PNode[ibc+3])+PNode[ibc+2]*PNode[ibc+3]
*PNode[ibc+3])*(1.0/(PNode[ibc+3]-PNode[ibc+1])/
(PNode[ibc+3]-PNode[ibc+2]));
  AAP[isect][ibc]=rep*PSection2[0][1]*(1-Alfa1);
          }
          else if(PDataSection[isect]==1)//如果该压力数据处在第二个流量段上
          {
              double rep;
    if((DAFP[isect][0]-0)<PNode[ibc])rep=0;
    else if(((DAFP[isect][0]-0)>=PNode[ibc])&&
((DAFP[isect][0]-0)<=PNode[ibc+1]))
    rep=(1.0/3.0*(DAFP[isect][0]-0)*(DAFP[isect][0]
-0)*(DAFP[isect][0]-0)-1.0/2.0*(DAFP[isect][0]-0)*
(DAFP[isect][0]-0)*(PNode[ibc]+PNode[ibc])+(DAFP[isect][0]
-0)*PNode[ibc]*PNode[ibc])*(1.0/(PNode[ibc+2]-PNode[ibc])
/(PNode[ibc+1]-PNode[ibc]))-(1.0/3.0*PNode[ibc]*PNode[ibc]
*PNode[ibc]-1.0/2.0*PNode[ibc]*PNode[ibc]*(PNode[ibc]+
PNode[ibc])+PNode[ibc]*PNode[ibc]*PNode[ibc])*(1.0/(
PNode[ibc+2]-PNode[ibc])/(PNode[ibc+1]-PNode[ibc]));
    else if(((DAFP[isect][0]-0)>PNode[ibc+1])&&
((DAFP[isect][0]-0)<=PNode[ibc+2]))
    rep=(1.0/3.0*PNode[ibc+1]*PNode[ibc+1]*PNode[ibc+1]-1.0/2.0*PNode
[ibc+1]*PNode[ibc+1]*(PNode[ibc]+PNode[ibc])+
PNode[ibc+1]*PNode[ibc]*PNode[ibc])*(1.0/(PNode[ibc+2]-PNode[ibc])/
(PNode[ibc+1]-PNode[ibc]))-(1.0/3.0*PNode[ibc]*
PNode[ibc]*PNode[ibc]-1.0/2.0*PNode[ibc]*PNode[ibc]*
(PNode[ibc]+PNode[ibc])+PNode[ibc]*PNode[ibc]*PNode[ibc])*
(1.0/(PNode[ibc+2]-PNode[ibc])/(PNode[ibc+1]-PNode[ibc]))
-(1.0/3.0*(DAFP[isect][0]-0)*(DAFP[isect][0]-0)*
(DAFP[isect][0]-0)-1.0/2.0*(DAFP[isect][0]-0)*
(DAFP[isect][0]-0)*(PNode[ibc]+PNode[ibc+2])+
(DAFP[isect][0]-0)*PNode[ibc]*PNode[ibc+2])*(1.0/
(PNode[ibc+2]-PNode[ibc])/(PNode[ibc+2]-PNode[ibc+1]))
+(1.0/3.0*PNode[ibc+1]*PNode[ibc+1]*PNode[ibc+1]-1.0/2.0*PNode[ibc+1]*
```

```
PNode[ibc+1]*(PNode[ibc]+PNode[ibc+2])+
PNode[ibc+1]*PNode[ibc]*PNode[ibc+2])*(1.0/(PNode[ibc+2]-PNode[ibc])/
(PNode[ibc+2]-PNode[ibc+1]))-(1.0/3.0*
(DAFP[isect][0]-0)*(DAFP[isect][0]-0)*(DAFP[isect][0]-0)
-1.0/2.0*(DAFP[isect][0]-0)*(DAFP[isect][0]-0)*
(PNode[ibc+1]+PNode[ibc+3])+(DAFP[isect][0]-0)*
PNode[ibc+1]*PNode[ibc+3])*(1.0/(PNode[ibc+3]-PNode[ibc+1])/(PNode[ibc
+2]-PNode[ibc+1]))+(1.0/3.0*
PNode[ibc+1]*PNode[ibc+1]*PNode[ibc+1]-1.0/2.0*
PNode[ibc+1]*PNode[ibc+1]*(PNode[ibc+1]+PNode[ibc+3])+
PNode[ibc+1]*PNode[ibc+1]*PNode[ibc+3])*(1.0/(PNode[ibc+3]-PNode[ibc+
1])/(PNode[ibc+2]-PNode[ibc+1]));
    else if(((DAFP[isect][0]-0)>PNode[ibc+2])
&&((DAFP[isect][0]-0)<=PNode[ibc+3]))
    rep=(1.0/3.0*PNode[ibc+1]*PNode[ibc+1]*PNode[ibc+1]-
1.0/2.0*PNode[ibc+1]*PNode[ibc+1]*(PNode[ibc]+PNode[ibc])+
PNode[ibc+1]*PNode[ibc]*PNode[ibc])*(1.0/(PNode[ibc+2]-PNode[ibc])/
(PNode[ibc+1]-PNode[ibc]))-(1.0/3.0*PNode[ibc]*
PNode[ibc]*PNode[ibc]-1.0/2.0*PNode[ibc]*PNode[ibc]*
(PNode[ibc]+PNode[ibc])+PNode[ibc]*PNode[ibc]*PNode[ibc])
*(1.0/(PNode[ibc+2]-PNode[ibc])/(PNode[ibc+1]-PNode[ibc]))-(1.0/3.0*
PNode[ibc+2]*PNode[ibc+2]*PNode[ibc+2]-1.0/2.0*
PNode[ibc+2]*PNode[ibc+2]*(PNode[ibc]+PNode[ibc+2])+
PNode[ibc+2]*PNode[ibc]*PNode[ibc+2])*(1.0/(PNode[ibc+2]-PNode[ibc])/
(PNode[ibc+2]-PNode[ibc+1]))+(1.0/3.0*
PNode[ibc+1]*PNode[ibc+1]*PNode[ibc+1]-1.0/2.0*PNode[ibc+1]
*PNode[ibc+1]*(PNode[ibc]+PNode[ibc+2])+PNode[ibc+1]*
PNode[ibc]*PNode[ibc+2])*(1.0/(PNode[ibc+2]-PNode[ibc])/
(PNode[ibc+2]-PNode[ibc+1]))-(1.0/3.0*PNode[ibc+2]*
PNode[ibc+2]*PNode[ibc+2]-1.0/2.0*PNode[ibc+2]*PNode[ibc+2]*
(PNode[ibc+1]+PNode[ibc+3])+PNode[ibc+2]*PNode[ibc+1]*PNode
[ibc+3])*(1.0/(PNode[ibc+3]-PNode[ibc+1])/(PNode[ibc+2]-PNode[ibc+
1]))+(1.0/3.0*PNode[ibc+1]*PNode[ibc+1]*
PNode[ibc+1]-1.0/2.0*PNode[ibc+1]*PNode[ibc+1]*(PNode[ibc+1]
+PNode[ibc+3])+PNode[ibc+1]*PNode[ibc+1]*PNode[ibc+3])*(1.0/
(PNode[ibc+3]-PNode[ibc+1])/(PNode[ibc+2]-PNode[ibc+1]))+
(1.0/3.0*(DAFP[isect][0]-0)*(DAFP[isect][0]-0)*
(DAFP[isect][0]-0)-1.0/2.0*(DAFP[isect][0]-0)*
```

```
(DAFP[isect][0]-0)*(PNode[ibc+3]+PNode[ibc+3])
+(DAFP[isect][0]-0)*PNode[ibc+3]*PNode[ibc+3])*
(1.0/(PNode[ibc+3]-PNode[ibc+1])/(PNode[ibc+3]-PNode[ibc+2]))-(1.0/3.0
*PNode[ibc+2]*PNode[ibc+2]*
PNode[ibc+2]-1.0/2.0*PNode[ibc+2]*PNode[ibc+2]*(PNode[ibc+3]
+PNode[ibc+3])+PNode[ibc+2]*PNode[ibc+3]*PNode[ibc+3])*(1.0
/(PNode[ibc+3]-PNode[ibc+1])/(PNode[ibc+3]-PNode[ibc+2]));
     else
   rep=(1.0/3.0*PNode[ibc+1]*PNode[ibc+1]*PNode[ibc+1]-
1.0/2.0*PNode[ibc+1]*PNode[ibc+1]*(PNode[ibc]+PNode[ibc])+
PNode[ibc+1]*PNode[ibc]*PNode[ibc])*(1.0/(PNode[ibc+2]-PNode[ibc])/
(PNode[ibc+1]-PNode[ibc]))-(1.0/3.0*PNode[ibc]
*PNode[ibc]*PNode[ibc]-1.0/2.0*PNode[ibc]*PNode[ibc]*
(PNode[ibc]+PNode[ibc])+PNode[ibc]*PNode[ibc]*PNode[ibc])*
(1.0/(PNode[ibc+2]-PNode[ibc])/(PNode[ibc+1]-PNode[ibc]))-(1.0/3.0*
PNode[ibc+2]*PNode[ibc+2]*PNode[ibc+2]-1.0/2.0*
PNode[ibc+2]*PNode[ibc+2]*(PNode[ibc]+PNode[ibc+2])+
PNode[ibc+2]*PNode[ibc]*PNode[ibc+2])*(1.0/(PNode[ibc+2]-PNode[ibc])/
(PNode[ibc+2]-PNode[ibc+1]))+(1.0/3.0*PNode
[ibc+1]*PNode[ibc+1]*PNode[ibc+1]-1.0/2.0*PNode[ibc+1]
*PNode[ibc+1]*(PNode[ibc]+PNode[ibc+2])+PNode[ibc+1]*
PNode[ibc]*PNode[ibc+2])*(1.0/(PNode[ibc+2]-PNode[ibc])
/(PNode[ibc+2]-PNode[ibc+1]))-(1.0/3.0*PNode[ibc+2]*
PNode[ibc+2]*PNode[ibc+2]-1.0/2.0*PNode[ibc+2]*PNode[ibc+2]
*(PNode[ibc+1]+PNode[ibc+3])+PNode[ibc+2]*PNode[ibc+1]*
PNode[ibc+3])*(1.0/(PNode[ibc+3]-PNode[ibc+1])/
(PNode[ibc+2]-PNode[ibc+1]))+(1.0/3.0*PNode[ibc+1]*
PNode[ibc+1]*PNode[ibc+1]-1.0/2.0*PNode[ibc+1]*PNode[ibc+1]
*(PNode[ibc+1]+PNode[ibc+3])+PNode[ibc+1]*PNode[ibc+1]*
PNode[ibc+3])*(1.0/(PNode[ibc+3]-PNode[ibc+1])/(PNode[ibc+2]-PNode
[ibc+1]))+(1.0/3.0*PNode[ibc+3]*PNode[ibc+3]*
PNode[ibc+3]-1.0/2.0*PNode[ibc+3]*PNode[ibc+3]*(PNode[ibc+3]
+PNode[ibc+3])+PNode[ibc+3]*PNode[ibc+3]*PNode[ibc+3])*(1.0/
(PNode[ibc+3]-PNode[ibc+1])/(PNode[ibc+3]-PNode[ibc+2]))-(1.0/3.0*
PNode[ibc+2]*PNode[ibc+2]*PNode[ibc+2]-1.0/2.0*PNode[ibc+2]*PNode[ibc+
2]*(PNode[ibc+3]
+PNode[ibc+3])+PNode[ibc+2]*PNode[ibc+3]*PNode[ibc+3])*(1.0/
(PNode[ibc+3]-PNode[ibc+1])/(PNode[ibc+3]-PNode[ibc+2]));
```

```
AAP[isect][ibc]=rep*PSection2[0][1]*(1-Alfa1);
double repss;
    if((DAFP[isect][0]-PSection2[0][0])<PNode[ibc])repss=0;
    else if(((DAFP[isect][0]-PSection2[0][0])>=
PNode[ibc])&&((DAFP[isect][0]-PSection2[0][0])<=
PNode[ibc+1]))
    repss=(1.0/3.0*(DAFP[isect][0]-PSection2[0][0])*
(DAFP[isect][0]-PSection2[0][0])*(DAFP[isect][0]-PSection2[0][0])-1.0/
2.0*(DAFP[isect][0]-PSection2[0][0])
*(DAFP[isect][0]-PSection2[0][0])*(PNode[ibc]+PNode[ibc])
+(DAFP[isect][0]-PSection2[0][0])*PNode[ibc]*PNode[ibc])
*(1.0/(PNode[ibc+2]-PNode[ibc])/(PNode[ibc+1]-PNode[ibc]))
-(1.0/3.0*PNode[ibc]*PNode[ibc]*PNode[ibc]-1.0/2.0*PNode
[ibc]*PNode[ibc]*(PNode[ibc]+PNode[ibc])+PNode[ibc]*
PNode[ibc]*PNode[ibc])*(1.0/(PNode[ibc+2]-PNode[ibc])/
(PNode[ibc+1]-PNode[ibc]));
    else if(((DAFP[isect][0]-PSection2[0][0])>
  PNode[ibc+1])&&((DAFP[isect][0]-PSection2[0][0])<=
  PNode[ibc+2]))
    repss=(1.0/3.0*PNode[ibc+1]*PNode[ibc+1]*PNode[ibc+1]-1.0/2.0*
PNode[ibc+1]*PNode[ibc+1]*(PNode[ibc]+PNode[ibc])+
PNode[ibc+1]*PNode[ibc]*PNode[ibc])*(1.0/(PNode[ibc+2]-PNode[ibc])/
(PNode[ibc+1]-PNode[ibc]))-(1.0/3.0*PNode[ibc]
*PNode[ibc]*PNode[ibc]-1.0/2.0*PNode[ibc]*PNode[ibc]
*(PNode[ibc]+PNode[ibc])+PNode[ibc]*PNode[ibc]*PNode[ibc])*
(1.0/(PNode[ibc+2]-PNode[ibc])/(PNode[ibc+1]-PNode[ibc]))-(1.0/3.0*
(DAFP[isect][0]-PSection2[0][0])*(DAFP[isect][0]-PSection2[0][0])*
(DAFP[isect][0]-PSection2[0][0])-1.0/2.0
*(DAFP[isect][0]-PSection2[0][0])*(DAFP[isect][0]-PSection2[0][0])*
(PNode[ibc]+PNode[ibc+2])+(DAFP[isect][0]-PSection2[0][0])*PNode[ibc]
*PNode[ibc+2])*(1.0/(PNode[ibc+2]-PNode[ibc])/(PNode[ibc+2]-PNode[ibc+
1]))+(1.0/3.0*
PNode[ibc+1]*PNode[ibc+1]*PNode[ibc+1]-1.0/2.0*PNode[ibc+1]*
PNode[ibc+1]*(PNode[ibc]+PNode[ibc+2])+PNode[ibc+1]*
PNode[ibc]*PNode[ibc+2])*(1.0/(PNode[ibc+2]-PNode[ibc])/
(PNode[ibc+2]-PNode[ibc+1]))-(1.0/3.0*(DAFP[isect][0]-PSection2[0][0])
*(DAFP[isect][0]-PSection2[0][0])*
(DAFP[isect][0]-PSection2[0][0])-1.0/2.0*(DAFP[isect][0]-PSection2[0]
```

```
[0])*(DAFP[isect][0]-PSection2[0][0])*
(PNode[ibc+1]+PNode[ibc+3])+(DAFP[isect][0]-PSection2[0][0])
*PNode[ibc+1]*PNode[ibc+3])*(1.0/(PNode[ibc+3]-PNode[ibc+1])
/(PNode[ibc+2]-PNode[ibc+1]))+(1.0/3.0*PNode[ibc+1]*
PNode[ibc+1]*PNode[ibc+1]-1.0/2.0*PNode[ibc+1]*PNode[ibc+1]*
(PNode[ibc+1]+PNode[ibc+3])+PNode[ibc+1]*PNode[ibc+1]*PNode
[ibc+3])*(1.0/(PNode[ibc+3]-PNode[ibc+1])/(PNode[ibc+2]-PNode[ibc+
1])));
        else if(((DAFP[isect][0]-PSection2[0][0])>
PNode[ibc+2])&&((DAFP[isect][0]-PSection2[0][0])<=
PNode[ibc+3]))repss=(1.0/3.0*PNode[ibc+1]*PNode[ibc+1]*PNode[ibc+1]-
1.0/2.0*PNode[ibc+1]*PNode[ibc+1]*(PNode[ibc]+PNode[ibc])+
PNode[ibc+1]*PNode[ibc]*PNode[ibc])*(1.0/(PNode[ibc+2]-PNode[ibc])/
(PNode[ibc+1]-PNode[ibc]))-(1.0/3.0*PNode[ibc]*
PNode[ibc]*PNode[ibc]-1.0/2.0*PNode[ibc]*PNode[ibc]
*(PNode[ibc]+PNode[ibc])+PNode[ibc]*PNode[ibc]*PNode[ibc])*
(1.0/(PNode[ibc+2]-PNode[ibc])/(PNode[ibc+1]-PNode[ibc]))-(1.0/3.0*
PNode[ibc+2]*PNode[ibc+2]*PNode[ibc+2]-1.0/2.0*
PNode[ibc+2]*PNode[ibc+2]*(PNode[ibc]+PNode[ibc+2])+
PNode[ibc+2]*PNode[ibc]*PNode[ibc+2])*(1.0/(PNode[ibc+2]-PNode[ibc])/
(PNode[ibc+2]-PNode[ibc+1]))+(1.0/3.0*
PNode[ibc+1]*PNode[ibc+1]*PNode[ibc+1]-1.0/2.0*PNode[ibc+1]
*PNode[ibc+1]*(PNode[ibc]+PNode[ibc+2])+PNode[ibc+1]*
PNode[ibc]*PNode[ibc+2])*(1.0/(PNode[ibc+2]-PNode[ibc])/
(PNode[ibc+2]-PNode[ibc+1]))-(1.0/3.0*PNode[ibc+2]*
PNode[ibc+2]*PNode[ibc+2]-1.0/2.0*PNode[ibc+2]*PNode[ibc+2]
*(PNode[ibc+1]+PNode[ibc+3])+PNode[ibc+2]*PNode[ibc+1]*PNode
[ibc+3])*(1.0/(PNode[ibc+3]-PNode[ibc+1])/(PNode[ibc+2]-PNode[ibc+
1]))+(1.0/3.0*PNode[ibc+1]*PNode[ibc+1]*PNode
[ibc+1]-1.0/2.0*PNode[ibc+1]*PNode[ibc+1]*(PNode[ibc+1]
+PNode[ibc+3])+PNode[ibc+1]*PNode[ibc+1]*PNode[ibc+3])*(1.0/
(PNode[ibc+3]-PNode[ibc+1])/(PNode[ibc+2]-PNode[ibc+1]))
+(1.0/3.0*(DAFP[isect][0]-PSection2[0][0])*(DAFP[isect][0]-PSection2
[0][0])*(DAFP[isect][0]-PSection2[0][0])-1.0/2.0*(DAFP[isect][0]-
PSection2[0][0])*(DAFP[isect][0]
-PSection2[0][0])*(PNode[ibc+3]+PNode[ibc+3])+
(DAFP[isect][0]-PSection2[0][0])*PNode[ibc+3]*PNode[ibc+3])
*(1.0/(PNode[ibc+3]-PNode[ibc+1])/(PNode[ibc+3]-PNode[ibc+2]))-(1.0/
```

```
3.0*PNode[ibc+2]*PNode[ibc+2]*
PNode[ibc+2]-1.0/2.0*PNode[ibc+2]*PNode[ibc+2]*(PNode[ibc+3]
+PNode[ibc+3])+PNode[ibc+2]*PNode[ibc+3]*PNode[ibc+3])*(1.0/
(PNode[ibc+3]-PNode[ibc+1])/(PNode[ibc+3]-PNode[ibc+2]));
    else
repss=(1.0/3.0*PNode[ibc+1]*PNode[ibc+1]*PNode[ibc+1]-1.0/2.0*PNode
[ibc+1]*PNode[ibc+1]*(PNode[ibc]+PNode[ibc])+
PNode[ibc+1]*PNode[ibc]*PNode[ibc])*(1.0/(PNode[ibc+2]-PNode[ibc])/
(PNode[ibc+1]-PNode[ibc]))-(1.0/3.0*PNode[ibc]
*PNode[ibc]*PNode[ibc]-1.0/2.0*PNode[ibc]*PNode[ibc]*
(PNode[ibc]+PNode[ibc])+PNode[ibc]*PNode[ibc]*PNode[ibc])*
(1.0/(PNode[ibc+2]-PNode[ibc])/(PNode[ibc+1]-PNode[ibc]))-(1.0/3.0*
PNode[ibc+2]*PNode[ibc+2]*PNode[ibc+2]-1.0/2.0*
PNode[ibc+2]*PNode[ibc+2]*(PNode[ibc]+PNode[ibc+2])+PNode
[ibc+2]*PNode[ibc]*PNode[ibc+2])*(1.0/(PNode[ibc+2]-PNode[ibc])/(PNode
[ibc+2]-PNode[ibc+1]))+(1.0/3.0*
PNode[ibc+1]*PNode[ibc+1]*PNode[ibc+1]-1.0/2.0*
PNode[ibc+1]*PNode[ibc+1]*(PNode[ibc]+PNode[ibc+2])+
PNode[ibc+1]*PNode[ibc]*PNode[ibc+2])*(1.0/(PNode[ibc+2]-PNode[ibc])/
(PNode[ibc+2]-PNode[ibc+1]))-(1.0/3.0*PNode
[ibc+2]*PNode[ibc+2]*PNode[ibc+2]-1.0/2.0*PNode[ibc+2]*
PNode[ibc+2]*(PNode[ibc+1]+PNode[ibc+3])+PNode[ibc+2]*PNode
[ibc+1]*PNode[ibc+3])*(1.0/(PNode[ibc+3]-PNode[ibc+1])/
(PNode[ibc+2]-PNode[ibc+1]))+(1.0/3.0*PNode[ibc+1]*
PNode[ibc+1]*PNode[ibc+1]-1.0/2.0*PNode[ibc+1]*PNode[ibc+1]*
(PNode[ibc+1]+PNode[ibc+3])+PNode[ibc+1]*PNode[ibc+1]*PNode
[ibc+3])*(1.0/(PNode[ibc+3]-PNode[ibc+1])/(PNode[ibc+2]-PNode[ibc+
1]))+(1.0/3.0*PNode[ibc+3]*PNode[ibc+3]*PNode
[ibc+3]-1.0/2.0*PNode[ibc+3]*PNode[ibc+3]*(PNode[ibc+3]+
PNode[ibc+3])+PNode[ibc+3]*PNode[ibc+3]*PNode[ibc+3])*(1.0/
(PNode[ibc+3]-PNode[ibc+1])/(PNode[ibc+3]-PNode[ibc+2]))-(1.0/3.0*
PNode[ibc+2]*PNode[ibc+2]*PNode[ibc+2]-1.0/2.0*
PNode[ibc+2]*PNode[ibc+2]*(PNode[ibc+3]+PNode[ibc+3])+PNode
[ibc+2]*PNode[ibc+3]*PNode[ibc+3])*(1.0/(PNode[ibc+3]-PNode[ibc+1])/
(PNode[ibc+3]-PNode[ibc+2]));
        AAP[isect][ibc]=AAP[isect][ibc]-repss*
  PSection2[0][1]*(1-Alfa1);
    if((DAFP[isect][0]-PSection2[0][0])<PNode[ibc])repss=0;
```

```
      else if((((DAFP[isect][0]-PSection2[0][0])>=
PNode[ibc])&&((DAFP[isect][0]-PSection2[0][0])<=
PNode[ibc+1]))
      repss=(1.0/3.0*(DAFP[isect][0]-PSection2[0][0])
*(DAFP[isect][0]-PSection2[0][0])*(DAFP[isect][0]-
PSection2[0][0])-1.0/2.0*(DAFP[isect][0]-PSection2[0][0])*(DAFP[isect]
[0]-PSection2[0][0])*
(PNode[ibc]+PNode[ibc])+(DAFP[isect][0]-PSection2[0][0])
*PNode[ibc]*PNode[ibc])*(1.0/(PNode[ibc+2]-PNode[ibc])
/(PNode[ibc+1]-PNode[ibc]))-(1.0/3.0*PNode[ibc]*
PNode[ibc]*PNode[ibc]-1.0/2.0*PNode[ibc]*PNode[ibc]*
(PNode[ibc]+PNode[ibc])+PNode[ibc]*PNode[ibc]*PNode[ibc])*
(1.0/(PNode[ibc+2]-PNode[ibc])/(PNode[ibc+1]-PNode[ibc]));
      else if(((DAFP[isect][0]-PSection2[0][0])
>PNode[ibc+1])&&((DAFP[isect][0]-PSection2[0][0])<=
PNode[ibc+2]))
      repss=(1.0/3.0*PNode[ibc+1]*PNode[ibc+1]*PNode[ibc+1]-1.0/2.0*
PNode[ibc+1]*PNode[ibc+1]*(PNode[ibc]+PNode[ibc])+
PNode[ibc+1]*PNode[ibc]*PNode[ibc])*(1.0/(PNode[ibc+2]-PNode[ibc])/
(PNode[ibc+1]-PNode[ibc]))-(1.0/3.0*PNode[ibc]
*PNode[ibc]*PNode[ibc]-1.0/2.0*PNode[ibc]*PNode[ibc]*
(PNode[ibc]+PNode[ibc])+PNode[ibc]*PNode[ibc]*PNode[ibc])*
(1.0/(PNode[ibc+2]-PNode[ibc])/(PNode[ibc+1]-PNode[ibc]))-(1.0/3.0*
(DAFP[isect][0]-PSection2[0][0])*(DAFP[isect][0]-PSection2[0][0])*
(DAFP[isect][0]-PSection2[0][0])-1.0/2.0*(DAFP[isect][0]-PSection2[0]
[0])*(DAFP[isect][0]
-PSection2[0][0])*(PNode[ibc]+PNode[ibc+2])+(DAFP[isect][0]-PSection2
[0][0])*PNode[ibc]*PNode[ibc+2])*(1.0/(PNode[ibc+2]-PNode[ibc])/(PNode
[ibc+2]-PNode[ibc+1]))+(1.0/3.0*
PNode[ibc+1]*PNode[ibc+1]*PNode[ibc+1]-1.0/2.0*
PNode[ibc+1]*PNode[ibc+1]*(PNode[ibc]+PNode[ibc+2])+
PNode[ibc+1]*PNode[ibc]*PNode[ibc+2])*(1.0/(PNode[ibc+2]-PNode[ibc])/
(PNode[ibc+2]-PNode[ibc+1]))-(1.0/3.0*
(DAFP[isect][0]-PSection2[0][0])*(DAFP[isect][0]-PSection2[0][0])*
(DAFP[isect][0]-PSection2[0][0])-1.0/2.0*(DAFP[isect][0]-PSection2[0]
[0])*(DAFP[isect][0]-PSection2[0][0])*(PNode[ibc+1]+PNode[ibc+3])+
(DAFP[isect][0]-PSection2[0][0])*PNode[ibc+1]*PNode[ibc+3])*(1.0/
(PNode[ibc+3]-PNode[ibc+1])/(PNode[ibc+2]-PNode[ibc+1]))+
```

```
(1.0/3.0*PNode[ibc+1]*PNode[ibc+1]*PNode[ibc+1]-1.0/2.0*PNode[ibc+1]*
PNode[ibc+1]*(PNode[ibc+1]+PNode[ibc+3])+PNode[ibc+1]*PNode[ibc+1]*
PNode[ibc+3])*(1.0/(PNode[ibc+3]-PNode[ibc+1])/(PNode[ibc+2]-PNode
[ibc+1]));
    else if(((DAFP[isect][0]-PSection2[0][0])>
PNode[ibc+2])&&((DAFP[isect][0]-PSection2[0][0])<=
PNode[ibc+3]))
    repss=(1.0/3.0*PNode[ibc+1]*PNode[ibc+1]*PNode[ibc+1]-1.0/2.0*
PNode[ibc+1]*PNode[ibc+1]*(PNode[ibc]+PNode[ibc])+
PNode[ibc+1]*PNode[ibc]*PNode[ibc])*(1.0/(PNode[ibc+2]-PNode[ibc])/
(PNode[ibc+1]-PNode[ibc]))-(1.0/3.0*PNode[ibc]*
PNode[ibc]*PNode[ibc]-1.0/2.0*PNode[ibc]*PNode[ibc]*
(PNode[ibc]+PNode[ibc])+PNode[ibc]*PNode[ibc]*PNode[ibc])*
(1.0/(PNode[ibc+2]-PNode[ibc])/(PNode[ibc+1]-PNode[ibc]))-(1.0/3.0*
PNode[ibc+2]*PNode[ibc+2]*PNode[ibc+2]-1.0/2.0*PNode[ibc+2]*PNode[ibc+
2]*(PNode[ibc]+
PNode[ibc+2])+PNode[ibc+2]*PNode[ibc]*PNode[ibc+2])*(1.0/
(PNode[ibc+2]-PNode[ibc])/(PNode[ibc+2]-PNode[ibc+1]))+
(1.0/3.0*PNode[ibc+1]*PNode[ibc+1]*PNode[ibc+1]-1.0/2.0*PNode[ibc+1]*
PNode[ibc+1]*(PNode[ibc]+PNode
[ibc+2])+PNode[ibc+1]*PNode[ibc]*PNode[ibc+2])*(1.0/
(PNode[ibc+2]-PNode[ibc])/(PNode[ibc+2]-PNode[ibc+1]))-(1.0/3.0*PNode
[ibc+2]*PNode[ibc+2]*PNode[ibc+2]-1.0/2.0*PNode[ibc+2]*PNode[ibc+2]*
(PNode[ibc+1]+PNode
[ibc+3])+PNode[ibc+2]*PNode[ibc+1]*PNode[ibc+3])*(1.0/
(PNode[ibc+3]-PNode[ibc+1])/(PNode[ibc+2]-PNode[ibc+1]))+
(1.0/3.0*PNode[ibc+1]*PNode[ibc+1]*PNode[ibc+1]-1.0/2.0*
PNode[ibc+1]*PNode[ibc+1]*(PNode[ibc+1]+PNode[ibc+3])+
PNode[ibc+1]*PNode[ibc+1]*PNode[ibc+3])*(1.0/
(PNode[ibc+3]-PNode[ibc+1])/(PNode[ibc+2]-PNode[ibc+1]))+
(1.0/3.0*(DAFP[isect][0]-PSection2[0][0])*(DAFP[isect][0]-PSection2[0]
[0])*(DAFP[isect][0]-PSection2[0][0])-1.0/2.0*(DAFP[isect][0]-
PSection2[0][0])*(DAFP[isect][0]
-PSection2[0][0])*(PNode[ibc+3]+PNode[ibc+3])+
(DAFP[isect][0]-PSection2[0][0])*PNode[ibc+3]*PNode[ibc+3])
*(1.0/(PNode[ibc+3]-PNode[ibc+1])/(PNode[ibc+3]-PNode
[ibc+2]))-(1.0/3.0*PNode[ibc+2]*PNode[ibc+2]*PNode[ibc+2]-1.0/2.0*
PNode[ibc+2]*PNode[ibc+2]*(PNode[ibc+3]+PNode[ibc+3])+PNode[ibc+2]*
```

```
PNode[ibc+3]*PNode[ibc+3])*(1.0/(PNode[ibc+3]-PNode[ibc+1])/(PNode[ibc
+3]-PNode[ibc+2]));
        else
        repss=(1.0/3.0*PNode[ibc+1]*PNode[ibc+1]*PNode[ibc+1]-
1.0/2.0*PNode[ibc+1]*PNode[ibc+1]*(PNode[ibc]+PNode[ibc])+
PNode[ibc+1]*PNode[ibc]*PNode[ibc])*(1.0/(PNode[ibc+2]-
PNode[ibc])/(PNode[ibc+1]-PNode[ibc]))-(1.0/3.0*PNode[ibc]
*PNode[ibc]*PNode[ibc]-1.0/2.0*PNode[ibc]*PNode[ibc]
*(PNode[ibc]+PNode[ibc])+PNode[ibc]*PNode[ibc]*PNode[ibc])*
(1.0/(PNode[ibc+2]-PNode[ibc])/(PNode[ibc+1]-PNode[ibc]))-
(1.0/3.0*PNode[ibc+2]*PNode[ibc+2]*PNode[ibc+2]-
1.0/2.0*PNode[ibc+2]*PNode[ibc+2]*(PNode[ibc]+PNode[ibc+2])+
PNode[ibc+2]*PNode[ibc]*PNode[ibc+2])*(1.0/(PNode[ibc+2]-
PNode[ibc])/(PNode[ibc+2]-PNode[ibc+1]))+(1.0/3.0*PNode
[ibc+1]*PNode[ibc+1]*PNode[ibc+1]-1.0/2.0*PNode[ibc+1]*
PNode[ibc+1]*(PNode[ibc]+PNode[ibc+2])+PNode[ibc+1]*PNode
[ibc]*PNode[ibc+2])*(1.0/(PNode[ibc+2]-PNode[ibc])/(PNode
[ibc+2]-PNode[ibc+1]))-(1.0/3.0*PNode[ibc+2]*PNode
[ibc+2]*PNode[ibc+2]-1.0/2.0*PNode[ibc+2]*PNode[ibc+2]
*(PNode[ibc+1]+PNode[ibc+3])+PNode[ibc+2]*PNode[ibc+1]*
PNode[ibc+3])*(1.0/(PNode[ibc+3]-PNode[ibc+1])/
(PNode[ibc+2]-PNode[ibc+1]))+(1.0/3.0*PNode[ibc+1]*
PNode[ibc+1]*PNode[ibc+1]-1.0/2.0*PNode[ibc+1]*PNode[ibc+1]
*(PNode[ibc+1]+PNode[ibc+3])+PNode[ibc+1]*PNode[ibc+1]*PNode
[ibc+3])*(1.0/(PNode[ibc+3]-PNode[ibc+1])/(PNode[ibc+2]-PNode[ibc+
1]))+(1.0/3.0*PNode[ibc+3]*PNode[ibc+3]*PNode
[ibc+3]-1.0/2.0*PNode[ibc+3]*PNode[ibc+3]*(PNode[ibc+3]+
PNode[ibc+3])+PNode[ibc+3]*PNode[ibc+3]*PNode[ibc+3])*(1.0/
(PNode[ibc+3]-PNode[ibc+1])/(PNode[ibc+3]-PNode[ibc+2]))-(1.0/3.0*
PNode[ibc+2]*PNode[ibc+2]*PNode[ibc+2]-1.0/2.0*
PNode[ibc+2]*PNode[ibc+2]*(PNode[ibc+3]+PNode[ibc+3])+PNode
[ibc+2]*PNode[ibc+3]*PNode[ibc+3])*(1.0/(PNode[ibc+3]-PNode[ibc+1])/
(PNode[ibc+3]-PNode[ibc+2]));
    AAP[isect][ibc]=AAP[isect][ibc]+repss*PSection2[1][1]*
(1-Alfa1);
            }
        else //如果该压力数据处在第三个或第三个以后的流量段上
        {
```

```
        int Whichrateperiod=PDataSection[isect];
        double repss;
    if((DAFP[isect][0]-PSection2[Whichrateperiod-1][0])<PNode[ibc])
repss=0;
        else if
(((DAFP[isect][0]-PSection2[Whichrateperiod-1][0])>=PNode[ibc])&&
((DAFP[isect][0]-PSection2
[Whichrateperiod-1][0])<=PNode[ibc+1]))
        repss=(1.0/3.0*(DAFP[isect][0]-PSection2
[Whichrateperiod-1][0])*(DAFP[isect][0]-PSection2[Whichrateperiod-1]
[0])*(DAFP[isect][0]-PSection2[Whichrateperiod-1][0])-1.0/2.0*(DAFP
[isect][0]-PSection2[Whichrateperiod-1][0])*(DAFP[isect][0]-PSection2
[Whichrateperiod-1][0])*(PNode[ibc]+PNode[ibc])
+(DAFP[isect][0]-PSection2[Whichrateperiod-1][0])*
PNode[ibc]*PNode[ibc])*(1.0/(PNode[ibc+2]-PNode[ibc]
)/(PNode[ibc+1]-PNode[ibc]))-(1.0/3.0*PNode[ibc]*
PNode[ibc]*PNode[ibc]-1.0/2.0*PNode[ibc]*PNode[ibc]
*(PNode[ibc]+PNode[ibc])+PNode[ibc]*PNode[ibc]*PNode[ibc])*
(1.0/(PNode[ibc+2]-PNode[ibc])/(PNode[ibc+1]-PNode[ibc]));
        else if
(((DAFP[isect][0]-PSection2[Whichrateperiod-1][0])>PNode[ibc+1])&&
((DAFP[isect][0]-PSection2
[Whichrateperiod-1][0])<=PNode[ibc+2]))
        repss=(1.0/3.0*PNode[ibc+1]*PNode[ibc+1]*PNode[ibc+1]-1.0/2.0*
PNode[ibc+1]*PNode[ibc+1]*(PNode[ibc]+PNode[ibc])+
PNode[ibc+1]*PNode[ibc]*PNode[ibc])*(1.0/(PNode[ibc+2]-PNode[ibc])/
(PNode[ibc+1]-PNode[ibc]))-(1.0/3.0*PNode[ibc]*
PNode[ibc]*PNode[ibc]-1.0/2.0*PNode[ibc]*PNode[ibc]
*(PNode[ibc]+PNode[ibc])+PNode[ibc]*PNode[ibc]*PNode[ibc])*
(1.0/(PNode[ibc+2]-PNode[ibc])/(PNode[ibc+1]-PNode[ibc]))-(1.0/3.0*
(DAFP[isect][0]-PSection2[Whichrateperiod-1][0])
*(DAFP[isect][0]-PSection2[Whichrateperiod-1][0])
*(DAFP[isect][0]-PSection2[Whichrateperiod-1][0])-1.0/2.0*(DAFP[isect]
[0]-PSection2[Whichrateperiod-1][0])
*(DAFP[isect][0]-PSection2[Whichrateperiod-1][0])
*(PNode[ibc]+PNode[ibc+2])+(DAFP[isect][0]-PSection2[Whichrateperiod-
1][0])*PNode[ibc]*
PNode[ibc+2])*(1.0/(PNode[ibc+2]-PNode[ibc])/(PNode[ibc+2]-PNode[ibc+
```

```
1]))+(1.0/3.0*PNode[ibc+1]*PNode[ibc+1]*
PNode[ibc+1]-1.0/2.0*PNode[ibc+1]*PNode[ibc+1]*(PNode[ibc]+
PNode[ibc+2])+PNode[ibc+1]*PNode[ibc]*PNode[ibc+2])*(1.0/
(PNode[ibc+2]-PNode[ibc])/(PNode[ibc+2]-PNode[ibc+1]))-(1.0/3.0*(DAFP
[isect][0]-PSection2[Whichrateperiod-1][0])*(DAFP[isect][0]-PSection2
[Whichrateperiod-1][0])*(DAFP[isect][0]-PSection2[Whichrateperiod-1]
[0])-1.0/2.0*(DAFP[isect][0]-PSection2[Whichrateperiod-1][0])*(DAFP
[isect][0]-PSection2[Whichrateperiod-1][0])*(PNode[ibc+1]+PNode[ibc+
3])+(DAFP[isect]
[0]-PSection2[Whichrateperiod-1][0])*PNode[ibc+1]*
PNode[ibc+3])*(1.0/(PNode[ibc+3]-PNode[ibc+1])/(PNode[ibc+2]-PNode
[ibc+1]))+(1.0/3.0*PNode[ibc+1]*PNode[ibc+1]*PNode
[ibc+1]-1.0/2.0*PNode[ibc+1]*PNode[ibc+1]*(PNode[ibc+1]+
PNode[ibc+3])+PNode[ibc+1]*PNode[ibc+1]*PNode[ibc+3])*(1.0/
(PNode[ibc+3]-PNode[ibc+1])/(PNode[ibc+2]-PNode[ibc+1]));
    else if(((DAFP[isect][0]-PSection2[Whichrateperiod
-1][0])>PNode[ibc+2])&&((DAFP[isect][0]-PSection2
[Whichrateperiod-1][0])<=PNode[ibc+3]))
    repss=(1.0/3.0*PNode[ibc+1]*PNode[ibc+1]*PNode[ibc+1]-1.0/2.0*
PNode[ibc+1]*PNode[ibc+1]*(PNode[ibc]+PNode[ibc])+
PNode[ibc+1]*PNode[ibc]*PNode[ibc])*(1.0/(PNode[ibc+2]-PNode[ibc])/
(PNode[ibc+1]-PNode[ibc]))-(1.0/3.0*PNode[ibc]
*PNode[ibc]*PNode[ibc]-1.0/2.0*PNode[ibc]*PNode[ibc]
*(PNode[ibc]+PNode[ibc])+PNode[ibc]*PNode[ibc]*PNode[ibc])*
(1.0/(PNode[ibc+2]-PNode[ibc])/(PNode[ibc+1]-PNode[ibc]))-(1.0/3.0*
PNode[ibc+2]*PNode[ibc+2]*PNode[ibc+2]-1.0/2.0*PNode[ibc+2]*PNode[ibc+
2]*(PNode[ibc]+PNode[ibc+2])
+PNode[ibc+2]*PNode[ibc]*PNode[ibc+2])*(1.0/(PNode[ibc+2]-PNode[ibc])/
(PNode[ibc+2]-PNode[ibc+1]))+(1.0/3.0*
PNode[ibc+1]*PNode[ibc+1]*PNode[ibc+1]-1.0/2.0*
PNode[ibc+1]*PNode[ibc+1]*(PNode[ibc]+PNode[ibc+2])+
PNode[ibc+1]*PNode[ibc]*PNode[ibc+2])*(1.0/
(PNode[ibc+2]-PNode[ibc])/(PNode[ibc+2]-PNode[ibc+1]))-(1.0/3.0*PNode
[ibc+2]*PNode[ibc+2]*PNode[ibc+2]-1.0/2.0*PNode[ibc+2]*PNode[ibc+2]*
(PNode[ibc+1]
+PNode[ibc+3])+PNode[ibc+2]*PNode[ibc+1]*PNode[ibc+3])
*(1.0/(PNode[ibc+3]-PNode[ibc+1])/(PNode[ibc+2]-PNode[ibc+1]))+(1.0/
3.0*PNode[ibc+1]*PNode[ibc+1]*
```

```
PNode[ibc+1]-1.0/2.0*PNode[ibc+1]*PNode[ibc+1]*(PNode[ibc+1]
+PNode[ibc+3])+PNode[ibc+1]*PNode[ibc+1]*PNode[ibc+3])*(1.0/
(PNode[ibc+3]-PNode[ibc+1])/(PNode[ibc+2]-PNode[ibc+1]))+(1.0/3.0*
(DAFP[isect][0]-PSection2[Whichrateperiod-1][0])*(DAFP[isect][0]-
PSection2[Whichrateperiod-1][0])*(DAFP[isect][0]-PSection2
[Whichrateperiod-1][0])-1.0/2.0*(DAFP[isect][0]-PSection2
[Whichrateperiod-1][0])*(DAFP[isect][0]-PSection2[Whichrateperiod-1]
[0])*(PNode[ibc+3]+PNode[ibc+3]
)+(DAFP[isect][0]-PSection2[Whichrateperiod-1][0])*
PNode[ibc+3]*PNode[ibc+3])*(1.0/(PNode[ibc+3]-
PNode[ibc+1])/(PNode[ibc+3]-PNode[ibc+2]))-(1.0/3.0*
PNode[ibc+2]*PNode[ibc+2]*PNode[ibc+2]-1.0/2.0*PNode[ibc+2]*
PNode[ibc+2]*(PNode[ibc+3]+PNode[ibc+3])+PNode[ibc+2]*PNode
[ibc+3]*PNode[ibc+3])*(1.0/(PNode[ibc+3]-PNode[ibc+1])/
(PNode[ibc+3]-PNode[ibc+2]));
    else
      repss=(1.0/3.0*PNode[ibc+1]*PNode[ibc+1]*PNode[ibc+1]
-1.0/2.0*PNode[ibc+1]*PNode[ibc+1]*(PNode[ibc]+PNode[ibc])+
PNode[ibc+1]*PNode[ibc]*PNode[ibc])*(1.0/(PNode[ibc+2]-
PNode[ibc])/(PNode[ibc+1]-PNode[ibc]))-(1.0/3.0*PNode[ibc]*
PNode[ibc]*PNode[ibc]-1.0/2.0*PNode[ibc]*PNode[ibc]
*(PNode[ibc]+PNode[ibc])+PNode[ibc]*PNode[ibc]*PNode[ibc])
*(1.0/(PNode[ibc+2]-PNode[ibc])/(PNode[ibc+1]-PNode[ibc]))-
(1.0/3.0*PNode[ibc+2]*PNode[ibc+2]*PNode[ibc+2]-1.0/2.0*
PNode[ibc+2]*PNode[ibc+2]*(PNode[ibc]+PNode[ibc+2])+
PNode[ibc+2]*PNode[ibc]*PNode[ibc+2])*(1.0/(PNode[ibc+2]-
PNode[ibc])/(PNode[ibc+2]-PNode[ibc+1]))+(1.0/3.0*
PNode[ibc+1]*PNode[ibc+1]*PNode[ibc+1]-1.0/2.0*
PNode[ibc+1]*PNode[ibc+1]*(PNode[ibc]+PNode[ibc+2])+
PNode[ibc+1]*PNode[ibc]*PNode[ibc+2])*(1.0/(PNode[ibc+2]-
PNode[ibc])/(PNode[ibc+2]-PNode[ibc+1]))-(1.0/3.0*
PNode[ibc+2]*PNode[ibc+2]*PNode[ibc+2]-1.0/2.0*PNode
[ibc+2]*PNode[ibc+2]*(PNode[ibc+1]+PNode[ibc+3])+
PNode[ibc+2]*PNode[ibc+1]*PNode[ibc+3])*(1.0/(PNode[ibc+3]-
PNode[ibc+1])/(PNode[ibc+2]-PNode[ibc+1]))+(1.0/3.0*
PNode[ibc+1]*PNode[ibc+1]*PNode[ibc+1]-1.0/2.0*PNode[ibc+1]
*PNode[ibc+1]*(PNode[ibc+1]+PNode[ibc+3])+PNode[ibc+1]*PNode
[ibc+1]*PNode[ibc+3])*(1.0/(PNode[ibc+3]-PNode[ibc+1])
```

```
/(PNode[ibc+2]-PNode[ibc+1]))+(1.0/3.0*PNode[ibc+3]
*PNode[ibc+3]*PNode[ibc+3]-1.0/2.0*PNode[ibc+3]*PNode
[ibc+3]*(PNode[ibc+3]+PNode[ibc+3])+PNode[ibc+3]*PNode[ibc+3]
*PNode[ibc+3])*(1.0/(PNode[ibc+3]-PNode[ibc+1])/(PNode
[ibc+3]-PNode[ibc+2]))-(1.0/3.0*PNode[ibc+2]*PNode
[ibc+2]*PNode[ibc+2]-1.0/2.0*PNode[ibc+2]*PNode[ibc+2]*
(PNode[ibc+3]+PNode[ibc+3])+PNode[ibc+2]*PNode[ibc+3]*
PNode[ibc+3])*(1.0/(PNode[ibc+3]-PNode[ibc+1])/(PNode[ibc+3]-
PNode[ibc+2]));
  AAP[isect][ibc]=repss*PSection2[Whichrateperiod][1]*(1-Alfa1);
    double rep;
    if((DAFP[isect][0]-0)<PNode[ibc])rep=0;
      else if(((DAFP[isect][0]-0)>=PNode[ibc])&&
  ((DAFP[isect][0]-0)<=PNode[ibc+1]))
      rep=(1.0/3.0*(DAFP[isect][0]-0)*(DAFP[isect][0]
-0)*(DAFP[isect][0]-0)-1.0/2.0*(DAFP[isect][0]-0)*
(DAFP[isect][0]-0)*(PNode[ibc]+PNode[ibc])+(DAFP[isect][0]
-0)*PNode[ibc]*PNode[ibc])*(1.0/(PNode[ibc+2]-PNode[ibc])
/(PNode[ibc+1]-PNode[ibc]))-(1.0/3.0*PNode[ibc]*PNode[ibc]
*PNode[ibc]-1.0/2.0*PNode[ibc]*PNode[ibc]*(PNode[ibc]+
PNode[ibc])+PNode[ibc]*PNode[ibc]*PNode[ibc])*(1.0/
(PNode[ibc+2]-PNode[ibc])/(PNode[ibc+1]-PNode[ibc]));
      else if(((DAFP[isect][0]-0)>PNode[ibc+1])&&
((DAFP[isect][0]-0)<=PNode[ibc+2]))
      rep=(1.0/3.0*PNode[ibc+1]*PNode[ibc+1]*PNode[ibc+1]-1.0/2.0*PNode
[ibc+1]*PNode[ibc+1]*(PNode[ibc]+PNode[ibc])+
PNode[ibc+1]*PNode[ibc]*PNode[ibc])*(1.0/(PNode[ibc+2]-PNode[ibc])/
(PNode[ibc+1]-PNode[ibc]))-(1.0/3.0*PNode[ibc]*
PNode[ibc]*PNode[ibc]-1.0/2.0*PNode[ibc]*PNode[ibc]*
(PNode[ibc]+PNode[ibc])+PNode[ibc]*PNode[ibc]*PNode[ibc])*
(1.0/(PNode[ibc+2]-PNode[ibc])/(PNode[ibc+1]-PNode[ibc]))-(1.0/3.0*
(DAFP[isect][0]-0)*(DAFP[isect][0]-0)*(DAFP[isect]
[0]-0)-1.0/2.0*(DAFP[isect][0]-0)*(DAFP[isect][0]-0)*
(PNode[ibc]+PNode[ibc+2])+(DAFP[isect][0]-0)*PNode[ibc]*
PNode[ibc+2])*(1.0/(PNode[ibc+2]-PNode[ibc])/(PNode[ibc+2]-PNode[ibc+
1]))+(1.0/3.0*PNode[ibc+1]*PNode[ibc+1]*PNode
[ibc+1]-1.0/2.0*PNode[ibc+1]*PNode[ibc+1]*(PNode[ibc]+
PNode[ibc+2])+PNode[ibc+1]*PNode[ibc]*PNode[ibc+2])*(1.0/
```

```
(PNode[ibc+2]-PNode[ibc])/(PNode[ibc+2]-PNode[ibc+1]))-(1.0/3.0*(DAFP
[isect][0]-0)*(DAFP[isect][0]-0)*(DAFP[isect]
[0]-0)-1.0/2.0*(DAFP[isect][0]-0)*(DAFP[isect][0]-0)*
(PNode[ibc+1]+PNode[ibc+3])+(DAFP[isect][0]-0)*PNode[ibc+1]*
PNode[ibc+3])*(1.0/(PNode[ibc+3]-PNode[ibc+1])/(PNode[ibc+2]-PNode
[ibc+1]))+(1.0/3.0*PNode[ibc+1]*PNode[ibc+1]
*PNode[ibc+1]-1.0/2.0*PNode[ibc+1]*PNode[ibc+1]*(PNode[ibc+1]
+PNode[ibc+3])+PNode[ibc+1]*PNode[ibc+1]*PNode[ibc+3])*(1.0/
(PNode[ibc+3]-PNode[ibc+1])/(PNode[ibc+2]-PNode[ibc+1]));
    else if
(((DAFP[isect][0]-0)>PNode[ibc+2])&&((DAFP[isect][0]-0)<=PNode[ibc+
3]))
    rep=(1.0/3.0*PNode[ibc+1]*PNode[ibc+1]*PNode[ibc+1]-1.0/2.0*PNode
[ibc+1]*PNode[ibc+1]*(PNode[ibc]+PNode[ibc])+
PNode[ibc+1]*PNode[ibc]*PNode[ibc])*(1.0/(PNode[ibc+2]-PNode[ibc])/
(PNode[ibc+1]-PNode[ibc]))-(1.0/3.0*PNode[ibc]*
PNode[ibc]*PNode[ibc]-1.0/2.0*PNode[ibc]*PNode[ibc]*
(PNode[ibc]+PNode[ibc])+PNode[ibc]*PNode[ibc]*PNode[ibc])*
(1.0/(PNode[ibc+2]-PNode[ibc])/(PNode[ibc+1]-PNode[ibc]))-(1.0/3.0*
PNode[ibc+2]*PNode[ibc+2]*PNode[ibc+2]-1.0/2.0*
PNode[ibc+2]*PNode[ibc+2]*(PNode[ibc]+PNode[ibc+2])+PNode
[ibc+2]*PNode[ibc]*PNode[ibc+2])*(1.0/(PNode[ibc+2]-PNode[ibc])/(PNode
[ibc+2]-PNode[ibc+1]))+(1.0/3.0*PNode
[ibc+1]*PNode[ibc+1]*PNode[ibc+1]-1.0/2.0*PNode[ibc+1]*
PNode[ibc+1]*(PNode[ibc]+PNode[ibc+2])+PNode[ibc+1]*PNode
[ibc]*PNode[ibc+2])*(1.0/(PNode[ibc+2]-PNode[ibc])/
(PNode[ibc+2]-PNode[ibc+1]))-(1.0/3.0*PNode[ibc+2]
*PNode[ibc+2]*PNode[ibc+2]-1.0/2.0*PNode[ibc+2]*PNode[ibc+2]*
(PNode[ibc+1]+PNode[ibc+3])+PNode[ibc+2]*PNode[ibc+1]*
PNode[ibc+3])*(1.0/(PNode[ibc+3]-PNode[ibc+1])/(PNode[ibc+2]
-PNode[ibc+1]))+(1.0/3.0*PNode[ibc+1]*PNode[ibc+1]*
PNode[ibc+1]-1.0/2.0*PNode[ibc+1]*PNode[ibc+1]*(PNode[ibc+1]
+PNode[ibc+3])+PNode[ibc+1]*PNode[ibc+1]*PNode[ibc+3])*(1.0/(PNode[ibc
+3]-PNode[ibc+1])/(PNode[ibc+2]-PNode[ibc+1]))+
(1.0/3.0*(DAFP[isect][0]-0)*(DAFP[isect][0]-0)*(DAFP[isect]
[0]-0)-1.0/2.0*(DAFP[isect][0]-0)*(DAFP[isect][0]-0)*
(PNode[ibc+3]+PNode[ibc+3])+(DAFP[isect][0]-0)*PNode
[ibc+3]*PNode[ibc+3])*(1.0/(PNode[ibc+3]-PNode[ibc+1]))
```

```
/(PNode[ibc+3]-PNode[ibc+2]))-(1.0/3.0*PNode[ibc+2]*
PNode[ibc+2]*PNode[ibc+2]-1.0/2.0*PNode[ibc+2]*PNode
[ibc+2]*(PNode[ibc+3]+PNode[ibc+3])+PNode[ibc+2]*PNode[ibc+3]*PNode
[ibc+3])*(1.0/(PNode[ibc+3]-PNode[ibc+1]))/(PNode[ibc+3]
-PNode[ibc+2]));
        else
      rep=(1.0/3.0*PNode[ibc+1]*PNode[ibc+1]*PNode[ibc+1]-
1.0/2.0*PNode[ibc+1]*PNode[ibc+1]*(PNode[ibc]+PNode[ibc])+
PNode[ibc+1]*PNode[ibc]*PNode[ibc])*(1.0/(PNode[ibc+2]-PNode[ibc])/
(PNode[ibc+1]-PNode[ibc]))-(1.0/3.0*PNode
[ibc]*PNode[ibc]*PNode[ibc]-1.0/2.0*PNode[ibc]*PNode[ibc]
*(PNode[ibc]+PNode[ibc])+PNode[ibc]*PNode[ibc]*PNode[ibc])*
(1.0/(PNode[ibc+2]-PNode[ibc])/(PNode[ibc+1]-PNode[ibc]))-(1.0/3.0*
PNode[ibc+2]*PNode[ibc+2]*PNode[ibc+2]-1.0/2.0*
PNode[ibc+2]*PNode[ibc+2]*(PNode[ibc]+PNode[ibc+2])+
PNode[ibc+2]*PNode[ibc]*PNode[ibc+2])*(1.0/(PNode[ibc+2]-PNode[ibc])/
(PNode[ibc+2]-PNode[ibc+1]))+(1.0/3.0*
PNode[ibc+1]*PNode[ibc+1]*PNode[ibc+1]-1.0/2.0*PNode[ibc+1]
*PNode[ibc+1]*(PNode[ibc]+PNode[ibc+2])+PNode[ibc+1]*PNode
[ibc]*PNode[ibc+2])*(1.0/(PNode[ibc+2]-PNode[ibc])/
(PNode[ibc+2]-PNode[ibc+1]))-(1.0/3.0*PNode[ibc+2]*
PNode[ibc+2]*PNode[ibc+2]-1.0/2.0*PNode[ibc+2]*PNode[ibc+2]*
(PNode[ibc+1]+PNode[ibc+3])+PNode[ibc+2]*PNode[ibc+1]*PNode
[ibc+3])*(1.0/(PNode[ibc+3]-PNode[ibc+1])/(PNode[ibc+2]-PNode[ibc+
1]))+(1.0/3.0*PNode[ibc+1]*PNode[ibc+1]*PNode
[ibc+1]-1.0/2.0*PNode[ibc+1]*PNode[ibc+1]*(PNode[ibc+1]
+PNode[ibc+3])+PNode[ibc+1]*PNode[ibc+1]*PNode[ibc+3])*(1.0/
(PNode[ibc+3]-PNode[ibc+1])/(PNode[ibc+2]-PNode[ibc+1]))+
(1.0/3.0*PNode[ibc+3]*PNode[ibc+3]*PNode[ibc+3]-1.0/2.0*
PNode[ibc+3]*PNode[ibc+3]*(PNode[ibc+3]+PNode[ibc+3])+
PNode[ibc+3]*PNode[ibc+3]*PNode[ibc+3])*(1.0/(PNode[ibc+3]-PNode[ibc+
1])/(PNode[ibc+3]-PNode[ibc+2]))-(1.0/3.0*
PNode[ibc+2]*PNode[ibc+2]*PNode[ibc+2]-1.0/2.0*PNode[ibc+2]
*PNode[ibc+2]*(PNode[ibc+3]+PNode[ibc+3])+PNode[ibc+2]*PNode
[ibc+3]*PNode[ibc+3])*(1.0/(PNode[ibc+3]-PNode[ibc+1])/(PNode[ibc+3]-
PNode[ibc+2]));
    AAP[isect][ibc]=AAP[isect][ibc]+rep*PSection2[0][1]*
(1-Alfa1);
```

```
    if((DAFP[isect][0]-PSection2[0][0])<PNode[ibc])repss=0;
    else if(((DAFP[isect][0]-PSection2[0][0])>=
PNode[ibc])&&((DAFP[isect][0]-PSection2[0][0])<=
PNode[ibc+1]))
    repss=(1.0/3.0*(DAFP[isect][0]-PSection2[0][0])*
(DAFP[isect][0]-PSection2[0][0])*(DAFP[isect][0]-PSection2[0][0])-1.0/
2.0*(DAFP[isect][0]-PSection2[0][0])
*(DAFP[isect][0]-PSection2[0][0])*(PNode[ibc]+PNode[ibc])
+(DAFP[isect][0]-PSection2[0][0])*PNode[ibc]*PNode[ibc])*
(1.0/(PNode[ibc+2]-PNode[ibc])/(PNode[ibc+1]-PNode[ibc]))-(1.0/3.0*
PNode[ibc]*PNode[ibc]*PNode[ibc]-1.0/2.0*
PNode[ibc]*PNode[ibc]*(PNode[ibc]+PNode[ibc])+PNode[ibc]*
PNode[ibc]*PNode[ibc])*(1.0/(PNode[ibc+2]-PNode[ibc])/
(PNode[ibc+1]-PNode[ibc]));
    else if(((DAFP[isect][0]-PSection2[0][0])>
PNode[ibc+1])&&((DAFP[isect][0]-PSection2[0][0])<=
PNode[ibc+2]))
    repss=(1.0/3.0*PNode[ibc+1]*PNode[ibc+1]*
PNode[ibc+1]-1.0/2.0*PNode[ibc+1]*PNode[ibc+1]*(PNode[ibc]+
PNode[ibc])+PNode[ibc+1]*PNode[ibc]*PNode[ibc])*(1.0/(PNode
[ibc+2]-PNode[ibc])/(PNode[ibc+1]-PNode[ibc]))-(1.0/3.0*
PNode[ibc]*PNode[ibc]*PNode[ibc]-1.0/2.0*PNode[ibc]
*PNode[ibc]*(PNode[ibc]+PNode[ibc])+PNode[ibc]*PNode[ibc]*
PNode[ibc])*(1.0/(PNode[ibc+2]-PNode[ibc])/(PNode[ibc+1]-
PNode[ibc]))-(1.0/3.0*(DAFP[isect][0]-PSection2[0][0])*
(DAFP[isect][0]-PSection2[0][0])*(DAFP[isect][0]-
PSection2[0][0])-1.0/2.0*(DAFP[isect][0]-PSection2[0][0])
*(DAFP[isect][0]-PSection2[0][0])*(PNode[ibc]+PNode[ibc+2])+
(DAFP[isect][0]-PSection2[0][0])*PNode[ibc]*PNode[ibc+2])*
(1.0/(PNode[ibc+2]-PNode[ibc])/(PNode[ibc+2]-PNode[ibc+1]))
+(1.0/3.0*PNode[ibc+1]*PNode[ibc+1]*PNode[ibc+1]-1.0/2.0*PNode[ibc+1]*
PNode[ibc+1]*(PNode[ibc]+PNode[ibc+2])
+PNode[ibc+1]*PNode[ibc]*PNode[ibc+2])*(1.0/(PNode[ibc+2]-PNode[ibc])/
(PNode[ibc+2]-PNode[ibc+1]))-(1.0/3.0*
(DAFP[isect][0]-PSection2[0][0])*(DAFP[isect][0]-PSection2[0][0])*
(DAFP[isect][0]-PSection2[0][0])-1.0/2.0
*(DAFP[isect][0]-PSection2[0][0])*(DAFP[isect][0]-PSection2[0][0])*
(PNode[ibc+1]+PNode[ibc+3])+(DAFP[isect][0]-PSection2[0][0])*PNode[ibc
```

```
+1]*PNode[ibc+3])*(1.0/(PNode
[ibc+3]-PNode[ibc+1])/(PNode[ibc+2]-PNode[ibc+1]))+(1.0/3.0*
PNode[ibc+1]*PNode[ibc+1]*PNode[ibc+1]-1.0/2.0*PNode
[ibc+1]*PNode[ibc+1]*(PNode[ibc+1]+PNode[ibc+3])+PNode[ibc+1]*PNode
[ibc+1]*PNode[ibc+3])*(1.0/(PNode[ibc+3]-PNode[ibc+1])/(PNode[ibc+2]-
PNode[ibc+1]));
    else if(((DAFP[isect][0]-PSection2[0][0])>
PNode[ibc+2])&&((DAFP[isect][0]-PSection2[0][0])
<=PNode[ibc+3]))
    repss=(1.0/3.0*PNode[ibc+1]*PNode[ibc+1]*PNode[ibc+1]-1.0/2.0*
PNode[ibc+1]*PNode[ibc+1]*(PNode[ibc]+PNode[ibc])+
PNode[ibc+1]*PNode[ibc]*PNode[ibc])*(1.0/(PNode[ibc+2]-PNode[ibc])/
(PNode[ibc+1]-PNode[ibc]))-(1.0/3.0*PNode[ibc]*
PNode[ibc]*PNode[ibc]-1.0/2.0*PNode[ibc]*PNode[ibc]*
(PNode[ibc]+PNode[ibc])+PNode[ibc]*PNode[ibc]*PNode[ibc])*
(1.0/(PNode[ibc+2]-PNode[ibc])/(PNode[ibc+1]-PNode[ibc]))-(1.0/3.0*
PNode[ibc+2]*PNode[ibc+2]*PNode[ibc+2]-1.0/2.0*
PNode[ibc+2]*PNode[ibc+2]*(PNode[ibc]+PNode[ibc+2])+
PNode[ibc+2]*PNode[ibc]*PNode[ibc+2])*(1.0/(PNode[ibc+2]-PNode[ibc])/
(PNode[ibc+2]-PNode[ibc+1]))+(1.0/3.0*PNode
[ibc+1]*PNode[ibc+1]*PNode[ibc+1]-1.0/2.0*PNode[ibc+1]*
PNode[ibc+1]*(PNode[ibc]+PNode[ibc+2])+PNode[ibc+1]*
PNode[ibc]*PNode[ibc+2])*(1.0/(PNode[ibc+2]-PNode[ibc])/
(PNode[ibc+2]-PNode[ibc+1]))-(1.0/3.0*PNode[ibc+2]*
PNode[ibc+2]*PNode[ibc+2]-1.0/2.0*PNode[ibc+2]*PNode[ibc+2]
*(PNode[ibc+1]+PNode[ibc+3])+PNode[ibc+2]*PNode[ibc+1]
*PNode[ibc+3])*(1.0/(PNode[ibc+3]-PNode[ibc+1])/(PNode[ibc+2]
-PNode[ibc+1]))+(1.0/3.0*PNode[ibc+1]*PNode[ibc+1]
*PNode[ibc+1]-1.0/2.0*PNode[ibc+1]*PNode[ibc+1]*(PNode[ibc+1]
+PNode[ibc+3])+PNode[ibc+1]*PNode[ibc+1]*PNode[ibc+3])*(1.0/
(PNode[ibc+3]-PNode[ibc+1])/(PNode[ibc+2]-PNode[ibc+1]))+
(1.0/3.0*(DAFP[isect][0]-PSection2[0][0])*(DAFP[isect][0]-PSection2[0]
[0])*(DAFP[isect][0]-PSection2[0][0])-1.0/2.0*
(DAFP[isect][0]-PSection2[0][0])*(DAFP[isect][0]-PSection2[0][0])*
(PNode[ibc+3]+PNode[ibc+3])+(DAFP[isect][0]-PSection2[0][0])*PNode[ibc
+3]*PNode[ibc+3])*(1.0/(PNode[ibc+3]-PNode[ibc+1])/(PNode[ibc+3]-PNode
[ibc+2]))-(1.0/3.0*
PNode[ibc+2]*PNode[ibc+2]*PNode[ibc+2]-1.0/2.0*PNode[ibc+2]
```

```
*PNode[ibc+2]*(PNode[ibc+3]+PNode[ibc+3])+PNode[ibc+2]*PNode
[ibc+3]*PNode[ibc+3])*(1.0/(PNode[ibc+3]-PNode[ibc+1])/
(PNode[ibc+3]-PNode[ibc+2]));
    else
      repss=(1.0/3.0*PNode[ibc+1]*PNode[ibc+1]*PNode[ibc+1]
-1.0/2.0*PNode[ibc+1]*PNode[ibc+1]*(PNode[ibc]+PNode[ibc])+
PNode[ibc+1]*PNode[ibc]*PNode[ibc])*(1.0/(PNode[ibc+2]-PNode[ibc])/
(PNode[ibc+1]-PNode[ibc]))-(1.0/3.0*PNode[ibc]
*PNode[ibc]*PNode[ibc]-1.0/2.0*PNode[ibc]*PNode[ibc]*
(PNode[ibc]+PNode[ibc])+PNode[ibc]*PNode[ibc]*PNode[ibc])*
(1.0/(PNode[ibc+2]-PNode[ibc])/(PNode[ibc+1]-PNode[ibc]))-(1.0/3.0*
PNode[ibc+2]*PNode[ibc+2]*PNode[ibc+2]-1.0/2.0*PNode[ibc+2]*PNode[ibc+
2]*(PNode[ibc]+
PNode[ibc+2])+PNode[ibc+2]*PNode[ibc]*PNode[ibc+2])*(1.0/
(PNode[ibc+2]-PNode[ibc])/(PNode[ibc+2]-PNode[ibc+1]))+
(1.0/3.0*PNode[ibc+1]*PNode[ibc+1]*PNode[ibc+1]-1.0/2.0*
PNode[ibc+1]*PNode[ibc+1]*(PNode[ibc]+PNode[ibc+2])+
PNode[ibc+1]*PNode[ibc]*PNode[ibc+2])*(1.0/(PNode[ibc+2]-PNode[ibc])/
(PNode[ibc+2]-PNode[ibc+1]))-(1.0/3.0*
PNode[ibc+2]*PNode[ibc+2]*PNode[ibc+2]-1.0/2.0*
PNode[ibc+2]*PNode[ibc+2]*(PNode[ibc+1]+PNode[ibc+3])+
PNode[ibc+2]*PNode[ibc+1]*PNode[ibc+3])*(1.0/
(PNode[ibc+3]-PNode[ibc+1])/(PNode[ibc+2]-PNode[ibc+1]))
+(1.0/3.0*PNode[ibc+1]*PNode[ibc+1]*PNode[ibc+1]-1.0/2.0*PNode[ibc+1]*
PNode[ibc+1]*(PNode[ibc+1]+
PNode[ibc+3])+PNode[ibc+1]*PNode[ibc+1]*PNode[ibc+3])*(1.0/
(PNode[ibc+3]-PNode[ibc+1])/(PNode[ibc+2]-PNode[ibc+1]))+
(1.0/3.0*PNode[ibc+3]*PNode[ibc+3]*PNode[ibc+3]-1.0/2.0*
PNode[ibc+3]*PNode[ibc+3]*(PNode[ibc+3]+PNode[ibc+3])+
PNode[ibc+3]*PNode[ibc+3]*PNode[ibc+3])*(1.0/(PNode[ibc+3]-PNode[ibc+
1])/(PNode[ibc+3]-PNode[ibc+2]))-(1.0/3.0*
PNode[ibc+2]*PNode[ibc+2]*PNode[ibc+2]-1.0/2.0*
PNode[ibc+2]*PNode[ibc+2]*(PNode[ibc+3]+PNode[ibc+3])+
PNode[ibc+2]*PNode[ibc+3]*PNode[ibc+3])*(1.0/(PNode[ibc+3]-PNode[ibc+
1])/(PNode[ibc+3]-PNode[ibc+2]));
        AAP[isect][ibc]=AAP[isect][ibc]-repss*PSection2
[0][1]*(1-Alfa1);
        for(int setin=0;setin<Whichrateperiod-1;setin++)
```

```
    {
        double repss;
        double rep;
    if((DAFP[isect][0]-PSection2[setin][0])<PNode[ibc])rep=0;
        else if(((DAFP[isect][0]-PSection2[setin][0])>=
PNode[ibc])&&((DAFP[isect][0]-PSection2[setin][0])<=
PNode[ibc+1]))
        rep=(1.0/3.0*(DAFP[isect][0]-PSection2[setin][0])*
(DAFP[isect][0]-PSection2[setin][0])*(DAFP[isect][0]-PSection2[setin]
[0])-1.0/2.0*(DAFP[isect][0]-PSection2
[setin][0])*(DAFP[isect][0]-PSection2[setin][0])*
(PNode[ibc]+PNode[ibc])+(DAFP[isect][0]-PSection2[setin][0]
)*PNode[ibc]*PNode[ibc])*(1.0/(PNode[ibc+2]-PNode[ibc])/
(PNode[ibc+1]-PNode[ibc]))-(1.0/3.0*PNode[ibc]*PNode[ibc]
*PNode[ibc]-1.0/2.0*PNode[ibc]*PNode[ibc]*(PNode[ibc]
+PNode[ibc])+PNode[ibc]*PNode[ibc]*PNode[ibc])*(1.0/(
PNode[ibc+2]-PNode[ibc])/(PNode[ibc+1]-PNode[ibc]));
        else if(((DAFP[isect][0]-PSection2[setin][0])>
PNode[ibc+1])&&((DAFP[isect][0]-PSection2[setin][0])
<=PNode[ibc+2]))
        rep=(1.0/3.0*PNode[ibc+1]*PNode[ibc+1]*PNode[ibc+1]-1.0/2.0*PNode
[ibc+1]*PNode[ibc+1]*(PNode[ibc]+PNode[ibc])+
PNode[ibc+1]*PNode[ibc]*PNode[ibc])*(1.0/(PNode[ibc+2]-PNode[ibc])/
(PNode[ibc+1]-PNode[ibc]))-(1.0/3.0*PNode[ibc]*
PNode[ibc]*PNode[ibc]-1.0/2.0*PNode[ibc]*PNode[ibc]
*(PNode[ibc]+PNode[ibc])+PNode[ibc]*PNode[ibc]*PNode[ibc])*
(1.0/(PNode[ibc+2]-PNode[ibc])/(PNode[ibc+1]-PNode[ibc]))-(1.0/3.0*
(DAFP[isect][0]-PSection2[setin][0])*(DAFP[isect][0]
-PSection2[setin][0])*(DAFP[isect][0]-PSection2[setin][0])-1.0/2.0*
(DAFP[isect][0]-PSection2[setin][0])*(DAFP[isect][0]-PSection2[setin]
[0])*(PNode[ibc]+PNode[ibc+2])+(DAFP
[isect][0]-PSection2[setin][0])*PNode[ibc]*PNode[ibc+2])
*(1.0/(PNode[ibc+2]-PNode[ibc])/(PNode[ibc+2]-PNode[ibc+1]
))+(1.0/3.0*PNode[ibc+1]*PNode[ibc+1]*PNode[ibc+1]-1.0/2.0*
PNode[ibc+1]*PNode[ibc+1]*(PNode[ibc]+PNode[ibc+2])+
PNode[ibc+1]*PNode[ibc]*PNode[ibc+2])*(1.0/(PNode[ibc+2]-PNode[ibc])/
(PNode[ibc+2]-PNode[ibc+1]))-(1.0/3.0*
(DAFP[isect][0]-PSection2[setin][0])*(DAFP[isect][0]-PSection2[setin]
```

```
[0])*(DAFP[isect][0]-PSection2[setin][0])-1.0/2.0*(DAFP[isect][0]-
PSection2[setin][0])*(DAFP[isect][0]-PSection2[setin][0])*(PNode[ibc+
1]+PNode[ibc+3])+(DAFP[isect][0]-PSection2[setin][0])*PNode[ibc+1]*
PNode[ibc+3])
*(1.0/(PNode[ibc+3]-PNode[ibc+1])/(PNode[ibc+2]-PNode[ibc+1]
))+(1.0/3.0*PNode[ibc+1]*PNode[ibc+1]*PNode[ibc+1]-1.0/2.0*PNode[ibc+
1]*PNode[ibc+1]*(PNode[ibc+1]+PNode[ibc+3])+PNode[ibc+1]*PNode[ibc+1]
* PNode[ibc+3])*(1.0/(PNode[ibc+3]-PNode[ibc+1])/(PNode[ibc+2]-PNode
[ibc+1]));
    else if(((DAFP[isect][0]-PSection2[setin][0])
>PNode[ibc+2])&&((DAFP[isect][0]-PSection2[setin][0])
<=PNode[ibc+3]))rep=(1.0/3.0*PNode[ibc+1]*PNode[ibc+1]*PNode[ibc+1]-
1.0/2.0*PNode[ibc+1]*PNode[ibc+1]*(PNode[ibc]+PNode[ibc])+
PNode[ibc+1]*PNode[ibc]*PNode[ibc])*(1.0/(PNode[ibc+2]-PNode[ibc])/
(PNode[ibc+1]-PNode[ibc]))-(1.0/3.0*PNode[ibc]
*PNode[ibc]*PNode[ibc]-1.0/2.0*PNode[ibc]*PNode[ibc]
*(PNode[ibc]+PNode[ibc])+PNode[ibc]*PNode[ibc]*PNode[ibc])*
(1.0/(PNode[ibc+2]-PNode[ibc])/(PNode[ibc+1]-PNode[ibc]))-(1.0/3.0*
PNode[ibc+2]*PNode[ibc+2]*PNode[ibc+2]-1.0/2.0*
PNode[ibc+2]*PNode[ibc+2]*(PNode[ibc]+PNode[ibc+2])+
PNode[ibc+2]*PNode[ibc]*PNode[ibc+2])*(1.0/(PNode[ibc+2]-PNode[ibc])/
(PNode[ibc+2]-PNode[ibc+1]))+(1.0/3.0*PNode
[ibc+1]*PNode[ibc+1]*PNode[ibc+1]-1.0/2.0*PNode[ibc+1]*
PNode[ibc+1]*(PNode[ibc]+PNode[ibc+2])+PNode[ibc+1]*PNode
[ibc]*PNode[ibc+2])*(1.0/(PNode[ibc+2]-PNode[ibc])/(PNode
[ibc+2]-PNode[ibc+1]))-(1.0/3.0*PNode[ibc+2]*PNode[ibc+2]
*PNode[ibc+2]-1.0/2.0*PNode[ibc+2]*PNode[ibc+2]*(PNode[ibc+1]
+PNode[ibc+3])+PNode[ibc+2]*PNode[ibc+1]*PNode[ibc+3])*(1.0/(PNode[ibc
+3]-PNode[ibc+1])/(PNode[ibc+2]-PNode[ibc+1]))+
(1.0/3.0*PNode[ibc+1]*PNode[ibc+1]*PNode[ibc+1]-1.0/2.0*
PNode[ibc+1]*PNode[ibc+1]*(PNode[ibc+1]+PNode[ibc+3])+
PNode[ibc+1]*PNode[ibc+1]*PNode[ibc+3])*(1.0/(PNode[ibc+3]-PNode[ibc+
1])/(PNode[ibc+2]-PNode[ibc+1]))+(1.0/3.0*
(DAFP[isect][0]-PSection2[setin][0])*(DAFP[isect][0]-PSection2[setin]
[0])*(DAFP[isect][0]-PSection2[setin][0])-1.0/2.0*(DAFP[isect][0]-
PSection2[setin][0])*(DAFP[isect][0]-PSection2[setin][0])*(PNode[ibc+
3]+PNode[ibc+3])+(DAFP[isect][0]-PSection2[setin][0])*PNode[ibc+3]*
PNode[ibc+3])*(1.0/(
```

```
PNode[ibc+3]-PNode[ibc+1])/(PNode[ibc+3]-PNode[ibc+2]))-(1.0/3.0*PNode
[ibc+2]*PNode[ibc+2]*PNode[ibc+2]-1.0/2.0*
PNode[ibc+2]*PNode[ibc+2]*(PNode[ibc+3]+PNode[ibc+3])+PNode
[ibc+2]*PNode[ibc+3]*PNode[ibc+3])*(1.0/(PNode[ibc+3]-PNode[ibc+1])/
(PNode[ibc+3]-PNode[ibc+2]));
    else
    rep=(1.0/3.0*PNode[ibc+1]*PNode[ibc+1]*PNode[ibc+1]-
1.0/2.0*PNode[ibc+1]*PNode[ibc+1]*(PNode[ibc]+PNode[ibc])+
PNode[ibc+1]*PNode[ibc]*PNode[ibc])*(1.0/(PNode[ibc+2]-PNode[ibc])/
(PNode[ibc+1]-PNode[ibc]))-(1.0/3.0*PNode[ibc]
*PNode[ibc]*PNode[ibc]-1.0/2.0*PNode[ibc]*PNode[ibc]
*(PNode[ibc]+PNode[ibc])+PNode[ibc]*PNode[ibc]*PNode[ibc])*
(1.0/(PNode[ibc+2]-PNode[ibc])/(PNode[ibc+1]-PNode[ibc]))-(1.0/3.0*
PNode[ibc+2]*PNode[ibc+2]*PNode[ibc+2]-1.0/2.0*
PNode[ibc+2]*PNode[ibc+2]*(PNode[ibc]+PNode[ibc+2])+PNode
[ibc+2]*PNode[ibc]*PNode[ibc+2])*(1.0/(PNode[ibc+2]-PNode[ibc])/(PNode
[ibc+2]-PNode[ibc+1]))+(1.0/3.0*PNode
[ibc+1]*PNode[ibc+1]*PNode[ibc+1]-1.0/2.0*PNode[ibc+1]
*PNode[ibc+1]*(PNode[ibc]+PNode[ibc+2])+PNode[ibc+1]*PNode
[ibc]*PNode[ibc+2])*(1.0/(PNode[ibc+2]-PNode[ibc])/
(PNode[ibc+2]-PNode[ibc+1]))-(1.0/3.0*PNode[ibc+2]*
PNode[ibc+2]*PNode[ibc+2]-1.0/2.0*PNode[ibc+2]*PNode
[ibc+2]*(PNode[ibc+1]+PNode[ibc+3])+PNode[ibc+2]*PNode[ibc+1]*PNode
[ibc+3])*(1.0/(PNode[ibc+3]-PNode[ibc+1])/
(PNode[ibc+2]-PNode[ibc+1]))+(1.0/3.0*PNode[ibc+1]*PNode
[ibc+1]*PNode[ibc+1]-1.0/2.0*PNode[ibc+1]*PNode[ibc+1]
*(PNode[ibc+1]+PNode[ibc+3])+PNode[ibc+1]*PNode[ibc+1]*PNode
[ibc+3])*(1.0/(PNode[ibc+3]-PNode[ibc+1])/(PNode[ibc+2]-PNode[ibc+
1]))+(1.0/3.0*PNode[ibc+3]*PNode[ibc+3]*PNode
[ibc+3]-1.0/2.0*PNode[ibc+3]*PNode[ibc+3]*(PNode[ibc+3]+
PNode[ibc+3])+PNode[ibc+3]*PNode[ibc+3]*PNode[ibc+3])*(1.0/
(PNode[ibc+3]-PNode[ibc+1])/(PNode[ibc+3]-PNode[ibc+2]))-(1.0/3.0*
PNode[ibc+2]*PNode[ibc+2]*PNode[ibc+2]-1.0/2.0*
PNode[ibc+2]*PNode[ibc+2]*(PNode[ibc+3]+PNode[ibc+3])+PNode
[ibc+2]*PNode[ibc+3]*PNode[ibc+3])*(1.0/(PNode[ibc+3]-PNode[ibc+1])/
(PNode[ibc+3]-PNode[ibc+2]));
    if((DAFP[isect][0]-PSection2[setin+1][0])<
  PNode[ibc])repss=0;
```

```
    else if
((((DAFP[isect][0]-PSection2[setin+1][0])>=PNode[ibc])&&((DAFP[isect]
[0]-PSection2[setin+1][0])<=PNode[ibc+1]))
    repss=(1.0/3.0*(DAFP[isect][0]-PSection2[setin+1][0]
)*(DAFP[isect][0]-PSection2[setin+1][0])*(DAFP[isect][0]-PSection2
[setin+1][0])-1.0/2.0*(DAFP[isect][0]-PSection2
[setin+1][0])*(DAFP[isect][0]-PSection2[setin+1][0])*
(PNode[ibc]+PNode[ibc])+(DAFP[isect][0]-PSection2[setin+1][0]
)*PNode[ibc]*PNode[ibc])*(1.0/(PNode[ibc+2]-PNode[ibc])/
(PNode[ibc+1]-PNode[ibc]))-(1.0/3.0*PNode[ibc]*PNode[ibc]
*PNode[ibc]-1.0/2.0*PNode[ibc]*PNode[ibc]*(PNode[ibc]+PNode
[ibc])+PNode[ibc]*PNode[ibc]*PNode[ibc])*(1.0/(PNode[ibc+2]-PNode
[ibc])/(PNode[ibc+1]-PNode[ibc]));
    else if(((DAFP[isect][0]-PSection2[setin+1][0])>PNode[ibc+1])&&
((DAFP[isect][0]-PSection2[setin+1][0])<=PNode[ibc+2]))
    repss=(1.0/3.0*PNode[ibc+1]*PNode[ibc+1]*PNode[ibc+1]-1.0/2.0*
PNode[ibc+1]*PNode[ibc+1]*(PNode[ibc]+PNode[ibc])+
PNode[ibc+1]*PNode[ibc]*PNode[ibc])*(1.0/(PNode[ibc+2]-PNode[ibc])/
(PNode[ibc+1]-PNode[ibc]))-(1.0/3.0*PNode[ibc]*
PNode[ibc]*PNode[ibc]-1.0/2.0*PNode[ibc]*PNode[ibc]*(PNode
[ibc]+PNode[ibc])+PNode[ibc]*PNode[ibc]*PNode[ibc])*(1.0/(
PNode[ibc+2]-PNode[ibc])/(PNode[ibc+1]-PNode[ibc]))-(1.0/3.0*(DAFP
[isect][0]-PSection2[setin+1][0])*(DAFP
[isect][0]-PSection2[setin+1][0])*(DAFP[isect][0]-PSection2[setin+1]
[0])-1.0/2.0*(DAFP[isect][0]-PSection2[setin+1][0])*(DAFP[isect][0]-
PSection2
[setin+1][0])*(PNode[ibc]+PNode[ibc+2])+(DAFP[isect][0]-PSection2
[setin+1][0])*PNode[ibc]*PNode[ibc+2])*(1.0/(PNode
[ibc+2]-PNode[ibc])/(PNode[ibc+2]-PNode[ibc+1]))+(1.0/3.0*
PNode[ibc+1]*PNode[ibc+1]*PNode[ibc+1]-1.0/2.0*PNode
[ibc+1]*PNode[ibc+1]*(PNode[ibc]+PNode[ibc+2])+PNode[ibc+1]*
PNode[ibc]*PNode[ibc+2])*(1.0/(PNode[ibc+2]-PNode[ibc])/
(PNode[ibc+2]-PNode[ibc+1]))-(1.0/3.0*(DAFP[isect][0]-PSection2[setin+
1][0])*(DAFP[isect][0]-PSection2[setin+1][0]
)*(DAFP[isect][0]-PSection2[setin+1][0])-1.0/2.0*
(DAFP[isect][0]-PSection2[setin+1][0])*(DAFP[isect][0]-PSection2
[setin+1][0])*(PNode[ibc+1]+PNode[ibc+3])+(DAFP
[isect][0]-PSection2[setin+1][0])*PNode[ibc+1]*PNode[ibc+3])
```

```
*(1.0/(PNode[ibc+3]-PNode[ibc+1]))/(PNode[ibc+2]-PNode
[ibc+1]))+(1.0/3.0*PNode[ibc+1]*PNode[ibc+1]*PNode[ibc+1]-1.0/2.0*
PNode[ibc+1]*PNode[ibc+1]*(PNode[ibc+1]+PNode[ibc+3])+PNode[ibc+1]*
PNode[ibc+1]*PNode[ibc+3])*(1.0/(PNode[ibc+3]-PNode[ibc+1]))/(PNode[ibc
+2]-PNode[ibc+1]));
        else if(((DAFP[isect][0]-PSection2[setin+1][0])>
PNode[ibc+2])&&((DAFP[isect][0]-PSection2[setin+1][0])<=
PNode[ibc+3]))
        repss=(1.0/3.0*PNode[ibc+1]*PNode[ibc+1]*PNode[ibc+1]-1.0/2.0*
PNode[ibc+1]*PNode[ibc+1]*(PNode[ibc]+PNode[ibc])+
PNode[ibc+1]*PNode[ibc]*PNode[ibc])*(1.0/(PNode[ibc+2]-PNode[ibc])/
(PNode[ibc+1]-PNode[ibc]))-(1.0/3.0*PNode
[ibc]*PNode[ibc]*PNode[ibc]-1.0/2.0*PNode[ibc]*PNode[ibc]*
(PNode[ibc]+PNode[ibc])+PNode[ibc]*PNode[ibc]*PNode[ibc])*
(1.0/(PNode[ibc+2]-PNode[ibc])/(PNode[ibc+1]-PNode[ibc]))-(1.0/3.0*
PNode[ibc+2]*PNode[ibc+2]*PNode[ibc+2]-1.0/2.0*
PNode[ibc+2]*PNode[ibc+2]*(PNode[ibc]+PNode[ibc+2])+PNode
[ibc+2]*PNode[ibc]*PNode[ibc+2])*(1.0/(PNode[ibc+2]-PNode[ibc])/(PNode
[ibc+2]-PNode[ibc+1]))+(1.0/3.0*PNode
[ibc+1]*PNode[ibc+1]*PNode[ibc+1]-1.0/2.0*PNode[ibc+1]*
PNode[ibc+1]*(PNode[ibc]+PNode[ibc+2])+PNode[ibc+1]*PNode
[ibc]*PNode[ibc+2])*(1.0/(PNode[ibc+2]-PNode[ibc]))/(PNode
[ibc+2]-PNode[ibc+1]))-(1.0/3.0*PNode[ibc+2]*PNode[ibc+2]*
PNode[ibc+2]-1.0/2.0*PNode[ibc+2]*PNode[ibc+2]*(PNode[ibc+1]+
PNode[ibc+3])+PNode[ibc+2]*PNode[ibc+1]*PNode[ibc+3])*(1.0/(
PNode[ibc+3]-PNode[ibc+1])/(PNode[ibc+2]-PNode[ibc+1]))
+(1.0/3.0*PNode[ibc+1]*PNode[ibc+1]*PNode[ibc+1]-1.0/2.0*
PNode[ibc+1]*PNode[ibc+1]*(PNode[ibc+1]+PNode[ibc+3])+PNode
[ibc+1]*PNode[ibc+1]*PNode[ibc+3])*(1.0/(PNode[ibc+3]-PNode[ibc+1])/
(PNode[ibc+2]-PNode[ibc+1]))+(1.0/3.0*(DAFP
[isect][0]-PSection2[setin+1][0])*(DAFP[isect][0]-PSection2[setin+1]
[0])*(DAFP[isect][0]-PSection2[setin+1]
[0])-1.0/2.0*(DAFP[isect][0]-PSection2[setin+1][0])*
(DAFP[isect][0]-PSection2[setin+1][0])*(PNode[ibc+3]+PNode
[ibc+3])+(DAFP[isect][0]-PSection2[setin+1][0])*PNode[ibc+3]
*PNode[ibc+3])*(1.0/(PNode[ibc+3]-PNode[ibc+1])/(PNode[ibc+3]
-PNode[ibc+2]))-(1.0/3.0*PNode[ibc+2]*PNode[ibc+2]*PNode
[ibc+2]-1.0/2.0*PNode[ibc+2]*PNode[ibc+2]*(PNode[ibc+3]
```

```
+PNode[ibc+3])+PNode[ibc+2]*PNode[ibc+3]*PNode[ibc+3])*(1.0/(PNode[ibc
+3]-PNode[ibc+1])/(PNode[ibc+3]-PNode[ibc+2]));
    else
    repss=(1.0/3.0*PNode[ibc+1]*PNode[ibc+1]*PNode[ibc+1]-1.0/2.0*
PNode[ibc+1]*PNode[ibc+1]*(PNode[ibc]+PNode[ibc])+
PNode[ibc+1]*PNode[ibc]*PNode[ibc])*(1.0/(PNode[ibc+2]-PNode[ibc])/
(PNode[ibc+1]-PNode[ibc]))-(1.0/3.0*PNode[ibc]*
PNode[ibc]*PNode[ibc]-1.0/2.0*PNode[ibc]*PNode[ibc]
*(PNode[ibc]+PNode[ibc])+PNode[ibc]*PNode[ibc]*PNode[ibc])*
(1.0/(PNode[ibc+2]-PNode[ibc])/(PNode[ibc+1]-PNode[ibc]))-(1.0/3.0*
PNode[ibc+2]*PNode[ibc+2]*PNode[ibc+2]-1.0/2.0*
PNode[ibc+2]*PNode[ibc+2]*(PNode[ibc]+PNode[ibc+2])+
PNode[ibc+2]*PNode[ibc]*PNode[ibc+2])*(1.0/(PNode[ibc+2]-PNode[ibc])/
(PNode[ibc+2]-PNode[ibc+1]))+(1.0/3.0*PNode
[ibc+1]*PNode[ibc+1]*PNode[ibc+1]-1.0/2.0*PNode[ibc+1]*PNode
[ibc+1]*(PNode[ibc]+PNode[ibc+2])+PNode[ibc+1]*PNode[ibc]*
PNode[ibc+2])*(1.0/(PNode[ibc+2]-PNode[ibc])/(PNode[ibc+2]-PNode[ibc+
1]))-(1.0/3.0*PNode[ibc+2]*PNode[ibc+2]*
PNode[ibc+2]-1.0/2.0*PNode[ibc+2]*PNode[ibc+2]*(PNode[ibc+1]+
PNode[ibc+3])+PNode[ibc+2]*PNode[ibc+1]*PNode[ibc+3])*(1.0/(
PNode[ibc+3]-PNode[ibc+1])/(PNode[ibc+2]-PNode[ibc+1]))+
(1.0/3.0*PNode[ibc+1]*PNode[ibc+1]*PNode[ibc+1]-1.0/2.0*
PNode[ibc+1]*PNode[ibc+1]*(PNode[ibc+1]+PNode[ibc+3])+PNode
[ibc+1]*PNode[ibc+1]*PNode[ibc+3])*(1.0/(PNode[ibc+3]-PNode[ibc+1])/
(PNode[ibc+2]-PNode[ibc+1]))+(1.0/3.0*
PNode[ibc+3]*PNode[ibc+3]*PNode[ibc+3]-1.0/2.0*PNode
[ibc+3]*PNode[ibc+3]*(PNode[ibc+3]+PNode[ibc+3])+PNode[ibc+3]*PNode
[ibc+3]*PNode[ibc+3])*(1.0/(PNode[ibc+3]-PNode
[ibc+1])/(PNode[ibc+3]-PNode[ibc+2]))-(1.0/3.0*PNode[ibc+2]
*PNode[ibc+2]*PNode[ibc+2]-1.0/2.0*PNode[ibc+2]*PNode[ibc+2]*
(PNode[ibc+3]+PNode[ibc+3])+PNode[ibc+2]*PNode[ibc+3]*
PNode[ibc+3])*(1.0/(PNode[ibc+3]-PNode[ibc+1])/(PNode[ibc+3]-PNode
[ibc+2]));
        AAP[isect][ibc]=AAP[isect][ibc]+(rep-repss)*
PSection2[setin+1][1]*(1-Alfa1);
            }
        }
    }
```

```
    }


///////程序第六部分(第二节):计算增加的正则化线性系统方程的矩阵元素Xr
///////程序第六部分(第二节):矩阵元素计算参见:式(2.13)～(2.15)
    for(int ip1P8P=PDataNumb;ip1P8P<(PDataNumb+Reg_nodeNum-1);ip1P8P++)
    {
    for(int ip2P8P=0;ip2P8P<NumsfP;ip2P8P++)
    {
        double comse1;
        double comse2;
        double comse3;
        double comse4;
        if
(((Reg_Node[ip1P8P-PDataNumb]+(Reg_Node[ip1P8P+1-PDataNumb]-Reg_Node
[ip1P8P-PDataNumb])/2)>=PNode[ip2P8P])&&((Reg_Node[ip1P8P-PDataNumb]+
(Reg_Node[ip1P8P+1-PDataNumb]-Reg_Node[ip1P8P-PDataNumb])/2)<=PNode
[ip2P8P+1]))
    comse1=((Reg_Node[ip1P8P-PDataNumb]+(Reg_Node[ip1P8P+1-PDataNumb]-
Reg_Node[ip1P8P-PDataNumb])/2)-PNode[ip2P8P])
*((Reg_Node[ip1P8P-PDataNumb]+(Reg_Node[ip1P8P+1-PDataNumb]-Reg_Node
[ip1P8P-PDataNumb])/2)-PNode[ip2P8P])*
(1.0/(PNode[ip2P8P+2]-PNode[ip2P8P])/(PNode[ip2P8P+1]-PNode
[ip2P8P]));
        else if
(((Reg_Node[ip1P8P-PDataNumb]+(Reg_Node[ip1P8P+1-PDataNumb]-Reg_Node
[ip1P8P-PDataNumb])/2)>PNode[ip2P8P+1])&&((Reg_Node[ip1P8P-PDataNumb]
+(Reg_Node[ip1P8P+1-PDataNumb]-Reg_Node[ip1P8P-PDataNumb])/2)<=PNode
[ip2P8P+2]))
    comse1=-((Reg_Node[ip1P8P-PDataNumb]+(Reg_Node[ip1P8P+1-PDataNumb]
-Reg_Node[ip1P8P-PDataNumb])/2)-PNode
[ip2P8P])*((Reg_Node[ip1P8P-PDataNumb]+(Reg_Node[ip1P8P+1-PDataNumb]-
Reg_Node[ip1P8P-PDataNumb])/2)-PNode[ip2P8P+2])*(1.0/(PNode[ip2P8P+2]-
PNode[ip2P8P])/(PNode[ip2P8P+2]-PNode[ip2P8P+1]))-((Reg_Node[ip1P8P-
PDataNumb]+(Reg_Node[ip1P8P+1-PDataNumb]-Reg_Node[ip1P8P-PDataNumb])/
2)-PNode[ip2P8P+1])*
((Reg_Node[ip1P8P-PDataNumb]+(Reg_Node[ip1P8P+1-PDataNumb]-Reg_Node
[ip1P8P-PDataNumb])/2)-PNode[ip2P8P+3])*(1.0/(PNode
[ip2P8P+3]-PNode[ip2P8P+1])/(PNode[ip2P8P+2]-PNode[ip2P8P+1]));
```

```
        else if(((Reg_Node[ip1P8P-PDataNumb]+
(Reg_Node[ip1P8P+1-PDataNumb]-Reg_Node[ip1P8P-PDataNumb])/2)>PNode
[ip2P8P+2])&&((Reg_Node
[ip1P8P-PDataNumb]+(Reg_Node[ip1P8P+1-PDataNumb]-Reg_Node[ip1P8P-PDa-
taNumb])/2)<=PNode[ip2P8P+3]))
        comse1=((Reg_Node[ip1P8P-PDataNumb]+(Reg_Node[ip1P8P+1-PDataNumb]
-Reg_Node[ip1P8P-PDataNumb])/2)-PNode
[ip2P8P+3])*((Reg_Node[ip1P8P-PDataNumb]+(Reg_Node[ip1P8P+1-
PDataNumb]-Reg_Node[ip1P8P-PDataNumb])/2)-PNode[ip2P8P+3])*(1.0/(PNode
[ip2P8P+3]-PNode[ip2P8P+1])/(PNode[ip2P8P+3]-PNode[ip2P8P+2]));
        else comse1=0;
        if((Reg_Node[ip1P8P-PDataNumb]>=
PNode[ip2P8P])&&(Reg_Node[ip1P8P-PDataNumb]<=
PNode[ip2P8P+1]))
comse2=(Reg_Node[ip1P8P-PDataNumb]-PNode[ip2P8P])*
(Reg_Node[ip1P8P-PDataNumb]-PNode[ip2P8P])*(1.0/(PNode
[ip2P8P+2]-PNode[ip2P8P])/(PNode[ip2P8P+1]-PNode[ip2P8P]));
        else if((Reg_Node[ip1P8P-PDataNumb]>
PNode[ip2P8P+1])&&(Reg_Node[ip1P8P-PDataNumb]<=
PNode[ip2P8P+2]))
        comse2=-(Reg_Node[ip1P8P-PDataNumb]-PNode[ip2P8P])*
(Reg_Node[ip1P8P-PDataNumb]-PNode[ip2P8P+2])*(1.0/(PNode
[ip2P8P+2]-PNode[ip2P8P])/(PNode[ip2P8P+2]-PNode[ip2P8P+1]))
-(Reg_Node[ip1P8P-PDataNumb]-PNode[ip2P8P+1])*(Reg_Node
[ip1P8P-PDataNumb]-PNode[ip2P8P+3])*(1.0/(PNode[ip2P8P+3]-PNode
[ip2P8P+1])/(PNode[ip2P8P+2]-PNode[ip2P8P+1]));
        else if((Reg_Node[ip1P8P-PDataNumb]>
PNode[ip2P8P+2])&&(Reg_Node[ip1P8P-PDataNumb]<=
PNode[ip2P8P+3]))comse2=(Reg_Node[ip1P8P-PDataNumb]-PNode[ip2P8P+3])
*(Reg_Node[ip1P8P-PDataNumb]-PNode[ip2P8P+3])*(1.0/(PNode[ip2P8P+3]-
PNode[ip2P8P+1]
)/(PNode[ip2P8P+3]-PNode[ip2P8P+2]));
        else comse2=0;
        if(((Reg_Node[ip1P8P-PDataNumb]+
(Reg_Node[ip1P8P+1-PDataNumb]-Reg_Node[ip1P8P-PDataNumb]
)/2)>=PNode[ip2P8P])&&((Reg_Node[ip1P8P-PDataNumb]
+(Reg_Node[ip1P8P+1-PDataNumb]-Reg_Node[ip1P8P-PDataNumb]
)/2)<=PNode[ip2P8P+1]))
```

```
comse3 = ((Reg_Node[ip1P8P-PDataNumb]+(Reg_Node
[ip1P8P+1-PDataNumb]-Reg_Node[ip1P8P-PDataNumb])/2)-PNode[ip2P8P]) *
((Reg_Node[ip1P8P-PDataNumb]+(Reg_Node
[ip1P8P+1-PDataNumb]-Reg_Node[ip1P8P-PDataNumb])/2)-PNode[ip2P8P]) *
(1.0/(PNode[ip2P8P+2]-PNode[ip2P8P])/
(PNode[ip2P8P+1]-PNode[ip2P8P]));
        else if
(((Reg_Node[ip1P8P-PDataNumb]+(Reg_Node[ip1P8P+1-PDataNumb]-Reg_Node
[ip1P8P-PDataNumb])/2)>PNode[ip2P8P+1])&&((Reg_Node
[ip1P8P-PDataNumb]+(Reg_Node[ip1P8P+1-PDataNumb]-Reg_Node[ip1P8P-PDa-
taNumb])/2)<=PNode[ip2P8P+2]))
    comse3 =-((Reg_Node[ip1P8P-PDataNumb]+(Reg_Node[ip1P8P+1-PDataNumb]
-Reg_Node[ip1P8P-PDataNumb])/2)-PNode[ip2P8P])
*((Reg_Node[ip1P8P-PDataNumb]+(Reg_Node[ip1P8P+
1-PDataNumb]-Reg_Node[ip1P8P-PDataNumb])/2)-PNode
[ip2P8P+2])*(1.0/(PNode[ip2P8P+2]-PNode[ip2P8P])/
(PNode[ip2P8P+2]-PNode[ip2P8P+1]))-((Reg_Node[ip1P8P-PDataNumb]+(Reg_
Node[ip1P8P+1-PDataNumb]-Reg_Node[ip1P8P-PDataNumb])/2)-PNode[ip2P8P+
1])*((Reg_Node
[ip1P8P-PDataNumb]+(Reg_Node[ip1P8P+1-PDataNumb]-Reg_Node[ip1P8P-PDa-
taNumb])/2)-PNode[ip2P8P+3])*
(1.0/(PNode[ip2P8P+3]-PNode[ip2P8P+1])/(PNode[ip2P8P+2]-PNode[ip2P8P+
1]));
        else if(((Reg_Node[ip1P8P-PDataNumb]+
(Reg_Node[ip1P8P+1-PDataNumb]-Reg_Node[ip1P8P-PDataNumb])/2)>PNode
[ip2P8P+2])&&((Reg_Node
[ip1P8P-PDataNumb]+(Reg_Node[ip1P8P+1-PDataNumb]-Reg_Node[ip1P8P-PDa-
taNumb])/2)<=PNode[ip2P8P+3]))comse3 = ((Reg_Node[ip1P8P-PDataNumb]+
(Reg_Node[ip1P8P+1-PDataNumb]-Reg_Node[ip1P8P-PDataNumb])/2)-PNode
[ip2P8P+3]) * ((Reg_Node[ip1P8P-PDataNumb]+(Reg_Node[ip1P8P+1-
PDataNumb]-Reg_Node[ip1P8P-PDataNumb])/2)-PNode[ip2P8P+3]
)*(1.0/(PNode[ip2P8P+3]-PNode[ip2P8P+1])/(PNode[ip2P8P+3]-PNode
[ip2P8P+2]));
        else comse3 =0;
        if((Reg_Node[ip1P8P+1-PDataNumb]>=
PNode[ip2P8P])&&(Reg_Node[ip1P8P+1-PDataNumb]<=
PNode[ip2P8P+1]))
    comse4 = (Reg_Node[ip1P8P+1-PDataNumb]-PNode[ip2P8P]
```

```
)*(Reg_Node[ip1P8P+1-PDataNumb]-PNode[ip2P8P])*(1.0/
(PNode[ip2P8P+2]-PNode[ip2P8P])/(PNode[ip2P8P+1]-PNode[ip2P8P]));
        else if((Reg_Node[ip1P8P+1-PDataNumb]>PNode[ip2P8P+1])&&
(Reg_Node[ip1P8P+1-PDataNumb]<=PNode[ip2P8P+2]))
    comse4=-(Reg_Node[ip1P8P+1-PDataNumb]-PNode
[ip2P8P])*(Reg_Node[ip1P8P+1-PDataNumb]-PNode[ip2P8P+2]
)*(1.0/(PNode[ip2P8P+2]-PNode[ip2P8P])/(PNode[ip2P8P+2]-PNode[ip2P8P+
1]))-(Reg_Node[ip1P8P+1-PDataNumb]-PNode[ip2P8P+1])*(Reg_Node[ip1P8P+
1-PDataNumb]-PNode[ip2P8P+3])*(1.0/(PNode[ip2P8P+3]-PNode[ip2P8P+1]
)/(PNode[ip2P8P+2]-PNode[ip2P8P+1]));
        else if((Reg_Node[ip1P8P+1-PDataNumb]>PNode[ip2P8P+2])&&
(Reg_Node[ip1P8P+1-PDataNumb]<=PNode[ip2P8P+3]))
    comse4=(Reg_Node[ip1P8P+1-PDataNumb]-PNode[ip2P8P+3]
)*(Reg_Node[ip1P8P+1-PDataNumb]-PNode[ip2P8P+3])*
(1.0/(PNode[ip2P8P+3]-PNode[ip2P8P+1])/(PNode[ip2P8P+3]-PNode[ip2P8P+
2]));
        else comse4=0;

AAP[ip1P8P][ip2P8P]=comse1*(Reg_Node[ip1P8P-PDataNumb]+(Reg_Node
[ip1P8P+1-PDataNumb]-Reg_Node[ip1P8P-PDataNumb])/2)*Alfa1-comse2*Reg_
Node[ip1P8P-PDataNumb]*Alfa1;
        AAP[ip1P8P+Reg_nodeNum-1][ip2P8P]=comse3*(Reg_Node
[ip1P8P-PDataNumb]+(Reg_Node[ip1P8P+1-PDataNumb]-Reg_Node[ip1P8P-PDa-
taNumb])/2)*Alfa1-comse4*
Reg_Node[ip1P8P+1-PDataNumb]*Alfa1;
    }
    PVP[ip1P8P]=0;
    PVP[ip1P8P+Reg_nodeNum-1]=0;
  }

/////////程序第七部分:采用最小二乘方法进行超定线性方程组的求解/////
    double**ATAP=new double*[NumsfP];
    for(int ip9wP=0;ip9wP<NumsfP;ip9wP++)
    {
      ATAP[ip9wP]=new double[NumsfP];
    }
    for(int ipgP=0;ipgP<NumsfP;ipgP++)
    {
```

```
for(int ipdD=0;ipdD<NumsfP;ipdD++)
{
  double sssP=0;
  for(int ipsP=0;ipsP<PDataNumb+2*Reg_nodeNum-2;ipsP++)
  {
  sssP=sssP+AAP[ipsP][ipgP]*AAP[ipsP][ipdD];
  }
  ATAP[ipgP][ipdD]=sssP;
}
}
double*FTP=new double [NumsfP];
for(int l1P=0;l1P<NumsfP;l1P++)
{
double spP=0;
for(int l2P=0;l2P<PDataNumb+2*Reg_nodeNum-2;l2P++)
{
  spP=spP+PVP[l2P]*AAP[l2P][l1P];
}
 FTP[l1P]=spP;
}
double**AP=new double*[NumsfP];
for(int ip93dP=0;ip93dP<NumsfP;ip93dP++)
{
  AP[ip93dP]=new double[NumsfP+1];
}
for(int iuP=0;iuP<NumsfP;iuP++)
{
for(int iu2P=0;iu2P<NumsfP;iu2P++)
{
 AP[iuP][iu2P]=ATAP[iuP][iu2P];
}
 AP[iuP][NumsfP]=FTP[iuP];
}
int NP=NumsfP;
double tP(0),u0P(0),t1P(0);
int k0P(0);
for(int i0P=0;i0P<NP;i0P++)
{
```

```
    if(fabs(AP[i0P][0])>u0P)
    {
        k0P=i0P;
        u0P=fabs(AP[i0P][0]);
    }
}
if(k0P! =0)
{
for(int j0P=0;j0P<NP+1;j0P++)
{
  tP=AP[0][j0P];
  AP[0][j0P]=AP[k0P][j0P];
  AP[k0P][j0P]=tP;
}
}
for(int j2P=1;j2P<NP;j2P++)
{
  AP[j2P][0]=AP[j2P][0]/AP[0][0];
}
  for(int kP=1;kP<NP-1;kP++)
{
  int m0P(0);
  double uP(0);
  for(int mP=kP;mP<NP;mP++)
  {
      for(int jP=0;jP<kP;jP++)
      {
          AP[mP][kP]=AP[mP][kP]-AP[mP][jP]*AP[jP][kP];
      }
      if(uP<fabs(AP[mP][kP]))
      {
          uP=fabs(AP[mP][kP]);
          m0P=mP;
      }
  }
  for(int j01P=0;j01P<NP+1;j01P++)
  {
  t1P=AP[kP][j01P];
```

```
            AP[kP][j01P]=AP[m0P][j01P];
            AP[m0P][j01P]=t1P;
        }
        for(int m1P=kP+1;m1P<NP;m1P++)
        {
            AP[m1P][kP]=AP[m1P][kP]/AP[kP][kP];//列主元三角分解法求解线性方程组
        }
        for(int j1P=kP+1;j1P<NP;j1P++)
        {
            for(int j2P=0;j2P<kP;j2P++)
            {
                AP[kP][j1P]=AP[kP][j1P]-AP[kP][j2P]*AP[j2P][j1P];
            }
        }
    }
    for(int j3P=0;j3P<NP-1;j3P++)
    {
        AP[NP-1][NP-1]=AP[NP-1][NP-1]-AP[NP-1][j3P]*
AP[j3P][NP-1];
    }
    for(int j4P=1;j4P<NP;j4P++)
    {
        double s1P=0;
        for(int j5P=0;j5P<j4P;j5P++)
        {
            s1P=s1P+AP[j5P][NP]*AP[j4P][j5P];
        }
        AP[j4P][NP]=AP[j4P][NP]-s1P;
    }
    AP[NP-1][NP]=AP[NP-1][NP]/AP[NP-1][NP-1];
    for(int w1P=NP-2;w1P>=0;w1P--)
    {
        double s2P=0;
        for(int w2P=NP-1;w2P>w1P;w2P--)
        {
            s2P=s2P+AP[w2P][NP]*AP[w1P][w2P];
        }
        AP[w1P][NP]=(AP[w1P][NP]-s2P)/AP[w1P][w1P];
```

```
        }
    double*FTCP=new double [NumsfP];//FTCP 为通过最小二乘方法求出的二阶 B 样
条函数组合的权重系数 C;关于 C 的超定线性方程组可参见式(2.17)
    for(int iugP=0;iugP<NumsfP;iugP++)
    {
            FTCP[iugP]=AP[iugP][NP];
    }
```

//////程序第八部分:利用已求得的超定线性方程组的权重系数 **C**,计算出单位流量下的压力响应数据//////参见式(2.18)

```
    for(int jwP=0;jwP<linenum6;jwP++)
    {
      double rep(0);
      double sp(0);
      for(int re=0;re<NumsfP;re++)
      {
      if((Tm[jwP]>=PNode[re])&&(Tm[jwP]<=PNode[re+1]))
rep=(Tm[jwP]-PNode[re])*(Tm[jwP]-PNode[re])*(1.0/(
PNode[re+2]-PNode[re])/(PNode[re+1]-PNode[re]))*FTCP[re];
      else if((Tm[jwP]>PNode[re+1])&&(Tm[jwP]<=PNode[re+2]))
rep=(-(Tm[jwP]-PNode[re])*(Tm[jwP]-PNode[re+2])*(1.0/(PNode[re+2]-
PNode[re])/(PNode[re+2]-PNode[re+1]))-(Tm[jwP]-PNode[re+1])*(Tm[jwP]-
PNode[re+3])
*(1.0/(PNode[re+3]-PNode[re+1])/(PNode[re+2]-PNode[re+1]
)))*FTCP[re];
      else if((Tm[jwP]>PNode[re+2])&&(Tm[jwP]<=
PNode[re+3]))
  rep=(Tm[jwP]-PNode[re+3])*(Tm[jwP]-PNode[re+3])*
(1.0/(PNode[re+3]-PNode[re+1])/(PNode[re+3]-PNode[re+2]
))*FTCP[re];
      else rep=0;
      sp=sp+rep;
      }
  double sepp1(0);
      double sp1(0);
      for(int rrt=0;rrt<NumsfP;rrt++)
      {
      if(Tm[jwP]<PNode[rrt])sepp1=0;
```

```
    else if((Tm[jwP]>=PNode[rrt])&&(Tm[jwP]<=PNode[rrt+1]))
    sepp1=(1.0/3.0*Tm[jwP]*Tm[jwP]*Tm[jwP]-1.0/2.0*
Tm[jwP]*Tm[jwP]*(PNode[rrt]+PNode[rrt])+Tm[jwP]*PNode[rrt]*PNode[rrt])
*(1.0/(PNode[rrt+2]-PNode[rrt])/(PNode[rrt+1]-PNode[rrt]))*FTCP[rrt]-
(1.0/3.0*PNode[rrt]*PNode[rrt]
*PNode[rrt]-1.0/2.0*PNode[rrt]*PNode[rrt]*(PNode[rrt]
+PNode[rrt])+PNode[rrt]*PNode[rrt]*PNode[rrt])*(1.0/(PNode
[rrt+2]-PNode[rrt])/(PNode[rrt+1]-PNode[rrt]))*FTCP[rrt];
    else if((Tm[jwP]>PNode[rrt+1])&&(Tm[jwP]<=PNode[rrt+2]))
    sepp1=(1.0/3.0*PNode[rrt+1]*PNode[rrt+1]*PNode[rrt+1]-
1.0/2.0*PNode[rrt+1]*PNode[rrt+1]*(PNode[rrt]+PNode[rrt])+
PNode[rrt+1]*PNode[rrt]*PNode[rrt])*(1.0/(PNode[rrt+2]-PNode[rrt])/
(PNode[rrt+1]-PNode[rrt]))*FTCP[rrt]-(1.0/3.0*PNode[rrt]*PNode[rrt]*
PNode[rrt]-1.0/2.0*PNode[rrt]*
PNode[rrt]*(PNode[rrt]+PNode[rrt])+PNode[rrt]*PNode[rrt]*
PNode[rrt])*(1.0/(PNode[rrt+2]-PNode[rrt])/(PNode[rrt+1]-PNode[rrt]))
*FTCP[rrt]-(1.0/3.0*Tm[jwP]*Tm[jwP]*Tm[jwP]-1.0/2.0*Tm[jwP]*Tm[jwP]*
(PNode[rrt]+PNode[rrt+2])+Tm[jwP]*
PNode[rrt]*PNode[rrt+2])*(1.0/(PNode[rrt+2]-PNode[rrt])
/(PNode[rrt+2]-PNode[rrt+1]))*FTCP[rrt]+(1.0/3.0*PNode[rrt+1]
*PNode[rrt+1]*PNode[rrt+1]-1.0/2.0*PNode[rrt+1]*PNode[rrt+1]*
(PNode[rrt]+PNode[rrt+2])+PNode[rrt+1]*PNode[rrt]*PNode
[rrt+2])*(1.0/(PNode[rrt+2]-PNode[rrt])/(PNode[rrt+2]-PNode[rrt+1]))*
FTCP[rrt]-(1.0/3.0*Tm[jwP]*Tm[jwP]*Tm[jwP]-
1.0/2.0*Tm[jwP]*Tm[jwP]*(PNode[rrt+1]+PNode[rrt+3])+Tm[jwP]*
PNode[rrt+1]*PNode[rrt+3])*(1.0/(PNode[rrt+3]-PNode[rrt+1])
/(PNode[rrt+2]-PNode[rrt+1]))*FTCP[rrt]+(1.0/3.0*PNode[rrt+1]
*PNode[rrt+1]*PNode[rrt+1]-1.0/2.0*PNode[rrt+1]*PNode[rrt+1]
*(PNode[rrt+1]+PNode[rrt+3])+PNode[rrt+1]*PNode[rrt+1]*
PNode[rrt+3])*(1.0/(PNode[rrt+3]-PNode[rrt+1])/(PNode[rrt+2]-
PNode[rrt+1]))*FTCP[rrt];
    else if((Tm[jwP]>PNode[rrt+2])&&(Tm[jwP]<=PNode[rrt+3]))
    sepp1=(1.0/3.0*PNode[rrt+1]*PNode[rrt+1]*PNode[rrt+1]-
1.0/2.0*PNode[rrt+1]*PNode[rrt+1]*(PNode[rrt]+PNode[rrt])+
PNode[rrt+1]*PNode[rrt]*PNode[rrt])*(1.0/(PNode[rrt+2]-
PNode[rrt])/(PNode[rrt+1]-PNode[rrt]))*FTCP[rrt]-
(1.0/3.0*PNode[rrt]*PNode[rrt]*PNode[rrt]-1.0/2.0*PNode[rrt]
*PNode[rrt]*(PNode[rrt]+PNode[rrt])+PNode[rrt]*PNode[rrt]*
```

```
PNode[rrt])*(1.0/(PNode[rrt+2]-PNode[rrt])/(PNode[rrt+1]-
PNode[rrt]))*FTCP[rrt]-(1.0/3.0*PNode[rrt+2]*PNode[rrt+2]
*PNode[rrt+2]-1.0/2.0*PNode[rrt+2]*PNode[rrt+2]*(PNode[rrt]
+PNode[rrt+2])+PNode[rrt+2]*PNode[rrt]*PNode[rrt+2])*(
1.0/(PNode[rrt+2]-PNode[rrt])/(PNode[rrt+2]-PNode[rrt+1]))
*FTCP[rrt]+(1.0/3.0*PNode[rrt+1]*PNode[rrt+1]*PNode[rrt+1]-
1.0/2.0*PNode[rrt+1]*PNode[rrt+1]*(PNode[rrt]+PNode[rrt+2])+
PNode[rrt+1]*PNode[rrt]*PNode[rrt+2])*(1.0/(PNode[rrt+2]-
PNode[rrt])/(PNode[rrt+2]-PNode[rrt+1]))*FTCP[rrt]-(1.0/3.0*
PNode[rrt+2]*PNode[rrt+2]*PNode[rrt+2]-1.0/2.0*PNode[rrt+2]
*PNode[rrt+2]*(PNode[rrt+1]+PNode[rrt+3])+PNode[rrt+2]*PNode
[rrt+1]*PNode[rrt+3])*(1.0/(PNode[rrt+3]-PNode[rrt+1])/
(PNode[rrt+2]-PNode[rrt+1]))*FTCP[rrt]+(1.0/3.0*
PNode[rrt+1]*PNode[rrt+1]*PNode[rrt+1]-1.0/2.0*PNode[rrt+1]
*PNode[rrt+1]*(PNode[rrt+1]+PNode[rrt+3])+PNode[rrt+1]*
PNode[rrt+1]*PNode[rrt+3])*(1.0/(PNode[rrt+3]-PNode[rrt+1]
)/(PNode[rrt+2]-PNode[rrt+1]))*FTCP[rrt]+(1.0/3.0*Tm[jwP]
*Tm[jwP]*Tm[jwP]-1.0/2.0*Tm[jwP]*Tm[jwP]*(PNode[rrt+3]
+PNode[rrt+3])+Tm[jwP]*PNode[rrt+3]*PNode[rrt+3])*(1.0/
(PNode[rrt+3]-PNode[rrt+1])/(PNode[rrt+3]-PNode[rrt+2]))*
FTCP[rrt]-(1.0/3.0*PNode[rrt+2]*PNode[rrt+2]*PNode[rrt+2]-
1.0/2.0*PNode[rrt+2]*PNode[rrt+2]*(PNode[rrt+3]+PNode[rrt+3])
+PNode[rrt+2]*PNode[rrt+3]*PNode[rrt+3])*(1.0/(PNode[rrt+3]-
PNode[rrt+1])/(PNode[rrt+3]-PNode[rrt+2]))*FTCP[rrt];
    else
    sepp1 = (1.0/3.0*PNode[rrt+1]*PNode[rrt+1]*PNode[rrt+1]-
1.0/2.0*PNode[rrt+1]*PNode[rrt+1]*(PNode[rrt]+PNode[rrt])+
PNode[rrt+1]*PNode[rrt]*PNode[rrt])*(1.0/(PNode[rrt+2]-
PNode[rrt])/(PNode[rrt+1]-PNode[rrt]))*FTCP[rrt]-
(1.0/3.0*PNode[rrt]*PNode[rrt]*PNode[rrt]-1.0/2.0*PNode[rrt]*
PNode[rrt]*(PNode[rrt]+PNode[rrt])+PNode[rrt]*PNode[rrt]*
PNode[rrt])*(1.0/(PNode[rrt+2]-PNode[rrt])/(PNode[rrt+1]-
PNode[rrt]))*FTCP[rrt]-(1.0/3.0*PNode[rrt+2]*PNode[rrt+2]*
PNode[rrt+2]-1.0/2.0*PNode[rrt+2]*PNode[rrt+2]*(PNode[rrt]
+PNode[rrt+2])+PNode[rrt+2]*PNode[rrt]*PNode[rrt+2])*(1.0/
(PNode[rrt+2]-PNode[rrt])/(PNode[rrt+2]-PNode[rrt+1]))*
FTCP[rrt]+(1.0/3.0*PNode[rrt+1]*PNode[rrt+1]*PNode[rrt+1]-
1.0/2.0*PNode[rrt+1]*PNode[rrt+1]*(PNode[rrt]+PNode[rrt+2])+
```

```
PNode[rrt+1]*PNode[rrt]*PNode[rrt+2])*(1.0/(PNode[rrt+2]-
PNode[rrt])/(PNode[rrt+2]-PNode[rrt+1]))*FTCP[rrt]-(1.0/3.0*
PNode[rrt+2]*PNode[rrt+2]*PNode[rrt+2]-1.0/2.0*PNode[rrt+2]*
PNode[rrt+2]*(PNode[rrt+1]+PNode[rrt+3])+PNode[rrt+2]*PNode[
rrt+1]*PNode[rrt+3])*(1.0/(PNode[rrt+3]-PNode[rrt+1]))/
(PNode[rrt+2]-PNode[rrt+1]))*FTCP[rrt]+(1.0/3.0*PNode[rrt+1]
*PNode[rrt+1]*PNode[rrt+1]-1.0/2.0*PNode[rrt+1]*PNode
[rrt+1]*(PNode[rrt+1]+PNode[rrt+3])+PNode[rrt+1]*PNode
[rrt+1]*PNode[rrt+3])*(1.0/(PNode[rrt+3]-PNode[rrt+1]))/
(PNode[rrt+2]-PNode[rrt+1]))*FTCP[rrt]+(1.0/3.0*PNode
[rrt+3]*PNode[rrt+3]*PNode[rrt+3]-1.0/2.0*PNode[rrt+3]
*PNode[rrt+3]*(PNode[rrt+3]+PNode[rrt+3])+PNode[rrt+3]
*PNode[rrt+3]*PNode[rrt+3])*(1.0/(PNode[rrt+3]-PNode[rrt+1])
/(PNode[rrt+3]-PNode[rrt+2]))*FTCP[rrt]-(1.0/3.0*PNode[rrt+2]
*PNode[rrt+2]*PNode[rrt+2]-1.0/2.0*PNode[rrt+2]*PNode[rrt+2]*
(PNode[rrt+3]+PNode[rrt+3])+PNode[rrt+2]*PNode[rrt+3]*PNode
[rrt+3])*(1.0/(PNode[rrt+3]-PNode[rrt+1])/(PNode[rrt+3]
-PNode[rrt+2]))*FTCP[rrt];
        sp1=sp1+sepp1;
        }
        double ssetw(0);
        double sp1s(0);
        double uiy;
        for(int rrtw=0;rrtw<NumsfP;rrtw++)//为了进行压力的归零处理,计算了0时
刻的压力 sp1s
        {
        if(0<PNode[rrtw])ssetw=0;
        else if((0>=PNode[rrtw])&&(0<=PNode[rrtw+1]))
        ssetw=(1.0/3.0*0*0*0-1.0/2.0*0*0*(PNode[rrtw]+
PNode[rrtw])+0*PNode[rrtw]*PNode[rrtw])*(1.0/(PNode[rrtw+2]-PNode
[rrtw])/(PNode[rrtw+1]-PNode[rrtw]))*FTCP[rrtw]-(1.0/3.0*PNode[rrtw]*
PNode[rrtw]*PNode[rrtw]-1.0/2.0*
PNode[rrtw]*PNode[rrtw]*(PNode[rrtw]+PNode[rrtw])+PNode[rrtw]*PNode
[rrtw]*PNode[rrtw])*(1.0/(PNode[rrtw+2]-PNode[rrtw])
/(PNode[rrtw+1]-PNode[rrtw]))*FTCP[rrtw];
        else if((0>PNode[rrtw+1])&&(0<=PNode[rrtw+2]))
        ssetw=(1.0/3.0*PNode[rrtw+1]*PNode[rrtw+1]*PNode[rrtw+1]
-1.0/2.0*PNode[rrtw+1]*PNode[rrtw+1]*(PNode[rrtw]+
```

```
PNode[rrtw])+PNode[rrtw+1]*PNode[rrtw]*PNode[rrtw])*(1.0/(
PNode[rrtw+2]-PNode[rrtw])/(PNode[rrtw+1]-PNode[rrtw]))
*FTCP[rrtw]-(1.0/3.0*PNode[rrtw]*PNode[rrtw]*PNode[rrtw]-
1.0/2.0*PNode[rrtw]*PNode[rrtw]*(PNode[rrtw]+PNode[rrtw])+
PNode[rrtw]*PNode[rrtw]*PNode[rrtw])*(1.0/(PNode[rrtw+2]-
PNode[rrtw])/(PNode[rrtw+1]-PNode[rrtw]))*FTCP[rrtw]-
(1.0/3.0*0*0*0-1.0/2.0*0*0*(PNode[rrtw]+PNode[rrtw+2])+
0*PNode[rrtw]*PNode[rrtw+2])*(1.0/(PNode[rrtw+2]-PNode
[rrtw])/(PNode[rrtw+2]-PNode[rrtw+1]))*FTCP[rrtw]+
(1.0/3.0*PNode[rrtw+1]*PNode[rrtw+1]*PNode[rrtw+1]-
1.0/2.0*PNode[rrtw+1]*PNode[rrtw+1]*(PNode[rrtw]+PNode
[rrtw+2])+PNode[rrtw+1]*PNode[rrtw]*PNode[rrtw+2])*(1.0/
(PNode[rrtw+2]-PNode[rrtw])/(PNode[rrtw+2]-PNode[rrtw+1]
))*FTCP[rrtw]-(1.0/3.0*0*0*0-1.0/2.0*0*0*(PNode[rrtw+1]
+PNode[rrtw+3])+0*PNode[rrtw+1]*PNode[rrtw+3])*(1.0/(PNode
[rrtw+3]-PNode[rrtw+1])/(PNode[rrtw+2]-PNode[rrtw+1]))
*FTCP[rrtw]+(1.0/3.0*PNode[rrtw+1]*PNode[rrtw+1]*PNode
[rrtw+1]-1.0/2.0*PNode[rrtw+1]*PNode[rrtw+1]*(PNode[rrtw+1]+
PNode[rrtw+3])+PNode[rrtw+1]*PNode[rrtw+1]*PNode[rrtw+3])*
(1.0/(PNode[rrtw+3]-PNode[rrtw+1])/(PNode[rrtw+2]-PNode
[rrtw+1]))*FTCP[rrtw];
    else if((0>PNode[rrtw+2])&&(0<=PNode[rrtw+3]))
    ssetw=(1.0/3.0*PNode[rrtw+1]*PNode[rrtw+1]*PNode[rrtw+1]
-1.0/2.0*PNode[rrtw+1]*PNode[rrtw+1]*(PNode[rrtw]+PNode
[rrtw])+PNode[rrtw+1]*PNode[rrtw]*PNode[rrtw])*(1.0/(PNode
[rrtw+2]-PNode[rrtw])/(PNode[rrtw+1]-PNode[rrtw]))*FTCP
[rrtw]-(1.0/3.0*PNode[rrtw]*PNode[rrtw]*PNode[rrtw]-1.0/2.0*
PNode[rrtw]*PNode[rrtw]*(PNode[rrtw]+PNode[rrtw])+PNode[rrtw]
*PNode[rrtw]*PNode[rrtw])*(1.0/(PNode[rrtw+2]-PNode[rrtw])/
(PNode[rrtw+1]-PNode[rrtw]))*FTCP[rrtw]-(1.0/3.0*PNode
[rrtw+2]*PNode[rrtw+2]*PNode[rrtw+2]-1.0/2.0*PNode[rrtw+2]
*PNode[rrtw+2]*(PNode[rrtw]+PNode[rrtw+2])+PNode[rrtw+2]*
PNode[rrtw]*PNode[rrtw+2])*(1.0/(PNode[rrtw+2]-PNode[rrtw]
)/(PNode[rrtw+2]-PNode[rrtw+1]))*FTCP[rrtw]+(1.0/3.0*PNode
[rrtw+1]*PNode[rrtw+1]*PNode[rrtw+1]-1.0/2.0*PNode[rrtw+1]*
PNode[rrtw+1]*(PNode[rrtw]+PNode[rrtw+2])+PNode[rrtw+1]*PNode
[rrtw]*PNode[rrtw+2])*(1.0/(PNode[rrtw+2]-PNode[rrtw])/
(PNode[rrtw+2]-PNode[rrtw+1]))*FTCP[rrtw]-(1.0/3.0*PNode
```

```
[rrtw+2]*PNode[rrtw+2]*PNode[rrtw+2]-1.0/2.0*PNode[rrtw+2]
*PNode[rrtw+2]*(PNode[rrtw+1]+PNode[rrtw+3])+PNode[rrtw+2]*
PNode[rrtw+1]*PNode[rrtw+3])*(1.0/(PNode[rrtw+3]-PNode
[rrtw+1])/(PNode[rrtw+2]-PNode[rrtw+1])))*FTCP[rrtw]+
(1.0/3.0*PNode[rrtw+1]*PNode[rrtw+1]*PNode[rrtw+1]
-1.0/2.0*PNode[rrtw+1]*PNode[rrtw+1]*(PNode[rrtw+1]
+PNode[rrtw+3])+PNode[rrtw+1]*PNode[rrtw+1]*PNode[rrtw+3])*
(1.0/(PNode[rrtw+3]-PNode[rrtw+1])/(PNode[rrtw+2]-
PNode[rrtw+1]))*FTCP[rrtw]+(1.0/3.0*0*0*0-1.0/2.0*0*0*(PNode
[rrtw+3]+PNode[rrtw+3])+0*PNode[rrtw+3]*PNode[rrtw+3])*(1.0/(
PNode[rrtw+3]-PNode[rrtw+1])/(PNode[rrtw+3]-PNode[rrtw+2])))*
FTCP[rrtw]-(1.0/3.0*PNode[rrtw+2]*PNode[rrtw+2]*
PNode[rrtw+2]-1.0/2.0*PNode[rrtw+2]*PNode[rrtw+2]*
(PNode[rrtw+3]+PNode[rrtw+3])+PNode[rrtw+2]*PNode[rrtw+3]*
PNode[rrtw+3])*(1.0/(PNode[rrtw+3]-PNode[rrtw+1])/
(PNode[rrtw+3]-PNode[rrtw+2]))*FTCP[rrtw];
    else
  ssetw=(1.0/3.0*PNode[rrtw+1]*PNode[rrtw+1]*PNode[rrtw+1]-1.0/2.0*
PNode[rrtw+1]*PNode[rrtw+1]*(PNode[rrtw]+PNode[rrtw]
)+PNode[rrtw+1]*PNode[rrtw]*PNode[rrtw])*(1.0/(PNode[rrtw+2]-PNode
[rrtw])/(PNode[rrtw+1]-PNode[rrtw]))*FTCP[rrtw]-(1.0/3.0*PNode[rrtw]*
PNode[rrtw]*PNode[rrtw]-1.0/2.0*
PNode[rrtw]*PNode[rrtw]*(PNode[rrtw]+PNode[rrtw])+
PNode[rrtw]*PNode[rrtw]*PNode[rrtw])*(1.0/(PNode[rrtw+2]-PNode[rrtw])/
(PNode[rrtw+1]-PNode[rrtw]))*FTCP[rrtw]-(1.0/3.0*PNode[rrtw+2]*PNode
[rrtw+2]*PNode[rrtw+2]-1.0/2.0*
PNode[rrtw+2]*PNode[rrtw+2]*(PNode[rrtw]+PNode[rrtw+2])+PNode[rrtw+2]
*PNode[rrtw]*PNode[rrtw+2])*(1.0/(PNode[rrtw+2]-PNode[rrtw])/(PNode
[rrtw+2]-PNode[rrtw+1]))*FTCP[rrtw]+
(1.0/3.0*PNode[rrtw+1]*PNode[rrtw+1]*PNode[rrtw+1]-1.0/2.0*PNode[rrtw+
1]*PNode[rrtw+1]*(PNode[rrtw]+PNode
[rrtw+2])+PNode[rrtw+1]*PNode[rrtw]*PNode[rrtw+2])*(1.0/
(PNode[rrtw+2]-PNode[rrtw])/(PNode[rrtw+2]-PNode[rrtw+1]
))*FTCP[rrtw]-(1.0/3.0*PNode[rrtw+2]*PNode[rrtw+2]*
PNode[rrtw+2]-1.0/2.0*PNode[rrtw+2]*PNode[rrtw+2]*(PNode
[rrtw+1]+PNode[rrtw+3])+PNode[rrtw+2]*PNode[rrtw+1]*
PNode[rrtw+3])*(1.0/(PNode[rrtw+3]-PNode[rrtw+1])/(PNode
[rrtw+2]-PNode[rrtw+1]))*FTCP[rrtw]+(1.0/3.0*PNode[rrtw+1]
```

```
*PNode[rrtw+1]*PNode[rrtw+1]-1.0/2.0*PNode[rrtw+1]
*PNode[rrtw+1]*(PNode[rrtw+1]+PNode[rrtw+3])+PNode[rrtw+1]*
PNode[rrtw+1]*PNode[rrtw+3])*(1.0/(PNode[rrtw+3]-PNode
[rrtw+1])/(PNode[rrtw+2]-PNode[rrtw+1]))*FTCP[rrtw]+(1.0/3.0*
PNode[rrtw+3]*PNode[rrtw+3]*PNode[rrtw+3]-1.0/2.0*PNode
[rrtw+3]*PNode[rrtw+3]*(PNode[rrtw+3]+PNode[rrtw+3])+PNode
[rrtw+3]*PNode[rrtw+3]*PNode[rrtw+3])*(1.0/(PNode[rrtw+3]-PNode[rrtw+
1])/(PNode[rrtw+3]-PNode[rrtw+2]))*FTCP[rrtw]-(1.0/3.0*PNode[rrtw+2]*
PNode[rrtw+2]*PNode[rrtw+2]-1.0/2.0*PNode[rrtw+2]*PNode[rrtw+2]*(PNode
[rrtw+3]+PNode
[rrtw+3])+PNode[rrtw+2]*PNode[rrtw+3]*PNode[rrtw+3])*(1.0/(
PNode[rrtw+3]-PNode[rrtw+1])/(PNode[rrtw+3]-PNode[rrtw+2]))*
FTCP[rrtw];
    sp1s=sp1s+ssetw;
    }
  Pm[jwP]=-sp1s+sp1;//压力进行了归零化处理;计算出单位流量下的井底压降 Pm,
通过引用将数据输出
  uiy=sp*Tm[jwP];
  DPm[jwP]=uiy;//计算出单位流量下的压力导数 DPm;通过引用将数据输出
    }
```

////////程序第九部分:为了对反褶积计算正则化过程的参数调节进行约束,计算出由二阶 B
样条函数线性组合////////积分模拟计算出的变流量下的瞬时井底压力数据 P_BSPIN[],可
与输入的压力数据进行////////对比;P_BSPIN[]的计算参见式(2.7)

```
  for(int ius=0;ius<PDataNumb;ius++)
  {
    double summation(0);
    for(int iuc=0;iuc<NumsfP;iuc++)
    {
        summation=summation+AAP[ius][iuc]*FTCP[iuc];
    }
    P_BSPIN[ius]=ini_Pre-summation;
  }
    finish=clock();
    totaltime=(double)(finish-start)/CLOCKS_PER_SEC;
    cout<<"此程序的运行时间为"<<totaltime/60<<"分钟!"<<endl;
  }
```

符 号 表

符号	名称	单位
$\overrightarrow{AB}$	图 3.2 中的向量	---
$\overrightarrow{BC}$	图 3.2 中的向量	---
b	二阶 B 样条基数	---
B_i^2	二阶 B 样条	---
B_i^k	k 阶 B 样条	---
B_0	气体体积系数	小数
c_g	气体的等温压缩系数	MPa^{-1}
c_i	待定的权重系数	---
c_p	储层孔隙的压缩系数	MPa^{-1}
c_t	综合压缩系数	MPa^{-1}
C	井筒储集系数	$\text{m}^3 \cdot \text{MPa}^{-1}$
C_D	无因次井筒储集系数	无因次
C_{fF}	垂直裂缝内多孔介质的压缩系数	MPa^{-1}
C_{fm}	页岩气藏岩石的孔隙压缩系数	MPa^{-1}
C_{FD}	垂直裂缝井的无因次导流系数	无因次
C_g	气体压缩系数	MPa^{-1}
C_{tF}	垂直裂缝内流体流动的综合压缩系数	MPa^{-1}
C_{tm}	页岩气藏储层内流体流动的综合压缩系数	MPa^{-1}
$\boldsymbol{C}$	u 阶的待定权重系数 c_i 的向量	---
h	储层厚度	m
i	标号	---
j	标号	---
jk	标号	---
k	标号	---
k_F	垂直压裂缝的绝对渗透率	md
k_m	页岩气藏储层的有效渗透率	md
K	渗透率	md

续表

符号	名称	单位
l	标号	---
m	气体拟压力	MPa
m_c	临界解吸压力 p_c 所对应的气体拟压力	MPa
m_F	垂直裂缝井内的拟压力	MPa
m_L	所有测试流量段的个数或所有测试压力降落段的个数	---
m_w 和 m_{wl}	拟井底压力	MPa
m_0	初始地层压力所对应的拟压力	MPa
M_x	数值求解时 x 轴方向划分的空间网格总数	---
n_j	测试流量段 q_j 所在时间区域内所观测的压力数据点的个数或测试压力降落段 Δp_{wfj} 所在时间区域内所观测的流量数据点的个数	---
N	数值求解时的空间网格总数	---
N_p	实测井底压力的数据总数	---
N_q	变井底压力降下的累积流量响应	m³
N_y	数值求解时 y 轴方向划分的空间网格总数	---
p	井底压力	MPa
p_c	临界解吸压力	MPa
P_{cD}	无因次临界解吸压力	无因次
p_F	页岩储层内垂直裂缝内的压力	MPa
P_D	无因次地层压力	无因次
P_{DF}	垂直裂缝内的无因次压力	无因次
p_{ini}	原始地层压力	MPa
p_{sc}	气体在标准状态下的压力	MPa
p_u	单位流量下的瞬时井底压力	MPa
p_k^j	测试流量段 q_j 所在的时间区域内,第 k 个按时间递增的观测压力数据点的压力	MPa
p_u'	单位流量下的瞬时井底压力关于时间的导数	MPa · d^{-1}
P_{WD} 和 P_{WD1}	无因次井底压力	无因次
q	变生产井流量	m³ · d^{-1}
q_1、q_2 和 q_3	各分段流量数据	m³ · d^{-1}
q_d	吸附气的解吸量	(标)m³/(m³ · s)
q_{D1}	无因次变流量	无因次
q_j	分段流量数据	m³ · d^{-1}

符号	名称	单位
q_k^i	测试压力降落段 Δp_{wfj} 所在的时间区域内,第 k 个按时间递增的观测流量数据点的流量	$m^3 \cdot d^{-1}$
q_u	单位井底压力降下的瞬时流量	$m^3 \cdot d^{-1}$
q_{ui}	规整化累积产量积分	$m^3 \cdot d^{-1} \cdot MPa^{-1}$
q_{uid}	规整化累积产量积分导数	$m^3 \cdot d^{-1} \cdot MPa^{-1}$
q_u'	单位井底压力降下的瞬时流量关于时间的导数	$m^3 \cdot d^{-2}$
Q_{ad}	整个煤层区块吸附气的解吸速度	(标)$m^3 \cdot d^{-1}$
Q	$\sum\limits_{j=0}^{m-1} n_j$ 阶的观测流量 $\{q_k^i\}$ 向量	$m^3 \cdot d^{-1}$
r_D	无因次距离	无因次
r_e	边界距离	m
r_w	井筒半径	m
R_e	无因次外边界半径	无因次
S	表皮系数	无因次
S_F	垂直裂缝井的表皮系数	无因次
t	生产时间	d
t_c	物质平衡拟时间	d
t_D	无因次时间	无因次
t_i	生成二阶 B 样条的按对数分布的结点	———
T_j	测试流量段 q_j 所在时间区域的起始时间或测试压力降落段 Δp_{wfj} 所在时间区域的起始时间	d
T_{j+1}	测试流量段 q_j 所在时间区域的结束时间或测试压力降落段 Δp_{wfj} 所在时间区域的结束时间	d
T_k^j	测试流量段 q_j 所在的时间区域内,第 k 个按时间递增的观测压力数据点的时间	d
T_{sc}	气体在标准状态下的温度	K
t_{s-1}、t_s 和 t_{s+1}	双对数坐标下 B 样条曲线的三个连续结点	———
u	待定权重系数 c_i 的个数	———
u_D	垂直裂缝的无因次水力扩散系数	无因次
x_D	x 轴方向的无因次距离	无因次
W_F	垂直裂缝宽度	m
X_F	垂直裂缝半长	m

符号	名称	单位
$\boldsymbol{X}$	$\left(\sum\limits_{j=0}^{m_L-1} n_j\right) \times u$ 阶的敏感性矩阵	---
$X_{jk,i}$	敏感性矩阵 $\boldsymbol{X}$ 的第 jk 行、第 i 列元素	---
$\boldsymbol{X}_r$	线性正则化对应的 $2 \cdot \left(\sum\limits_{j=0}^{m_L-1} n_j - 1\right) \times u$ 阶矩阵	---
y_D	y 轴方向的无因次距离	无因次
z	von Schroeter 等[123,124] 和 Levitan 等[125-127] 算法中定义的 z 函数	---
Z	气体偏差因子	无因次
Z_0	气藏初始条件下的偏差因子	无因次
α	线性正则化权重的光滑化因子	无因次
α_1	稳定解吸系数	(标)$m^3/(m^3 \cdot s)$
α_{1D}	无因次稳定解吸系数	无因次
α_2	不稳定解吸系数	(标)$m^3/(MPa \cdot m^3 \cdot s)$
α_D 和 α_{2D}	无因次不稳定解吸系数	无因次
β	非线性正则化权重的光滑化因子	无因次
θ_s	图 3.2 中向量 $\overrightarrow{AB}$ 和向量 $\overrightarrow{BC}$ 之间的夹角	小数
μ	气体黏度	$MPa \cdot s$
μ_0	初始条件下的气体黏度	$MPa \cdot s$
τ	积分变量	---
ϕ	储层孔隙度	小数
ϕ_F	垂直裂缝内多孔介质的孔隙度	小数
ϕ_m	页岩气藏储层的孔隙度	小数
$\Delta\boldsymbol{P}$	$\sum\limits_{j=0}^{m_L-1} n_j$ 阶的观测井底压力降 $\{p_{ini}-p_k^j\}$ 向量	MPa
Δp_{wf}	变井底压力降	MPa
Δp_{wfj}	分段压降数据	MPa
$\Delta'p_{wf}$	变井底压力降关于时间的导数	$MPa \cdot d^{-1}$
Δt	时间步长	无因次
Δx	空间步长	无因次
Δx_D	x 轴方向的空间步长	无因次
Δy_D	y 轴方向的空间步长	无因次

参 考 文 献

［1］刘文超．非常规气藏中渗流模型及反褶积方法与应用［R］．北京：中国科学院力学研究所，2016．

［2］孙平，王勃，孙粉锦，等．中国低煤阶煤层气成藏模式研究［J］．石油学报，2009，30（5）：648-653．

［3］Xiao X，Pan Y．Experimental study of gas transfusion with slippage effects in hypotonic coal reservoir［J］．Chinese Journal of Geotechnical Engineering，2009，31（10）：1554-1558．

［4］Pang W，Wu Q，He Y，et al．Production analysis of one shale gas reservoir in China［R］．SPE 174998，2015．

［5］刘曰武，张大为，陈慧新，等．多井条件下煤层气不定常渗流问题的数值研究［J］．岩石力学与工程学报，2005，24（10）：1678-1686．

［6］杨陆武，孙茂远，胡爱梅，等．适合中国煤层气藏特点的开发技术［J］．石油学报，2002，23（4）：46-50．

［7］马新华．天然气与能源革命——以川渝地区为例［J］．天然气工业，2017，37（1）：1-8．

［8］张东晓，杨婷云．页岩气开发综述［J］．石油学报，2013，34（4）：792-801．

［9］陈永昌，赵俊，檀建超．我国页岩气开发面临的机遇、风险及对策建议［J］．石油规划设计，2012，23（5）：7-12．

［10］李建忠，郑民，张国生，等．中国常规与非常规天然气资源潜力及发展前景［J］．石油学报，2012，33（1）：89-98．

［11］邹才能，朱如凯，吴松涛，等．常规与非常规油气聚集类型、特征、机理及展望——以中国致密油和致密气为例［J］．石油学报，2012，33（2）：173-187．

［12］孔令峰，杨震，李华启．中国页岩气开发管理创新研究［J］．天然气工业，2018，38（1）：142-149．

［13］陈新军，包书景，侯读杰，等．页岩气资源评价方法与关键参数探讨［J］．石油勘探与开发，2012，39（5）：566-571．

［14］刘曰武．为什么说煤层气是一种清洁高效安全的新型能源［J］．油气井测试，2010，19（6）：23-28．

［15］李世海，段文杰，周东，等．页岩气开发中的几个关键现代力学问题［J］．科学通报，2016，61（1）：47-61．

［16］张东晓，杨婷云，吴天昊，等．页岩气开发机理和关键问题［J］．科学通报，2016，61（1）：62-71．

［17］刘曰武．页岩气开采解吸规律研究［A］．见：第七届全国流体力学学术会议论文摘要集［C］．2012．

［18］Ilk D，Valkó P，Blasingame T．A deconvolution method based on cumulative production for continuously measured flowrate and pressure data［R］．SPE 111269，2007．

［19］刘能强．实用现代试井解释方法［M］．北京：石油工业出版社，2008．

［20］Çınar M，Ilk D，Onur M，et al．A comparative study of recent robust deconvolution algorithms for well-test and production-data analysis[R]. SPE 102575,2006.

[21] Onur M, Çınar M, Ilk D, et al. An investigation of recent deconvolution methods for well-test data analysis[J]. SPE Journal,2008,13(2):226-247.

[22] 石军太,李相方,徐兵祥,等. 煤层气解吸扩散渗流模型研究进展[J]. 中国科学:物理学力学 天文学,2013,43(12):1548-1557.

[23] 刘曰武,苏中良,方虹斌,等. 煤层气的解吸/吸附机理研究综述[J]. 油气井测试,2010,19(6):37-44.

[24] Xu B, Li X, Haghighi M, et al. An analytical model for desorption area in coal-bed methane production wells[J]. Fuels,2013,106:766-772.

[25] Feng Z, Chao D, Liu Z, et al. Two-state energy model and experimental study of coal adsorb methane[J]. Journal of Coal Science and Engineering,2013,19(4):488-492.

[26] Gray I. Reservoir engineering in coal seams:Part 1. The physical process of gas storage and movement in coal seams[J]. SPE Reservoir Evaluation & Engineering,1987,2(1):28-34.

[27] 李相方,蒲云超,孙长宇,等. 煤层气与页岩气吸附/解吸的理论再认识[J]. 石油学报,2014,35(6):1113-1129.

[28] Li X, Shi J, Du X, et al. Transport mechanism of desorbed gas in coalbed methane reservoirs[J]. Petroleum Exploration and Development,2012,39(2):218-229.

[29] Harpalani S, Schraufnagel R. Shrinkage of coal matrix with release of gas and its impact on permeability of coal[J]. Fuel,1990,69(5):551-556. 92.

[30] Joseph C. Behavior of coal-gas reservoirs[R]. SPE 1973,1967.

[31] 姚军,孙海,黄朝琴,等. 页岩气藏开发中的关键力学问题[J]. 中国科学:物理学 力学 天文学,2013,43(12):1527-1547.

[32] 张庆玲,崔永君,曹利戈. 煤的等温吸附试验中各因素影响分析[J]. 煤田地质与勘探,2004,32(2):16-19.

[33] 马东民,张遂安,蔺亚兵. 煤的等温吸附-解吸实验及其精确拟合[J]. 煤炭学报,2011,36(3):477-480.

[34] 刘曰武,赵培华,鹿倩,等. 煤层气与常规天然气测试技术的异同[J]. 油气井测试,2010,19(6):6-11.

[35] 欧阳伟平. 煤层非定常渗流及热场渗流规律研究[D]. 北京:中国科学院力学研究所,2013.

[36] 许广明,武强,张燕君. 非平衡吸附模型在煤层气数值模拟中的应用[J]. 煤炭学报,2003,28(4):380-384.

[37] 李斌. 煤层气非平衡吸附的数学模型和数值模拟[J]. 石油学报,1996,17(4):42-49.

[38] 刘文超,刘曰武,门相勇,等. 低渗煤层动边界不定常渗流模型建立[A]. 见:沈清编. 第八届全国流体力学学术会议论文集[C]. 2014.

[39] 欧阳伟平,刘曰武. 考虑煤层气稳定解吸的数值试井方法[J]. 油气井测试,2010,19(6):49-52.

[40] Liu Y, Ouyang W, Zhao P, et al. Numerical well test for well with finite conductivity vertical

fracture in coalbed[J]. Applied Mathematics and Mechanics,2014,35(6):729-740.

[41] Wan Y,Liu Y,Ouyang W,Liu W,et al. Desorption area and pressure-drop region of wells in a homogeneous coalbed[J]. Journal of Natural Gas Science and Engineering,2016,28:1-14.

[42] 牛丛丛,刘曰武,蔡强,等. 煤层气井气水两相分布不稳定试井模型[J]. 力学与实践,2013,35(5):35-41.

[43] 张冬丽,王新海,宋岩. 考虑启动压力梯度的煤层气羽状水平井开采数值模[J]. 石油学报,2006,27(4):89-92.

[44] 同登科,张先敏. 致密煤层气藏三维全隐式数值模拟[J]. 地质学报,2008,82(10):1428-1431.

[45] Prob T,Zuleima T,Turgay E. Development of a multi-mechanistic, dual-porosity, dual-permeability numerical flow model for coalbed methane reservoirs[J]. Journal of Natural Gas Sciences and Engineering,2012,8:121-131.

[46] Liu W,Liu Y,Niu C,et al. Numerical investigations of a coupled moving boundary model of radial flow in low-permeable stress-sensitive reservoirs with threshold pressure gradient[J]. Chinese Physics B,2016,25(2):024701.

[47] Palmer I,Mansoori J. How permeability depends on stress and pore pressure in coalbeds: A new model[J]. SPE Reservoir Evaluation & Engineering,1998,12:539-44.

[48] Schwerer F,Pavone A. Effect of pressure-dependent permeability on well-test analyses and long-term production of methane from coal seams[R]. SPE 12857,1984.

[49] Levine J. Model study of the influence of matrix shrinkage on absolute permeability of coalbed reservoirs[J]. Geological Society Publication,1996,19(9):197-212.

[50] 潘继平. 页岩气开发现状及发展前景—关于促进我国页岩气资源开发的思考[J]. 国际石油经济,2009,11:12-15.

[51] 姚军,孙海,樊冬艳,等. 页岩气藏运移机制及数值模拟[J]. 中国石油大学(自然科学版),2013,37(1):91-98.

[52] 田冷,肖聪,顾岱鸿,等. 考虑应力敏感与非达西效应的页岩气产能模型[J]. 天然气工业,2014,34(12):70-75.

[53] 熊也,张烈辉,赵玉龙,等. 应力敏感页岩气藏水力压裂直井试井分析[J]. 2014,14(16):221-225.

[54] 张睿,宁正福,杨峰,等. 页岩应力敏感实验与机理[J]. 石油学报,2015,36(2):224-237.

[55] 郭为,熊伟,高树生. 页岩气藏应力敏感效应实验研究[J]. 特种油气藏,2012,19(1):95-97.

[56] 李勇明,王琰琛,马汉伟. 页岩储层多段压裂后裂缝自然闭合压力递减规律[J]. 油气地质与采收率,2016,23(2):98-102.

[57] 刘文超,姚军. 三重介质油藏有限导流垂直裂缝井的流-固耦合模型[J]. 工程力学,2013,30(3):402-409.

[58] 衡帅,杨春和,张保平,等. 页岩各向异性特征的试验研究[J]. 岩土力学,2015,36(3):609-616.

[59] 侯振坤,杨春和,郭印同,等. 单轴压缩下龙马溪组页岩各向异性特征研究[J]. 2015,36 (9): 2541-2550.

[60] Carlson E, Mercer J. Devonian shale gas production: mechanisms and simple models[J]. Journal of Petroleum Technology,1991,43(4): 476-482.

[61] Wei Z, Zhang D. Coupled fluid- flow and geomechanics for triple- porosity/dual- permeability modeling of coalbed methane recovery[J]. International Journal of Rock Mechanics and Mining Sciences,2010,47(8): 1242-1253.

[62] Wang J,Yan C,Jia A,et al. Rate decline analysis of multiple fractured horizontal well in shale reservoir with triple continuum[J]. Journal of Central South University,2014,21: 4320-4329.

[63] Javadpour F, Fisher D, Unsworth M. Nanoscale gas flow in shale gas sediments[J]. Journal of Canadian Petroleum Technology,2007,46(10): 55-61.

[64] Yao J,Sun H,Fan D,et al. Numerical simulation of gas transport mechanisms in tight shale gas reservoirs[J]. Petroleum Science,2013,10: 528-537.

[65] Li D, Xu C, Wang J, et al. Effect of Knudsen diffusion and Langmuir adsorption on pressure transient response in tight- and shale- gas reservoirs [J]. Journal of Petroleum Science and Engineering,2014,124: 146-154.

[66] Cao P, Liu J, Leong Y. Combined impact of flow regimes and effective stress on the evolution of shale apparent permeability[J]. Journal of Unconventional Oil and Gas Resources,2016,14: 32-43.

[67] 尹洪军,赵二猛,王磊,等. 考虑应力敏感的页岩气藏垂直裂缝井压力动态分析[J]. 水动力学研究与进展 A 辑,2015,30(4): 412-416.

[68] 赵金洲,周连连,马建军,等. 考虑解吸扩散的页岩气藏气水两相压裂数值模拟[J]. 天然气地球科学,2015,26(9): 1640-1645.

[69] Xie W, Li X, Zhang L, et al. Two- phase pressure transient analysis for multi- stage fractured horizontal well in shale gas reservoirs[J]. Journal of Natrual Gas Science and Engineering,2014, 21: 691-699.

[70] 牛聪. 页岩气藏基质渗透率修正及试井分析方法[D]. 安徽合肥: 中国科学技术大学,2014.

[71] Tian L,Xiao C,Liu M,et al. Well testing model for muti- fractured horizontal well for shale gas reservoirs with consideration of dual diffusion in matrix[J]. Journal of Natural Gas Science and Engineering,2014,21: 283-295.

[72] 苏玉亮,张琪,张敏,等. 页岩气多重复合模型流动规律研究[J]. 天然气地球科学,2015, 26(12): 2388-2394.

[73] Xu J,Guo C,Wei M,et al. Production performance analysis for composite shale gas reservoir considering multiple transport mechanisms[J]. Journal of Natural Gas Science and Engineering, 2015,26: 382-395.

[74] Zeng H,Fan D,Yao J,et al. Pressure and rate transient analysis of composite shale gas reservoirs considering multiple mechanisms[J]. Journal of Natural Gas Science and Engineering,2015,27:

914-925.

[75] Guo C, Xu J, Wei M, et al. Pressure transient and rate decline analysis for hydraulic fractured vertical wells with finite conductivity in shale gas reservoirs[J]. Journal of Petroleum Exploration and Production Technology, 2015, 5: 435-443.

[76] Huang G, Guo X, Chen F. Modeling transient pressure behavior of a fractured well for shale gas reservoirs based on the properties of nanopores[J]. Journal of Natural Gas and Engineering, 2015, 23: 387-398.

[77] Wu Y, Cheng L, Huang S, et al. A practical method for production data analysis from multistage fractured horizontal wells in shale gas reservoirs[J]. Fuel, 2016, 186: 821-829.

[78] Guo J, Zhang S, Zhang L, et al. Well testing analysis for horizontal well with consideration of threshold pressure gradient in tight gas reservoirs[J]. Journal of Hydrodynamics, 2012, 24(4): 561-568.

[79] Guo J, Zhang L, Wang H, et al. Pressure transient analysis for multi-stage fractured horizontal wells in shale gas reservoirs[J]. Transport in Porous Media, 2012, 93: 635-653.

[80] Guo J, Wang H, Zhang L. Transient pressure and production dynamics of multi-stage fractured horizontal wells in shale gas reservoirs with stimulated reservoir volume[J]. Journal of Natural Gas Science and Engineering, 2016, 35: 425-443.

[81] Huang S, Ding G, Wu Y, et al. A semi-analytical model to evaluate productivity of shale gas wells with complex fracture networks[J]. Journal of Natural Gas Science and Engineering, 2018, 50: 374-383.

[82] Wu M, Ding M, Yao J, et al. Pressure transient analysis of multiple fractured horizontal well in composite shale gas reservoirs by boundary element method[J]. Journal of Petroleum Science and Engineering, 2018, 162: 84-101.

[83] 高杰, 张烈辉, 刘启国, 等. 页岩气藏压裂水平井三线性流试井模型研究[J]. 水动力学研究与进展 A 辑, 2014, 29(1): 108-113.

[84] 糜利栋, 姜汉桥, 李涛, 等. 基于离散裂缝模型的页岩气动态特征分析[J]. 中国石油大学学报(自然科学版), 2015, 39(3): 126-131.

[85] 樊冬艳, 姚军, 孙海, 等. 考虑多重运移机制耦合页岩气藏压裂水平井数值模拟[J]. 力学学报, 2015, 47(6): 906-915.

[86] Lee S, Lough M, Jensen C. Hierarchical modeling of flow in naturally fractured formations with multiple length scales[J]. Water Resources Research, 2001, 37: 443-455.

[87] Li L, Lee S. Efficient field-scale simulation of black oil in a naturally fractured reservoir through discrete fracture networks and homogenized media[J]. SPE Reservoir Evaluation & Engineering, 2008, 11: 750-758.

[88] Moinfar A, Varavei A, Sepehrnoori K, et al. Development of an efficient embedded discrete fracture model for 3D compositional reservoir simulation in fractured reservoirs[J]. SPE Journal, 2014, 19: 289-303.

[89] 庄茁, 柳占立, 王涛, 等. 页岩水力压裂的关键力学问题[J]. 科学通报, 2016, 61(1):

72-81.

［90］曾青冬,姚军. 水平井多裂缝同步扩展数值模拟［J］. 石油学报,2015,36(12)：1571-1579.

［91］Yu W,Zhang T,Du S,et al. Numerical study of the effect of uneven proppant distribution between multiple fractures on shale gas well performance［J］. Fuel,2015,142：189-198.

［92］Jordan C,Fenniak M,Smith C. Case studies：a practical approach to gas-production analysis and forecasting［R］. SPE 99351,2006.

［93］Claudio V,Tatsuo S,Masanori S. Single well deconvolution-multi-fractured horizontal shale gas with 8 well full pad-Canadian Horn River basin case study［R］. SPE 175133,2015.

［94］King G. Material balance techniques for coal seam and Devonian shale gas reservoirs［R］. SPE 20730,1990.

［95］Gerami S,Mehran P,Kamal M,et al. Type curves for dry CBM reservoirs with equilibrium desorption［J］. Journal of Canadian Petroleum Technology,2008,47(7)：48-56.

［96］Moghadam S,Jeje O,Mattar L. Advanced gas material balance,in simplified format［R］. PETSOC 2009-149,2009.

［97］Clarkson C,Bustin R,Seidle J. Production-data analysis of single-phase(gas)coalbed-methane wells［R］. SPE100313,2007.

［98］Clarkson C,Jordan C,Gierhart R,et al. Production data analysis of CBM wells［R］. SPE 107705,2007.

［99］Clarkson C,Jordan C,Ilk D,et al. Production data analysis of fractured and horizontal CBM wells ［R］. SPE 125929,2009.

［100］Clarkson C,Behmanesh H,Chorney L. Production data and pressure transient analysis of Horsehoe Canyon CBM wells,Part II：accounting for dynamic skin［R］. SPE 148994,2011.

［101］Kuchuk F,Hollaender F,Gok I,et al. Decline curves from deconvolution of pressure and flow-rate measurements for production optimization and prediction［R］. SPE 96002,2005.

［102］Osman M,Thwaites N. The application of well test deconvolution to wireline formation tester pressure buildup and falloff data to improve coalbed methane reservoir characterization［R］. SPE 167764,2014.

［103］刘曰武,方惠军,徐建平,等. 煤层注入/压降测试的设备及工艺问题［J］,油气井测试, 2010,19(6)：19-22.

［104］赵威,丁文龙,伊帅,等. 物质平衡及线性流原理下的煤层气储层生产数据分析［J］. 辽宁工程技术大学学报,2016,35(1)：16-20.

［105］孙贺东. 油气井现代产量递减分析方法及应用［M］. 北京：石油工业出版社,2013.

［106］Hager C,Jones J. Analyzing flowing production data with standard pressure transient methods ［R］. SPE 71033,2001.

［107］Stuart A,John V,Robert P,et al. Reserve analysis for tight gas［R］. SPE 78695,2002.

［108］Adam M,Richard G. Production data analysis of shale gas reservoirs［R］. SPE 116688,2008.

［109］Medeios F,Kurtoglu B,Ozkan E,et al. Analysis of production data from hydraulically fractured horizontal wells in shale reservoirs［R］. SPE 110848,2007.

[110] Yeager B, Meyer B. Injection/fall-off testing in the Marcellus shale: using reservoir knowledge to improve operational efficiency[R]. SPE 139067, 2010.

[111] Jones J, Chen A. Successful applications of pressure-rate deconvolution in the Cad-Nik tight gas formations of the British Columbia Foothills[R]. SPE 143710, 2011.

[112] Ilk D, Currie S, Blasingame T. Production analysis and well performance forcasting of tight gas and shale gas wells[R]. SPE 139118, 2010.

[113] Sureshjani M, Clarkson C. Transient linear flow analysis of constant-pressure wells with finite conductivity hydraulic fractures in tight/shale reservoirs[J]. Journal of Petroleum Science and Engineering, 2015, 133: 455-466.

[114] Qanbari F, Clarkson C. A new method for production data analysis of tight and shale gas reservoirs during transient linear flow period[J]. Journal of Natural Gas and Engineering, 2013, 14: 55-65.

[115] 丁志文, 赵超, 姚健欢, 等. 考虑吸附作用的页岩气生产数据分析方法[J]. 石油化工应用, 2013, 32(12): 19-23.

[116] 王军磊, 位云生, 程敏华, 等. 页岩气压裂水平井生产数据分析方法[J]. 重庆大学学报, 2014, 37(1): 102-109.

[117] Wang C, Wu Y. Characterizing hydraulic fractures in shale gas reservoirs using transient pressure tests[J]. Petroleum, 2015, 1(2): 133-138.

[118] Zuo L, Yu W, Wu K. A fractional decline curve analysis for shale gas reservoirs [J]. International Journal of Coal Geology, 2016, 163: 140-148.

[119] Tung Y, Virues C, Cumming J, et al. Multiwell deconvolution for shale gas [R]. SPE 180158, 2016.

[120] Wei M, Duan Y, Dong M, et al. Blasingame decline type curves with material balance pseudo-time modified for multi-fractured horizontal wells in shale gas reservoirs[J]. Journal of Natural Gas Science and Engineering, 2016, 31: 340-350.

[121] Kim J, Jang Y, Seomoon H, et al. The sorption-corrected multiwell deconvolution method to identify shale gas reservoir containing sorption gas [J]. Journal of Petroleum Science and Engineering, 2017, 159: 717-723.

[122] Hu S, Zhu Q, Guo J, et al. Production rate analysis of multiple-fractured horizontal wells in shale gas reservoirs by a trilinear flow model[J]. Environmental Earth Sciences, 2017, 76: 388.

[123] von Schroeter T, Hollaender F, Gringarten A C. Analysis of well test data from downhole permanent downhole gauges by deconvolution[R]. SPE 77688, 2002.

[124] von Schroeter T, Hollaender F, Gringarten A C. Deconvolution of well test data as a nonlinear total least squares problem[J]. SPE Journal, 2004, 9(4): 375-390.

[125] Levitan M. Practical application of pressure/rate deconvolution to analysis of real well tests[J]. SPE Reservoir Evaluation & Engineering, 2005, 8(2): 113-121.

[126] Levitan M, Crawford G, Hardwick A. Practical considerations for pressure-rate deconvolution of well-test data[J]. SPE Journal, 2006, 11(1): 35-47.

[127] Levitan M. Deconvolution of multiwell test data[R]. SPE 102484,2007.

[128] Ilk D. Deconvolution of variable rate reservoir performance data using B-splines[D]. Texas：Texas A&M University,2005.

[129] Ilk D,Valkó P,Blasingame T. Deconvolution of variable-rate reservoir-performance data using B-splines[R]. SPE 95571,2005.

[130] Gringarten A. Practical use of well test deconvolution[R]. SPE 134534,2010.

[131] Pimonov E,Ayan C,Onur M,et al. A new pressure/rate-deconvolution algorithm to analyze wireline-formation-tester and well-test data[R]. SPE 123982,2009.

[132] Cumming J,Wooff D,Whittle T,et al. Multiwell deconvolution[R]. SPE 166458,2013.

[133] Liu W,Liu Y,Zhu W,et al. A stability-improved efficient deconvolution algorithm based on B-splines by appending a nonlinear regularization[J]. Journal of Petroleum Science and Engineering,2018,164：400-416.

[134] Kim J,Jang Y,Ertekin T,et al. Production analysis of a shale gas reservoir using modified deconvolution method in the presence of sorption phenomena[R]. SPE 177320,2015.

[135] Ahmadi M,Sartipizadeh H,Ozkan E. A new pressure-rate deconvolution algorithm based on Laplace transformation and its application to measured well responses[J]. Journal of Petroleum Science and Engineering,2017,157：68-80.

[136] Al-Ajmi N,Ahmadi M,Ozkan E,et al. Numerical inversion of Laplace transforms in the solution of transient flow problems with discontinuities[R]. SPE 116255,2008.

[137] 刘文超,刘曰武,朱维耀,等. 基于二阶 B 样条的 ILK 流量反褶积算法改进及应用[J]. 石油学报,2018,39(3)：327-334.

[138] Zheng S,Wang F. Application of deconvolution and decline-curve analysis methods for transient pressure analysis[R]. SPE 113323,2008.

[139] Cinco-Ley H,Samaniego-V F,Dominguez A. Transient pressure behavior for a well with a finite-conductivity vertical fracture[J]. SPE Journal,1978,18(4)：253-264.

[140] Liu W,Liu Y,Han G,et al. An improved deconvolution algorithm using B-splines for well-test data analysis in petroleum engineering[J]. Journal of Petroleum Science and Engineering,2017,149：306-314.

[141] Onur M,Kuchuk F. A new deconvolution technique based on pressure derivative data for pressure-transient-test interpretation[J]. SPE Journal,2012,17(1)：307-320.

[142] Jauch J,Bleimund F,Rhode S,et al. Recursive B-spline approximation using the Kalman filter[J]. Engineering Science and Technology,an International Journal,2017,20：28-34.

[143] Madsen K,Nielsen H,Tingleff O. Methods for non-linear least squares problems(2th ed.)[M]. Kongens Lyngby：Informatics and Mathematical Modelling,Technical University of Denmark,2004.

[144] Shterenlikht A,Alexander N. Levenberg-Marquardt vs Powell's dogleg method for Gurson-Tvergaard-Needleman plasticity model[J]. Computer Methods in Applied Mechanics and Engineering,2012,237-240：1-9.

[145] Spivey J, Lee W. Applied Well Test Interpretation [M]. Richardson: Society of Petroleum Engineers, 2013.

[146] 韩永新, 孙贺东, 邓兴梁, 等. 实用试井解释方法[M]. 北京: 石油工业出版社, 2016.

[147] 刘文超, 刘曰武. 评价煤层吸附气解吸能力的生产数据系统分析新方法[J]. 煤炭学报, 2017, 42(12): 3212-3220.

[148] Liu W, Liu Y, Niu C, et al. A model of unsteady seepage flow in low-permeable coalbed with moving boundary in consideration of wellbore storage and skin effect [J]. Procedia Engineering, 2015, 126: 517-521.

[149] 刘文超, 刘曰武. 低渗透煤层气藏中气-水两相不稳定渗流动态分析[J]. 力学学报, 2017, 49(4): 828-835.

[150] 孟艳军, 汤达祯, 许浩, 等. 煤层气解吸阶段划分方法及其意义[J]. 石油勘探与开发, 2014, 41(5): 612-617.

[151] Sun Z, Li X, Shi J, et al. A semi-analytical model for drainage and desorption area expansion during coal-bed methane production[J]. Fuel, 2017, 204: 214-226.

[152] 张培河. 基于生产数据分析的沁水南部煤层渗透性研究[J]. 天然气地球科学, 2010, 21(3): 503-507.

[153] 孟召平, 张纪星, 刘贺, 等. 考虑应力敏感性的煤层气井产能模型及应用分析[J]. 煤炭学报, 2014, 39(4): 593-599.

[154] 关治, 陆金甫. 数值分析基础(第二版)[M]. 北京: 高等教育出版社, 2010.

[155] 刘曰武, 刘慈群. 双重介质油藏中有限导流垂直裂缝井三线性流动模型[J]. 试采技术, 1992, 13(1): 1-8.

[156] Chuan Tian, Roland N. Horne. Machine learning applied to multiwell test analysis and flow rate reconstruction[R]. SPE 175059, 2015.

[157] 张晓民. VC++2010 应用开发技术[M]. 北京: 机械工业出版社, 2013.

编 后 记

　　《博士后文库》是汇集自然科学领域博士后研究人员优秀学术成果的系列丛书。《博士后文库》致力于打造专属于博士后学术创新的旗舰品牌,营造博士后百花齐放的学术氛围,提升博士后优秀成果的学术和社会影响力。

　　《博士后文库》出版资助工作开展以来,得到了全国博士后管委会办公室、中国博士后科学基金会、中国科学院、科学出版社等有关单位领导的大力支持,众多热心博士后事业的专家学者给予积极的建议,工作人员做了大量艰苦细致的工作。在此,我们一并表示感谢!

《博士后文库》编委会